HELGA BUNKE

GEWÖHNLICHE DIFFERENTIALGLEICHUNGEN MIT ZUFÄLLIGEN PARAMETERN

MATHEMATISCHE LEHRBÜCHER UND MONOGRAPHIEN

HERAUSGEGEBEN VON DER
DEUTSCHEN AKADEMIE DER WISSENSCHAFTEN ZU BERLIN
ZENTRALINSTITUT FÜR MATHEMATIK UND MECHANIK

II. ABTEILUNG
MATHEMATISCHE MONOGRAPHIEN

BAND XXXI

GEWÖHNLICHE DIFFERENTIALGLEICHUNGEN MIT ZUFÄLLIGEN PARAMETERN

VON

HELGA BUNKE

AKADEMIE-VERLAG · BERLIN
1972

GEWÖHNLICHE DIFFERENTIALGLEICHUNGEN MIT ZUFÄLLIGEN PARAMETERN

VON

DR. HELGA BUNKE

Zentralinstitut für Mathematik und Mechanik
der Deutschen Akademie der Wissenschaften
zu Berlin

AKADEMIE-VERLAG · BERLIN
1972

Erschienen im Akademie-Verlag GmbH, 108 Berlin, Leipziger Straße 3–4

Lizenznummer: 202 · 100/405/72
Gesamtherstellung: VEB Druckerei „Thomas Müntzer", 582 Bad Langensalza
Bestellnummer: 761 535 2 (5895) ES 19 B 4
Printed in German Democratic Republic

INHALTSVERZEICHNIS

EINLEITUNG

Dynamische Systeme unter zufälliger Beeinflussung wurden von Physikern und Mathematikern zunächst vor allem in Zusammenhang mit Diffusionsvorgängen betrachtet. Zu diesen Untersuchungen zählen Arbeiten von MAXWELL, BOLTZMANN, RALEIGH, BACHELIER, EINSTEIN, SMOLUCHOWSKI, LANGEVIN, FOKKER, PLANCK und anderen. Es wurden partielle Differentialgleichungen für die Wahrscheinlichkeitsdichte bzw. für die Übergangsdichte der entsprechenden stochastischen Prozesse abgeleitet. Derartige Differentialgleichungen wurden später FOKKER-PLANCK-Gleichungen genannt.

Ausgehend von der mathematischen Begründung und Entwicklung der allgemeinen Theorie der stochastischen Prozesse wurde die Theorie der Diffusionsprozesse z. B. durch Arbeiten von KOLMOGOROV, FELLER, ITO, DOOB, DYNKIN sowie GIHMAN und SKOROHOD vorangetrieben. Bei der Behandlung der Diffusionsprozesse erwies sich die Theorie der stochastischen ITO-Differentialgleichungen als besonders nützlich. Diese Differentialgleichungen wurden durch Integralgleichungen mit einem stochastischen Integral bezüglich eines WIENER-Prozesses definiert. Da der WIENER-Prozeß Realisierungen mit unbeschränkter Variation hat, konnte man den RIEMANNschen Integralbegriff nicht einfach übertragen. Es wurde ein stochastisches Integral derart definiert, daß sich möglichst einfache Rechenregeln ergaben. Als Lösungen dieser ITO-Differentialgleichungen erhält man Diffusionsprozesse mit bekannten analytischen Eigenschaften der Realisierungen und mit bekannten Diffusionskoeffizienten. Die Entwicklung der stochastischen ITO-Differentialgleichungen erfuhr also im wesentlichen innermathematische Impulse.

Ein neuer außermathematischer Anstoß zur Betrachtung zufällig beeinflußter dynamischer Systeme, die nicht mehr Diffusionscharakter haben mußten, ging von der Entwicklung in den technischen Wissenschaften aus.

So hat der Mechaniker (vgl. z. B. S. H. CRANDALL und W. D. MARK [1], J. D. ROBSON [1]) Strukturen oder Vorrichtungen zu entwerfen, die zufälligen äußeren Einflüssen unterworfen sind, beispielsweise Bodenerschütterungen bei Fundamenten, Windstöße bei Tragflächen oder hohen Gebäuden oder Bodenunebenheiten bei der Bewegung von Fahrzeugen. Wichtig ist auch die Wellenausbreitung in einem Medium, dessen Eigenschaften zufällige Schwankungen aufweisen. Häufig hat der Mechaniker die Möglichkeit, die statistischen Eigenschaften der zufällig veränderlichen Umgebung durch Voruntersuchungen zu klären. Das dynamische Verhalten seines Systems wird dann durch eine Differentialgleichung beschrieben, die stochastische Parameter enthält. Es ist nötig, die statistischen Eigenschaften der Lösung zu analysieren, um Aussagen über eine geeignete Dimensionierung des zu entwickelnden mechanischen Systems zu gewinnen. Insbesondere ist auch das Stabilitätsverhalten von Interesse.

In der Elektronik und in der Kommunikationstheorie (vgl. z. B. N. WIENER [1], J. BENDAT [1], F. H. LANGE [1], H. SCHLITT [1], A. A. SWESCHNIKOW [1], R. L. STRATONOVIČ [1], W. B. DAVENPORT und W. L. ROOT [1], D. MIDDLETON [1], W. GILOI [1]) treten bekanntlich Rauschprozesse auf, die bei der Behandlung von elektro-magnetischen Schwingungen nicht immer vernachlässigt werden können. Der Entwurf geeigneter elektronischer Systeme erfordert die vorherige Analyse der dynamischen stochastischen Vorgänge. Periodische Beeinflussung der inneren Systemparameter führt manchmal zur Synchronisation (Stabilisierung) eines Systems. Technisch wichtig ist die Frage nach einer entsprechenden Wirkung von Rauschprozessen.

Besonders starken Eingang haben die stochastischen Problemstellungen in die Regelungstheorie gefunden (vgl. z. B. W. W. SOLODOVNIKOV [1], J. H. LANING und R. H. BATTIN [1], V. S. PUGAČEV [2], H. J. KUSHNER [13], M. AOKI [1], A. A. PERVOZVANSKIĬ [2], G. M. ULANOV [1]). Regelungssysteme müssen häufig zufällige Nutzsignale in einer vorgeschriebenen Weise möglichst genau umformen, wobei zusätzliche zufällige Störerregungen auftreten können. Die dynamischen Eigenschaften eines derartigen Regelungssystems können dann nur im Rahmen einer stochastischen Untersuchung geklärt werden. Ein Ausgangspunkt für die Analyse und für die optimale Synthese von Regelungssystemen bildet die Theorie stochastischer Differentialgleichungen. Beispielsweise ist das gesuchte Optimum bei Steuerungsproblemen durch LJAPUNOVsche Funktionen, wie sie aus der stochastischen Stabilitätstheorie bekannt sind, beschreibbar.

Über die beschriebenen Anwendungsgebiete hinausgehend wird den Anwendungen stochastischer Differentialgleichungen für die Analyse, Modellierung und Optimierung ökonomischer Systeme, als mathematischer Ausgangspunkt für die optimale Steuerung von Produktionsprozessen, für die Beschreibung stochastischer dynamischer Vorgänge in der Biologie und in anderen Bereichen der Naturwissenschaft und Technik von Fachwissenschaftlern eine große Zukunft vorausgesagt.

Auf Grund dieser außermathematischen Anforderungen ist im Laufe der sechziger Jahre eine umfangreiche Spezialliteratur zu Problemen bei stochastischen Differentialgleichungen entstanden. Es wurde das Problem der Existenz und der Eindeutigkeit der Lösungen, die Frage nach der Existenz und Stabilität periodischer und stationärer Lösungen, Stabilitätsprobleme, die Frage nach dem Zusammenhang mit der ITO-Differentialgleichung, verschiedene Näherungsmethoden und andere Probleme behandelt. In den entsprechenden Kapiteln dieses Buches werden wir auf diese Entwicklung detaillierter eingehen und Literaturhinweise angeben.

In der bisherigen Literatur sind in zusammenfassenden Darstellungen den gewöhnlichen Differentialgleichungen mit stochastischen Parametern immer nur einzelne Kapitel mit spezieller Problemstellung gewidmet. Die zunehmende Mathematisierung der technischen Wissenschaften und der Naturwissenschaften bringt es mit sich, daß sich der Mathematiker in immer stärkerem Maß den beschriebenen Anwendungen zuwendet und daß sich der Fachwissenschaftler eingehend mit dem erforderlichen mathematischen Rüstzeug vertraut machen muß. Deshalb besteht ein Bedürfnis nach einer umfassenden Darstellung der Theorie gewöhnlicher Differentialgleichungen mit stochastischen Parametern, die sowohl eine Einarbeitung in dieses Gebiet als auch eine Orientierung über die verschiedenen Entwicklungsrichtungen ermöglicht. Das vorliegende Buch soll diese Lücke schließen.

Wir verzichten in diesem Buch auf eine ausführliche Behandlung der Theorie der stochastischen Ito-Differentialgleichungen angesichts der vorhandenen Werke von I. I. Gihman und A. V. Skorohod [1] und [2] sowie R. Z. Hasminskii [14]. Allerdings werden die Zusammenhänge zwischen den gewöhnlichen Differentialgleichungen mit stochastischen Parametern und den Ito-Differentialgleichungen, die beim Auftreten von Rauschprozessen von besonderem Interesse sind, herausgearbeitet. Außerdem werden gewisse Probleme bei gewöhnlichen Differentialgleichungen, die Lösungen von Ito-Differentialgleichungen als Parameter enthalten, behandelt. Die dafür erforderlichen Hilfsmittel aus der Theorie der Ito-Differentialgleichung werden in einem besonderen Abschnitt ohne Beweise zusammengestellt.

Das Buch wendet sich an den Mathematiker und an den mathematisch interessierten Wissenschaftler aus den technischen und naturwissenschaftlichen Anwendungsgebieten, wobei Grundkenntnisse aus der Wahrscheinlichkeitstheorie und aus der Theorie der gewöhnlichen Differentialgleichungen vorausgesetzt werden.

Das Buch ist folgendermaßen aufgebaut:

Zur besseren Verständigung ist den meisten Kapiteln ein Abschnitt vorangestellt, in dem die benötigten wahrscheinlichkeitstheoretischen Hilfsmittel kurz eingeführt werden. Hierbei sind auch wichtige Sätze und Formeln aufgenommen worden, die bei einer weitergehenden Beschäftigung mit Problemen bei stochastischen Differentialgleichungen nützlich sein können, z. B. im Abschnitt 2.2 über Analysis im quadratischen Mittel, im Abschnitt 3.1 über stationäre und periodische Prozesse, im Abschnitt 6.1 über Markovsche Prozesse und Ito-Differentialgleichungen. Dem Stabilitätskapitel werden auch die benötigten Definitionen und Resultate aus der deterministischen Stabilitätstheorie vorangestellt.

Im 1. Kapitel werden die Fragen der Existenz und Eindeutigkeit von R-Lösungen, die Abhängigkeit von nichtzufälligen oder zufälligen Parametern und Anfangswerten sowie entsprechende Abschätzungen diskutiert. Dabei sind R-Lösungen stochastische Prozesse, deren Realisierungen den durch die Realisierungen der Parameter gegebenen nichtstochastischen gewöhnlichen Differentialgleichungen genügen.

Im Kapitel 2 werden zwei weitere Lösungstypen eingeführt, P-Lösungen und q.M.-Lösungen. P-Lösungen genügen der Differentialgleichung zu jedem festen Zeitpunkt mit Wahrscheinlichkeit 1. q.M.-Lösungen sind Lösungen einer entsprechenden Differentialgleichung im BANACH-Raum L^2 der zufälligen Vektoren mit endlichen Momenten 2. Ordnung. Insbesondere erweisen sich die diskutierten Zusammenhänge zwischen R-Lösungen und q.M.-Lösungen in den weiteren Kapiteln als nützlich, da Resultate über Differentialgleichungen in BANACH-Räumen zu Ergebnissen für R-Lösungen führen.

Im Kapitel 3 wird die Differentialgleichung $\dot{X}_t = A(t)\, X_t + Z_t$ untersucht, deren Inhomogenität Z_t ein stochastischer Prozeß ist. Im gesamten Kapitel werden R- und q.M.-Lösungen parallel behandelt. Ist es möglich, für die gewöhnliche homogene Differentialgleichung $\dot{x}(t) = A(t)\, x(t)$ ein Fundamentalsystem von Lösungen anzugeben, dann können für die Lösung X_t der inhomogenen Gleichung statistische Charakteristiken wie beispielsweise der Erwartungswert oder die Kovarianzmatrix bestimmt werden. Ist Z_t ein GAUSSscher Prozeß, dann ist auch der Lösungsprozeß ein GAUSSscher Prozeß, dessen Verteilung durch Erwartungswert und Kovarianzmatrix bestimmt ist. Die Existenz und Eindeutigkeit (im weiteren Sinn oder streng) stationärer, periodischer, asymptotisch stationärer und asymptotisch periodischer Lösungen sowie deren Gestalt und Stabilität werden ausführlich behandelt. Es wird die Spektraldichte des stationären Lösungsprozesses X_t in Abhängigkeit von der Spektraldichte des stationären Prozesses Z_t dargestellt. Die untersuchten Ergodizitätseigenschaften der Lösungen sind insbesondere in Hinblick auf die experimentelle Auswertung und Systemidentifikation von Bedeutung. Es werden auch Eigenschaften des Zeitmittels des Lösungsprozesses im nichtstationären bzw. nichtperiodischen Fall untersucht. Für lineare Differentialgleichungen n-ter Ordnung mit stochastischer Inhomogenität bzw. für einen einfachen Schwinger mit zufälliger Erregung werden die verschiedenen Resultate spezialisiert. In einem besonderen Abschnitt werden die im Falle des „weißen Rauschens“ angebrachten Näherungen am Beispiel des einfachen Schwingers wie auch der allgemeinen linearen Differentialgleichung diskutiert.

Im 4. Kapitel wird die Differentialgleichung $\dot{X}_t = A_t\, X_t + Z_t$ mit stochastischem A_t und Z_t behandelt. Dabei steht besonders das asymptotische Verhalten der R-Lösungen im Mittelpunkt der Untersuchungen. In mehreren Sätzen werden verschiedenartige Bedingungen für das (evtl. exponentielle) asymptotische Verschwinden der Lösung hergeleitet. Besonders nützliche Aussagen dieser Art können erzielt werden, wenn die Koeffizientenprozesse gewisse Ergodizitätseigenschaften besitzen. Dabei werden für verschiedene Fälle angesichts der praktischen Konsequenzen (z. B. Dimensionierung von Bauteilen) jeweils möglichst schwache Bedingungen an A_t gesucht. Außerdem werden die Bedingungen für die Beschränktheit der Realisierungen der Lösungen und für das asymptotische Verschwinden der Lösungsmomente erhalten. Für periodische bzw. stationäre A_t und Z_t wird die Existenz periodischer bzw. stationärer Lösungen und die asymptotische Periodizität der Lösungen diskutiert. Im letzten Abschnitt dieses Kapitels wird die Differentialgleichung n-ter Ordnung mit Koeffizienten, die näherungsweise Eigenschaften des „weißen Rauschen“ besitzen, diskutiert.

Im 5. Kapitel wird die Stabilität der Nullösung stochastischer Differentialgleichungen untersucht. Es werden die verschiedenen Möglichkeiten für die Charakterisierung des Stabilitätsverhaltens beschrieben und Beziehungen zwischen den verschiedenen Stabilitätsdefinitionen aufgezeigt. Die stochastische Verallgemeinerung der LJAPUNOVschen Methode wird zum Nachweis der Stabilität im Mittel, der gleichgradigen Stabilität und der stochastischen Stabilität entwickelt, wobei im letzten Fall insbesondere Supermartingaleigenschaften von LJAPUNOVschen Funktionen ausgenützt werden. Für Differentialgleichungen, deren rechte Seiten gewisse Ergodizitätseigenschaften besitzen, im Spezialfall für $\dot{X}_t = A(t) X_t + C_t X_t$, können mit Hilfe LJAPUNOVscher Funktionen Bedingungen für die Stabilität der Realisierungen formuliert werden. Unter Ausnutzung des in Kapitel 2 dargelegten Zusammenhangs zwischen R- und q.M.-Lösungen können aus Stabilitätsresultaten für Differentialgleichungen in BANACH-Räumen hinreichende Bedingungen für die Stabilität im quadratischen Mittel gewonnen werden. Weiterhin wird die Stabilität nichtstochastischer Differentialgleichungen gegenüber ständig wirkender zufälliger Störungen untersucht. Im letzten Abschnitt dieses Kapitels wird die Existenz stationärer bzw. periodischer Lösungen nichtlinearer Differentialgleichungen und deren Stabilität behandelt. Die allgemeinen Resultate werden auf Differentialgleichungen der Form $\ddot{X}_t + \varphi(X_t) \dot{X}_t + \psi(X_t) = \sigma(\dot{X}_t, X_t) Z_t$ angewendet.

Im 6. Kapitel werden Differentialgleichungen $\dot{X}_t = f(X_t, t, Z_t)$ betrachtet, die von einem MARKOVschen Prozeß Z_t abhängen. Unter gewissen Regularitätsbedingungen wird gezeigt, daß der Vektorprozeß $\begin{pmatrix} X_t \\ Z_t \end{pmatrix}$ ein MARKOVscher Prozeß ist. Ausgehend von einem Diffusionsprozeß Z_t werden Bedingungen an Z_t und f gefunden, unter denen der Prozeß $\begin{pmatrix} X_t \\ Z_t \end{pmatrix}$ ein Diffusionsprozeß ist, und es wird die zugehörige FOKKER-PLANCK-Gleichung abgeleitet. Ist Z_t Lösung einer ITO-Differentialgleichung oder ist Z_t ein MARKOVscher Stufenprozeß, z. B. ein POISSON-Prozeß, so können die allgemeinen Resultate aus Kapitel 5 zum Auffinden von Bedingungen für verschiedene Stabilitätseigenschaften verwendet werden. Diese Resultate werden auf die Differentialgleichung $\dot{X}_t = f(X_t, t) + g(X_t, t, Z_t)$ (dabei ist die Differentialgleichung $\dot{x}(t) = f(x(t), t)$ exponentiell stabil im Ganzen), auf die HILLsche Differentialgleichung $\ddot{X}_t + a(Z_t) X_t = 0$ und auf die Differentialgleichung $\dot{X}_t = A(Z_t) X_t$ angewandt.

Im 7. Kapitel werden mehrere für die Anwendungen nützliche Näherungsmethoden behandelt. Zunächst wird diskutiert, wie man R-Lösungen im Falle des „weißen Rauschen“ durch Lösungen gewisser in der Gestalt modifizierter ITO-Differentialgleichungen nähern kann. Hierbei ermöglicht das von R. L. STRATONOVIČ eingeführte stochastische Integral den formalen Übergang von der ursprünglichen gewöhnlichen Differentialgleichung zu einer stochastischen STRATONOVIČ-Differentialgleichung von analoger Gestalt. Im engen Zusammenhang damit steht die in der Literatur häufig untersuchte Methode der FOKKER-PLANCK-Gleichungen. In einem weiteren Abschnitt wird die BOOTON-KAZAKOVsche Methode der statistischen Linearisierung nichtlinearer stochastischer Differentialgleichungen verallgemeinert und diskutiert. Im letzten Abschnitt werden Ergebnisse der Mittelungsmethode und der Störungsrechnung bei stochastischen Differentialgleichungen mit kleinem Parameter beschrieben.

Mit dem Literaturverzeichnis wurde eine weit über die im Buch zitierte Literatur hinausgehende Literaturzusammenstellung angestrebt.

Frau R. TEUFEL danke ich für die sorgfältige technische Anfertigung der verschiedenen Fassungen des Manuskriptes. Meinen Kollegen im Zentralinstitut für Mathematik und Mechanik der DAW danke ich für Literaturhinweise. Im Zentralinstitut für Mathematik und Mechanik der Deutschen Akademie der Wissenschaften zu Berlin habe ich alle zu der Arbeit an Manuskript erforderliche technische und organisatorische Hilfe in großzügiger Weise erhalten.

1. ÜBER DIE EXISTENZ UND EINDEUTIGKEIT VON R-LÖSUNGEN STOCHASTISCHER DIFFERENTIAL-GLEICHUNGEN

1.1. Wahrscheinlichkeitstheoretische Grundbegriffe und Bezeichnungen

Der mathematischen Beschreibung von zufälligen Variablen und Prozessen legen wir einen Wahrscheinlichkeitsraum $(\Omega, \mathfrak{A}, P)$ zugrunde. (Als Literatur zu diesem Abschnitt vgl. beispielsweise H. LOÈVE [1] und J. L. DOOB [1].)

Ω ist eine Menge, deren Elemente ω *Grundrealisierungen* genannt werden. $\mathfrak{A}$ ist eine σ-Algebra über Ω, d. h., $\mathfrak{A}$ ist eine nichtleere Klasse von Teilmengen von Ω mit den Eigenschaften:

1. Ist $A \in \mathfrak{A}$, dann gilt auch $\bar{A} \in \mathfrak{A}$ $(\bar{A} = \Omega \setminus A)$ und
2. sind die $A_i \in \mathfrak{A}$, $i = 1, 2, \ldots$, dann gilt auch $\bigcup_{i=1}^{\infty} A_i \in \mathfrak{A}$.

P ist ein Wahrscheinlichkeitsmaß auf $\mathfrak{A}$, d. h., P ist eine auf $\mathfrak{A}$ definierte Funktion mit Werten im Intervall [0,1] und mit den Eigenschaften:

1. $P\{\Omega\} = 1$
   und
2. für jede abzählbare Klasse von disjunkten Mengen aus $\mathfrak{A}$ $(A_i \in \mathfrak{A}, i = 1,2,\ldots;$ $A_i A_j = \emptyset, i \neq j)$ gilt

$$P\left\{\sum_{i=1}^{\infty} A_i\right\} = \sum_{i=1}^{\infty} P\{A_i\} .$$

Mit $\mathfrak{B}^n$ bezeichnen wir die Klasse der BOREL-Mengen im n-dimensionalen euklidischen Raum R^n, also die kleinste σ-Algebra, welche alle n-dimensionalen Intervalle $(a, b) = \{x \in R^n: a_i < x_i < b_i,\ i = 1, \ldots, n\}$ enthält. Ist $A \in \mathfrak{B}^n$, dann bezeichne $\mathfrak{B}_A$ die σ-Algebra $\{B \in \mathfrak{B}^n: B \subset A\}$.

Eine zufällige Variable ist eine auf Ω definierte Funktion $X(\omega)$ mit Werten im R^1, welche $\mathfrak{A}$-meßbar ist, d. h., bei welcher Urbilder von BOREL-Mengen, also alle Mengen der Gestalt $X^{-1} B = \{\omega: X(\omega) \in B\}$, $B \in \mathfrak{B}^1$, Elemente von $\mathfrak{A}$ sind. Die zufällige Variable induziert auf $\mathfrak{B}^1$ das Wahrscheinlichkeitsmaß P_X gemäß der Festlegung $P_X\{B\} = P\{X^{-1} B\}, B \in \mathfrak{B}^1$. Diese Relation zwischen X und P_X ist nicht eineindeutig. Verschiedene zufällige Variable können das gleiche Wahrscheinlichkeitsmaß induzieren. Für festes $\omega \in \Omega$ heißt der Wert $X(\omega)$ *Realisierung der zufälligen Variablen.*

Bei einer praktischen Problemstellung ist zunächst eine Verteilungsfunktion $F(x)$ gegeben. Dabei hat $F(x)$ im diskreten Falle die Gestalt

$$F(x) = \sum_{x_i < x} p_i , \qquad x \in (-\infty, \infty) ,$$

wobei $\{x_i: i = 1, 2, \ldots\}$ eine abzählbare Teilmenge des R^1 ist und die p_i reelle Zahlen aus dem Intervall [0,1] mit $\sum p_i = 1$ sind. Im stetigen Falle hat $F(x)$ die Darstellung

$$F(x) = \int_{-\infty}^{x} f(z)\, dz\,, \qquad x \in (-\infty, \infty)\,,$$

wobei $f(z)$ eine LEBESGUE-integrierbare nichtnegative Funktion mit $\int_{-\infty}^{\infty} f(z) \times \times dz = 1$ ist.

Im allgemeinen Fall ist $F(x)$ eine auf R^1 definierte reelle, nichtfallende linksseitig stetige Funktion mit $\lim_{x \to -\infty} F(x) = 0$ und $\lim_{x \to +\infty} F(x) = 1$. Durch eine derartige Verteilungsfunktion ist auf $\mathfrak{B}^1$ eindeutig ein Wahrscheinlichkeitsmaß P_X bestimmt, das für Intervalle der Gestalt $[a, b)$, $b > a$ den Wert $P_X[a, b) = = F(b) - F(a)$ hat. Dieses Wahrscheinlichkeitsmaß ist ein LEBESGUE-STIELTJES-Maß.

Ist $\mathfrak{A}_i$ eine σ-Algebra über Ω_i $(i = 1, 2)$, dann ist die Produkt-σ-Algebra $\mathfrak{A}_1 \times \mathfrak{A}_2$ die kleinste σ-Algebra über der Produktmenge $\Omega_1 \times \Omega_2 = \{(\omega_1, \omega_2): \omega_1 \in \Omega_1, \omega_2 \in \Omega_2\}$, welche alle Produktmengen $A_1 \times A_2$ mit $A_i \in \mathfrak{A}_i$ $(i = 1, 2)$ enthält. Ist μ_i ein Maß über $\mathfrak{A}_i$, dann ist das Produktmaß $\mu = \mu_1 \times \mu_2$ das auf $\mathfrak{A}_1 \times \mathfrak{A}_2$ durch $\mu(A_1 \times A_2) = \mu(A_1)\, \mu(A_2)$ $(A_i \in \mathfrak{A}_i,\ i = 1, 2)$ bestimmte Maß. Die Einführung des Grundraumes $(\Omega, \mathfrak{A}, P)$ ermöglicht es, Wahrscheinlichkeitsaussagen für verschiedene zufällige Variable mit Hilfe eines einzigen Wahrscheinlichkeitsmaßes zu formulieren. Zu vorgegebenem P_X ist es immer möglich, den Raum $(\Omega, \mathfrak{A}, P)$ und die Funktion X so zu wählen, daß X eine zufällige Variable ist, die P_X induziert, z. B. $\Omega = R^1 \times \Omega_0$ mit einer beliebigen Menge Ω_0; $\omega = (x, \omega_0)$, $x \in R^1$, $\omega_0 \in \Omega_0$; $\mathfrak{A} = \mathfrak{B}^1 \times \mathfrak{A}_0$ mit einer beliebigen σ-Algebra $\mathfrak{A}_0$ über Ω_0; $P = P_X \times P_0$ mit einem beliebigen Wahrscheinlichkeitsmaß P_0 auf $\mathfrak{A}_0$; dann hat die Funktion $X(\omega) = X(x, \omega_0) = x$ die gewünschten Eigenschaften.

Existiert für eine zufällige Variable X das Integral $\int_{\Omega} X(\omega)\, dP = \int_{R^1} x\, dF(x)$, so nennt man es *Erwartungswert* $E\{X\}$.

Eine Familie von zufälligen Variablen $X_1, \ldots, X_n$ bildet einen zufälligen Vektor $X = (X_1, \ldots, X_n)$. Ein zufälliger Vektor ist eine auf Ω definierte Funktion mit Werten im R^n, welche $\mathfrak{A}$-meßbar ist, d. h., bei welcher Urbilder von BOREL-Mengen Elemente von $\mathfrak{A}$ sind $(X^{-1} B \in \mathfrak{A}, B \in \mathfrak{B}^n)$. Der zufällige Vektor induziert auf $\mathfrak{B}^n$ das Wahrscheinlichkeitsmaß P_X gemäß $P_X(B) = P\{X^{-1} B\}$, $B \in \mathfrak{B}^n$. P_X ist durch eine Verteilungsfunktion $F(x)$ gegeben. Wir führen folgende Bezeichnungen ein:

$$a = (a_1, \ldots, a_n) \in R^n\,, \quad b = (b_1, \ldots, b_n) \in R^n\,,$$

$$b > a\colon b_1 > a_1, \ldots, b_n > a_n$$

$$a \uparrow b\colon a_1 \uparrow b_1, \ldots, a_n \uparrow b_n$$

$$\Delta_{b-a} F(a) = \Delta_{b_1 - a_1} \Delta_{b_2 - a_2} \cdots \Delta_{b_n - a_n} F(a_1, \ldots, a_n)\,,$$

wobei $\Delta_{b_k-a_k}$ der Differenzenoperator ist, der auf a_k wirkt,
z. B. $\Delta_{b_k-a_k}F(a_1, \ldots, a_n) = F(a_1, \ldots, b_k, \ldots, a_n) - F(a_1, \ldots, a_k, \ldots, a_n)$.

Eine *Verteilungsfunktion* $F(x)$ ist eine reelle auf R^n definierte Funktion mit folgenden Eigenschaften:

$$\Delta_{b-a}F(a) \geqq 0\,, \quad \text{falls } b > a$$

$$\Delta_{b-a}F(a) \to 0\,, \quad \text{falls } a \uparrow b\,,$$

$$\lim_{x_i \to -\infty} F(x_1, \ldots, x_i, \ldots, x_n) = 0 \quad \text{für jedes} \quad i = 1, \ldots, n\,.$$

$$\lim_{\substack{x_i \to \infty \\ i=1,\ldots,n}} F(x_1, \ldots, x_n) = 1\,.$$

Es existiert ein eindeutiges Wahrscheinlichkeitsmaß P_X auf $\mathfrak{B}^n$, dessen Werte für Intervalle der Gestalt

$$[a, b) = \{x \in R^n \colon a \leqq x < b\} \text{ durch } P_X[a, b) = \Delta_{b-a}F(a)$$

gegeben sind. (Der Grundraum kann hier z. B. folgender Art sein: $\Omega = R^n \times \Omega_0$, $\mathfrak{A} = \mathfrak{B}^n \times \mathfrak{A}_0$, $P = P_x \times P_0$ und $X(\omega) = X(x, \omega_0) = x \in R^n$).

Die Menge aller n-dimensionalen zufälligen Vektoren bezeichnen wir mit S_n. Ist $X = (X_1, \ldots, X_n) \in S_n$ und existieren die Erwartungswerte der Komponenten, dann bezeichnet $E\{X\}$ den Vektor $(E\{X_1\}, \ldots, E\{X_n\})$.

Mit $||x||$ bezeichnen wir die Norm im R^n: $||x|| = (\sum x_i^2)^{1/2}$. Die zufälligen Vektoren $X \in S_n$ mit $E\{||X||^r\} < \infty$ bilden den Raum L_r^n. Zwei zufällige Vektoren X_1, X_2 heißen *äquivalent*, falls $P\{X_1 = X_2\} = 1$ ist. Die Klassen äquivalenter Elemente des L_n^r bilden mit der Norm $||X||_{\mathfrak{L}_n^r} = (E\{||X||^r\})^{1/r}$ den Banach-Raum $\mathfrak{L}_r^n$.

T sei eine Menge. Eine auf $T \times \Omega$ definierte reelle Funktion $X_t(\omega)$, die für jedes feste $t \in T$ $\mathfrak{A}$-meßbar ist, heißt *stochastischer Prozeß* auf T. Im weiteren bezeichnet T immer, wenn wir es nicht ausdrücklich anders vereinbaren, ein Intervall im R^1.

Die Familie aller Verteilungsfunktionen

$$F(x_1, \ldots, x_n; t_1, \ldots, t_n) = P\,\{X_{t_1} < x_1, \ldots, X_{t_n} < x_n\}$$

$(x_i \in R^1; t_i \in T; i = 1, \ldots, n)$ mit beliebiger endlicher Dimension n heißt dem *Prozeß zugeordnete Verteilung*. Zwei Prozesse X_t und Y_t heißen auf T *äquivalent*, wenn für jedes feste $t \in T$ gilt $P\{X_t = Y_t\} = 1$. Zwei äquivalente stochastische Prozesse haben die gleiche zugeordnete Verteilung. Aus der Definition der Verteilungsfunktionen folgt, daß die folgenden beiden Bedingungen erfüllt sein müssen:

1. *Konsistenzbedingung*

Sei $m < n$. Für beliebige $t_1, \ldots, t_n$ gilt

$$\lim_{\substack{x_{m+1} \to \infty \\ \vdots \\ x_n \to \infty}} F(x_1, \ldots, x_n; t_1, \ldots, t_n) = F(x_1, \ldots, x_m; t_1, \ldots, t_m)\,.$$

2. *Symmetriebedingung*

Für jede Permutation $i_1, \ldots, i_n$ der Zahlen $1, \ldots, n$ gilt $F(x_{i_1}, \ldots, x_{i_n}; t_{i_1}, \ldots, t_{i_n}) = F(x_1, \ldots, x_n; t_1, \ldots, t_n)$.

Für jedes feste $\omega \in \Omega$ haben wir in $X_t(\omega)$ eine reelle Funktion von t. Die Funktion $X_t(\omega)$ mit festem ω heißt *Realisierung des Prozesses*. Sie stellt einen „Punkt $z(\omega)$" im Raum M aller reellen Funktionen, die auf T definiert sind, dar. $X_t(\omega)$ definiert also eine Abbildung von Ω nach M. Die Klasse der Teilmengen von M, deren Urbilder Elemente von $\mathfrak{A}$ darstellen, ist eine σ-Algebra $\mathfrak{F}$ über M: $\mathfrak{F} = \{F \subset M: z^{-1} F \in \mathfrak{A}\}$. Der Prozeß X_t induziert in $\mathfrak{F}$ ein Wahrscheinlichkeitsmaß P_T gemäß der Regel

$$P_T(F) = P\{z^{-1} F\}, \qquad F \in \mathfrak{F}.$$

Die Eigenschaften eines stochastischen Prozesses beschreibt man durch die zugeordnete Verteilung. Ist eine Familie von Verteilungsfunktionen endlicher Dimension über T gegeben, so entsteht die Frage, unter welchen Bedingungen ein Prozeß existiert, der diese Familie als zugeordnete Verteilung besitzt. Weiterhin ist zu klären, auf welcher Teil-σ-Algebra von $\mathfrak{F}$ das vom Prozeß induzierte Wahrscheinlichkeitsmaß durch die zugeordnete Verteilung eindeutig bestimmt ist. Antwort auf diese Fragen gibt das Theorem von Kolmogorov. Mengen der Gestalt

$$\{m \in M: a_j \leqq m(t_j) < b_j, j = 1, \ldots, n\} = Q[a, b, t]$$

mit beliebiger natürlicher Zahl n, beliebigen Punkten $t_j \in T$ und beliebigen reellen Zahlen a_j, b_j heißen *Intervalle* in M. Die kleinste σ-Algebra über M, die alle Intervalle enthält, bezeichnen wir mit $\mathfrak{B}$. Offensichtlich gilt $\mathfrak{B} \subset \mathfrak{F}$.

Theorem von Kolmogorov. *Dafür, daß zu einer gegebenen Familie von Verteilungsfunktionen endlicher Dimension über T ein stochastischer Prozeß* (d. h. ein Wahrscheinlichkeitsraum $(\Omega, \mathfrak{A}, P)$ und eine Familie X_t, $t \in T$, $\mathfrak{A}$-meßbarer reeller Funktionen) *existiert, der diese Familie von Verteilungsfunktionen als zugeordnete Verteilung besitzt, sind die Bedingungen der Konsistenz und Symmetrie notwendig und hinreichend. Die dem Prozeß zugeordnete Verteilung definiert eindeutig die auf $\mathfrak{B}$-induzierte Wahrscheinlichkeitsverteilung P_T mit*

$$P_T\{Q[a, b, t]\} = \Delta_{b-a} F(a_1, \ldots, a_n; t_1, \ldots, t_n).$$

Nicht alle Ereignisse, für die wir uns im weiteren interessieren werden, sind ohne Zusatzvoraussetzungen über den stochastischen Prozeß in der σ-Algebra $\mathfrak{B}$ enthalten. Die Wahrscheinlichkeiten für solche Ereignisse sind nicht immer durch die dem Prozeß zugeordnete Verteilung eindeutig bestimmt.

Beispiel. Es sei $\Omega = [0, 1]$, P die Gleichverteilung über Ω, $T = [0, \infty)$, $X_t(\omega) = 0$ für alle $t \in T$ und $\omega \in \Omega$ und

$$Y_t(\omega) = \begin{cases} 1 & \text{für} \quad t = \omega \\ 0 & \text{sonst.} \end{cases}$$

Beide Prozesse sind äquivalent, die zugeordnete Verteilung stimmt überein:

$$F(x_1, \ldots, x_n; t_1, \ldots, t_n) = \begin{cases} 1 & \text{für} \quad x_j > 0, j = 1, \ldots, n, \\ 0 & \text{sonst,} \end{cases}$$

aber es gilt

$$P\{X_t < 1, t \in T\} = 1\,,$$
$$P\{Y_t < 1, t \in T\} = 0\,,$$
$$P\{X_t \text{ stetig in } T\} = 1\,,$$
$$P\{Y_t \text{ stetig in } T\} = 0\,.$$

Die Mehrdeutigkeit kommt dadurch zustande, daß man Ereignisse betrachtet, die durch Eigenschaften des Prozesses bei einer überabzählbaren Parametermenge bestimmt werden. Um diese Mehrdeutigkeit zu vermeiden, hat J. L. Doob [1] das Konzept der Separabilität eingeführt. Eine Eigenschaft gelte für fast alle $\omega \in \Omega$, falls es ein $\Omega_0 \in \mathfrak{A}$ mit $P\{\Omega_0\} = 0$, d. h. eine P-Nullmenge, gibt, so daß diese Eigenschaft für jedes $\omega \in \Omega \setminus \Omega_0$ gilt. Ein Prozeß heißt *separabel*, wenn fast alle Realisierungen in einem gewissen Sinne durch ihre Werte in einer abzählbaren Teilmenge von T bestimmt sind. Beispielsweise ist ein stochastischer Prozeß separabel, wenn fast alle Realisierungen stetige Funktionen sind. J. L. Doob [1] hat gezeigt, daß zu jedem Prozeß ein äquivalenter separabler Prozeß existiert. Wir verwenden im weiteren die Separabilität nicht, da wir für die Behandlung der Differentialgleichungen stärkere Eigenschaften wie z. B. die Stetigkeit der Realisierungen benötigen. Dabei müssen wir allerdings beachten, daß nicht zu jeder Familie von endlichdimensionalen Verteilungsfunktionen über T, die nur die Symmetrie- und Konsistenzbedingung erfüllt, auch ein stochastischer Prozeß mit diesen stärkeren Regularitätseigenschaften zu existieren braucht, der diese Familie als zugeordnete Verteilung hat. In der Monographie von H. Cramér und M. R. Leadbetter [1] werden hinreichende Bedingungen dafür angegeben, daß zu einem Prozeß mit gegebener zugeordneter Verteilung ein äquivalenter stochastischer Prozeß existiert, dessen Realisierungen gewissen Regularitätseigenschaften, wie z. B. Stetigkeit, Differenzierbarkeit, Integrierbarkeit, genügen. Wir geben nur eine einfache Bedingung für die Stetigkeit der Realisierungen an.

Lemma 1.1. *Es sei X_t, $t \in T$, ein stochastischer Prozeß mit $E\{X_t\} = 0$, $t \in T$. Existieren zu jedem beschränkten Intervall $I \subset T$ positive Konstanten α, β, γ und δ mit*

$$E\{|X_{t+h} - X_t|^\alpha\} \leqq \gamma |h|^{1+\beta}\,, \quad t \in I\,, \quad |h| \leqq \delta\,,$$

dann existiert ein zu X_t äquivalenter stochastischer Prozeß mit auf T stetigen Realisierungen.

Beispiel. Ein stochastischer Prozeß auf $T \subset R^1$, dessen endlichdimensionale Verteilungen Normalverteilungen sind, heißt Gauss*scher Prozeß*. Ist Y_t ein Gaussscher Prozeß mit einem auf T stetigen Erwartungswert $m(t) = E\{Y_t\}$ und mit der „Kovarianzfunktion“ $E\{(Y_t - m(t))(Y_s - m(s))\} = \sigma^2 e^{-|t-s|}$, dann gilt mit $X_t = Y_t - m_t$

$$E\{|X_{t+h} - X_t|^6\} = E\{Z_h^6\} = k\,\sigma^6\,[1 - e^{-|h|}]^3\,,$$

da Z_h eine Normalverteilung $N(0, 2\sigma^2 [1 - e^{-|h|}])$ besitzt. Wegen $\lim_{|h| \to 0} |h|^{-2} \times \times (1 - e^{-|h|})^3 = 0$ ist die Voraussetzung des Lemmas 1.1 mit $\alpha = 6$ und $\beta = 1$ erfüllt, und es existiert zu X_t und damit auch zu Y_t ein äquivalenter GAUSSscher Prozeß mit stetigen Realisierungen.

Eine hinreichende Bedingung dafür, daß die Voraussetzung des Lemmas erfüllt ist, gibt auch H) in 2.2.

Eine auf $T \times \Omega$ definierte Funktion mit Werten im R^n, deren Komponenten stochastische Prozesse sind, heißt *stochastischer Vektorprozeß* oder *n-dimensionaler stochastischer Prozeß*, im weiteren verwenden wir dafür auch einfach die Bezeichnung stochastischer Prozeß. Die zugeordnete Verteilung ist durch die Familie der Verteilungsfunktionen $F(x_1, \ldots, x_n; t_1, \ldots, t_n) = P\{X_{t_1} < x_1, \ldots, X_{t_n} < x_n\}$ $(x_i \in R^n; t_i \in T; i = 1, \ldots, n)$ gegeben.

Wir führen noch einige Bezeichnungen ein. $\mathfrak{C}_T$ bezeichne die Klasse aller LEBESGUE-meßbaren Teilmengen des Intervalls T. Wir sagen, eine Beziehung gilt für fast alle $t \in T$, falls es eine Menge $T_0 \in \mathfrak{C}_T$ mit LEBESGUEschem Maß Null gibt, so daß diese Beziehung für alle $t \in T \backslash T_0$ gilt (T_0 kann insbesondere die leere Menge sein).

Gilt eine Gleichung $X(\omega) = Y(\omega)$ für fast alle $\omega \in \Omega$, so werden wir dafür auch $X \mathrel{\hat{=}} Y$ (entsprechend auch $X \mathrel{\hat{\leqq}} Y$ usw.) schreiben. Gilt $X_t \mathrel{\hat{=}} Y_t$, $t \in T$, X_t und Y_t sind also auf T äquivalent, dann gibt es Mengen $\Omega_t \in \mathfrak{A}$, $t \in T$, mit $P\{\Omega_t\} = 1$, so daß $X_t(\omega) = Y_t(\omega)$ für $(t, \omega) \in \bigcup_{t \in T} [\{t\} \times \Omega_t]$ gilt. Sind darüber hinaus die Mengen Ω_t von t unabhängig wählbar ($\Omega_t \equiv \Omega^*$), gilt also $X_t(\omega) = Y_t(\omega)$ für alle $(t, \omega) \in T \times \Omega^*$, dann schreiben wir $X_t \overset{T}{=} Y_t$ (auch $X_t \overset{T}{\leqq} Y_t$ usw.). Diese Bezeichnungen verwenden wir auch für Funktionen, die nur auf Teilmengen von Ω definiert sind.

Einen stochastischen Prozeß, dessen Realisierungen fast alle auf T stetig sind, nennen wir *R-stetig auf T*. Sind zwei auf T R-stetige Prozesse X_t und Y_t auf T äquivalent, dann gilt $X_t \overset{T}{=} Y_t$. Ein stochastischer Prozeß X_t heißt *R-differenzierbar auf T*, falls es eine Menge $\Omega_1 \in \mathfrak{A}$ mit $P\{\Omega_1\} = 1$ gibt, so daß für alle $\omega \in \Omega_1$ die Ableitung

$$\dot{X}_t = \frac{d}{dt} X_t(\omega) = \lim_{h \to 0} h^{-1} [X_{t+h}(\omega) - X_t(\omega)], \quad t \in T,$$

existiert. Die Abbildung $\dot{X}_t$ von $T \times \Omega_1$ in den R^n nennen wir dann *R-Ableitung*. Es existiert immer ein Prozeß Y_t, $t \in T$, mit $Y_t \overset{T}{=} \dot{X}_t$. Analog sei das *R-Integral* definiert, so daß X_t ein R-Integral über T besitzt, falls für fast alle $\omega \in \Omega$ das Integral $\int_T X_t(\omega)\, dt$ existiert.

Mit einer geeigneten Abänderung des Beweises von Satz 2.2.5 in J. L. DOOB [1] kann man folgendes Lemma zeigen:

Lemma 1.2. *$f(x, \omega)$ sei eine auf $R^n \times \Omega$ definierte Funktion mit Werten im R^m. Es sei $\Omega_1 \in \mathfrak{A}$. Für $\omega \in \Omega_1$ sei f stetig auf R^n und für alle $x \in R^n$ $\mathfrak{A}$-meßbar* *in ω. Dann existiert eine $\mathfrak{B}^n \times \mathfrak{A}$-meßbare Funktion $g(x, \omega)$ mit $f(x, \omega) = g(x, \omega)$ für $(x, \omega) \in R^n \times \Omega_1$.*

1.2. R-Lösungen stochastischer Differentialgleichungen

Die Existenz und Eindeutigkeit von Lösungen gewöhnlicher Differentialgleichungen mit stochastischen Parametern wurde beispielsweise von H. Bunke [1], von T. Morozan [3], [10] und von R. Z. Has'minskiĭ [14] untersucht.

$f(x, t, \omega)$ bezeichne eine auf $R^n \times T \times \Omega$ definierte Funktion mit Werten im R^n.

Definition 1. Ein stochastischer Prozeß X_t heißt in einem Intervall T *R-Lösung* (realisierungsweise Lösung) der stochastischen Differentialgleichung

$$\frac{dX_t}{dt} = f(X_t, t, \omega) , \tag{1}$$

wenn fast alle Realisierungen von X_t im Intervall T der gewöhnlichen Differentialgleichung

$$\frac{dX_t(\omega)}{dt} = f(X_t(\omega), t, \omega) \tag{2}$$

genügen. Gilt darüber hinaus für ein $t_0 \in T$ und ein $X_0 \in S_n$: $X_{t_0} \triangleq X_0$, dann heißt X_t *R-Lösung* von (1) *zur Anfangsbedingung* (X_0, t_0). Die R-Lösungen von (1) zur Anfangsbedingung (X_0, t_0) heißen in T *eindeutig*, wenn für ein beliebiges Paar X_t, X_t^* von R-Lösungen zu dieser Anfangsbedingung $X_t \overset{T}{=} X_t^*$ gilt.

Fast jeder Grundrealisierung ω wird also eine gewöhnliche Differentialgleichung zugeordnet. Die Lösungen dieser Differentialgleichungen bilden die Realisierungen eines stochastischen Prozesses, welcher R-Lösung von (1) ist. Zum Nachweis der Existenz von R-Lösungen wird man zunächst mit Hilfe der Ergebnisse aus der Theorie der gewöhnlichen Differentialgleichungen zeigen, daß (2) in einem von ω unabhängigen Intervall T für fast alle $\omega \in \Omega$ eine Lösung besitzt, und man muß dann zeigen, daß diese Lösungen die Realisierungen eines stochastischen Prozesses darstellen. Die Lösungen von (2) brauchen natürlich im allgemeinen kein gemeinsames (von ω unabhängiges) Existenzintervall zu haben.

Beispiel. Die Differentialgleichung $\dot{X}_t = -a(\omega) X_t^2$ mit exponentialverteiltem $a(\omega)$ besitzt für jedes $\omega \in \Omega$ zur Anfangsbedingung $X_0(\omega) = 1$ eine eindeutige Lösung. Es existiert aber keine R-Lösung zu dieser Anfangsbedingung, denn die Lösungen $X(t, \omega) = 1/(1 - a(\omega) t)$ der entsprechenden Differentialgleichungen (2) existieren nur im Intervall $[0, 1/a(\omega)]$. Es gibt also kein Intervall $[0, t]$, in dem diese Lösungen für fast alle $\omega \in \Omega$ existieren.

Ebenso braucht eine auf $T \times \Omega$ definierte Funktion $X(t, \omega)$, die für jedes feste $\omega \in \Omega$ in T einer Differentialgleichung der Gestalt (1) genügt, nicht immer ein stochastischer Prozeß zu sein.

Beispiel. Ist $\Omega^* \subset \Omega$ eine Menge mit $\Omega^* \notin \mathfrak{A}$, dann ist die Funktion

$$X^*(t, \omega) = \begin{cases} 0 & \text{für } \omega \in \Omega^* \\ \frac{1}{4} t^2 & \text{für } \omega \in \Omega \setminus \Omega^* \end{cases}$$

zwar für jedes $\omega \in \Omega$ in $R^+ = [0, \infty)$ Lösung der Differentialgleichung $\frac{dx}{dt} = \sqrt{|x|}$ zum Anfangswert $X_0(\omega) = 0$, aber X_t^* ist kein stochastischer Prozeß, also nicht R-Lösung.

Bei der Definition der R-Lösungen fordern wir die $\mathfrak{A}$-Meßbarkeit bei festem $t \in T$, da andernfalls z. B. der Erwartungswert $E\{X_t\}$ oder die Wahrscheinlichkeit $P\{X_t > c\}$ möglicherweise nicht definiert sind.

Ist X_t R-Lösung von (1) in T, dann ist für eine beliebige endliche Parametermenge $\{t_1, \ldots, t_k\} \subset T$ und eine beliebige Borel-Funktion φ die Funktion $\varphi(X_{t_1}, \ldots, X_{t_k})$ $\mathfrak{A}$-meßbar. Da fast alle Realisierungen von X_t in T stetige Funktionen sind, sind beispielsweise für beliebige auf R^n definierte stetige Funktionen ψ die auf Ω definierten Funktionen $\sup_{t \in T} \psi(X_t)$ und $\inf_{t \in T} \psi(X_t)$ äquivalent zu $\mathfrak{A}$-meßbaren Funktionen.

Existiert eine R-Lösung und sind die Lösungen der Differentialgleichung (2) für fast alle $\omega \in \Omega$ in T eindeutig, so ist die R-Lösung in T eindeutig.

1.3. Existenz und Eindeutigkeit von R-Lösungen

Satz 1.1. *Es sei $X_0 \in S_n$ und $t_0 \in T$, a und b seien positive Zahlen mit $[t_0 - a, t_0 + a] \subset T$, und es sei*

$$Q(\omega) = \{(x, t) \in R^n \times T : ||x - X_0(\omega)|| \leqq b, \ |t - t_0| \leqq a\} .$$

Folgende Voraussetzungen seien erfüllt:

1. *Die Funktion $f(x, t, \omega)$ sei für jedes feste $(x, t) \in R^n \times T$ eine $\mathfrak{A}$-meßbare Funktion in ω und für jedes feste $t \in T$ und für fast alle $\omega \in \Omega$ auf R^n stetig.*
2. *Es gibt eine Menge $\Omega^* \in \mathfrak{A}$ mit $P\{\Omega^*\} = 1$ und für jedes $\varepsilon > 0$ ein $\delta(\varepsilon) > 0$, so daß $||f(x, t, \omega) - f(\bar{x}, \bar{t}, \omega)|| \leqq \varepsilon$ ist, falls $\omega \in \Omega^*$, $(x, t) \in Q(\omega)$, $(\bar{x}, \bar{t}) \in Q(\omega)$ und $||x - \bar{x}|| < \delta(\varepsilon)$ und $|t - \bar{t}| \leqq \delta(\varepsilon)$ gilt.*
3. *Für fast alle $\omega \in \Omega$ gilt $||f(x, t, \omega)|| \leqq M < \infty$ für $(t, x) \in Q(\omega)$.*
4. *Für fast alle $\omega \in \Omega$ sind die Lösungen der Differentialgleichung (2) zu den Anfangsbedingungen $(X_0(\omega), t_0)$ im Intervall $T_\alpha = (t_0 - \alpha, t_0 + \alpha)$ mit $\alpha = \min\left(a, \frac{b}{M}\right)$ eindeutig.*

Dann existiert im Intervall T_α zur Anfangsbedingung (X_0, t_0) eine eindeutige R-Lösung des Systems (1).

Beweis. Für fast alle $\omega \in \Omega$ existiert in T_α eine Lösung der Differentialgleichung (2) zur Anfangsbedingung $(X_0(\omega), t_0)$ (Existenzsatz von CAUCHY-PEANO). Diese Lösungen können folgendermaßen konstruiert werden:

Es sei $\{\varepsilon_k, k = 1, 2, \ldots\}$ eine monoton fallende Folge positiver reeller Zahlen mit $\lim\limits_{k\to\infty} \varepsilon_k = 0$. Zu jedem ε_k sei $\delta(\varepsilon_k)$ durch Voraussetzung 2 bestimmt. Wir unterteilen das Intervall $T_\alpha^+ = [t_0, t_0 + \alpha]$ (der Beweis für das Intervall $[t_0 - \alpha, t_0]$ verläuft analog) in solcher Weise durch Punkte $t_0 = t_1^k < \cdots < t_m^k = t_0 + \alpha$, daß $\max |t_l^k - t_{l-1}^k| \leqq \min \left(\delta(\varepsilon_k), \dfrac{\delta(\varepsilon_k)}{M}\right)$ gilt.

Die Funktionen $X_k(t, \omega)$ seien folgendermaßen definiert:

$$X_k(t_0, \omega) = X_0(\omega)$$

$$X_k(t, \omega) = X_k(t_{l-1}^k, \omega) + f(X_k(t_{l-1}^k, \omega), t_{l-1}^k, \omega)\,(t - t_{l-1}^k)\,, \qquad t_{l-1}^k < t \leqq t_l^k\,.$$

Auf Grund der Voraussetzungen sind für fast alle $\omega \in \Omega$ die Funktionen $X_k(t, \omega)$ in T_α^+ gleichgradig stetig, gleichmäßig beschränkt und konvergieren wegen Voraussetzung 4 in T_α^+ gegen die eindeutige Lösung $X(t, \omega)$ von (2) zur Anfangsbedingung $(X_0(\omega), t_0)$ (siehe Satz 1.1.2 in E. A. CODDINGTON und N. LEVINSON [1]). Auf Grund von Voraussetzung 1 kann das Lemma 1.2 auf die Funktion $f(x, t_l^k, \omega)$ angewendet werden, und mit $X_0 \in S_n$ folgt durch Induktion, daß ein stochastischer Prozeß X_{kt}, $t \in T_\alpha^+$ mit $X_{kt} \overset{T_\alpha^+}{=} X_k(t, \omega)$ existiert. Also existiert ein stochastischer Prozeß X_t, $t \in T_\alpha^+$ mit $X_t \overset{T_\alpha^+}{=} \lim\limits_{k\to\infty} X_k(t, \omega)$, welcher die in T_α^+ eindeutige R-Lösung von (1) zur Anfangsbedingung (X_0, t_0) darstellt.

Beispiel. Es sei Y ein l-dimensionaler zufälliger Vektor, dessen Realisierungen in einer kompakten Menge $H \subset R^l$ liegen, $x_0 \in R^n$, $t_0 \in R^1$, und

$$Q = \{(x, t) \in R^n \times R^1 \colon \|x - x_0\| \leqq b, |t - t_0| \leqq a\}$$

mit positivem a und b. $f(x, t, y)$ sei eine auf $R^n \times R^1 \times H$ stetige Funktion. Existiert für jedes feste $y \in H$ in T_α eine eindeutige Lösung der Differentialgleichung $\dfrac{dx}{dt} = f(x, t, y)$ zur Anfangsbedingung (x_0, t_0), dann folgt aus Satz 1.1, daß in T_α eine eindeutige R-Lösung der stochastischen Differentialgleichung $\dfrac{dX_t}{dt} = f(X_t, t, Y)$ zur Anfangsbedingung (x_0, t_0) existiert.

Satz 1.2. *Folgende Voraussetzungen seien erfüllt:*

1. *Die Funktionen $f(x, t, \omega)$ sind für alle $(x, t) \in R^n \times T$ $\mathfrak{A}$-meßbar.*
2. *Für fast alle $\omega \in \Omega$ ist $f(x, t, \omega)$ auf $R^n \times T$ stetig.*
3. *Für fast alle $\omega \in \Omega$ existiert eine auf T reelle stetige Funktion $L(t, \omega)$, für welche*

$$\|f(x_1, t, \omega) - f(x_2, t, \omega)\| \leqq L(t, \omega)\, \|x_1 - x_2\|$$

bei $t \in T$ und $x_1, x_2 \in R^n$ gilt.

Dann existiert zu jeder Anfangsbedingung $(X_0, t_0) \in S_n \times T$ in T eine eindeutige R-Lösung der Differentialgleichung (1) (vgl. z. B. Lemma 1.3 in T. MOROZAN [10]).

Dieser Satz ist eine Folgerung aus dem Beweis zu Satz 1.4. Die in Satz 1.4 betrachtete Ausnahmemenge H ist im vorliegenden Fall die leere Menge.

Beispiel. Ist Z_t, $t \in [0, \infty)$, ein R-stetiger n-dimensionaler stochastischer Vektorprozeß, und ist A_t eine $n \times n$ Matrix mit auf $[0, \infty)$ R-stetigen stochastischen Prozessen als Elementen, dann hat nach Satz 1.2 die stochastische Differentialgleichung $\frac{dX_t}{dt} = A_t X_t + Z_t$ zu jeder Anfangsbedingung $(X_0, t_0) \in S_n \times [0, \infty)$ in $[0, \infty)$ eine eindeutige R-Lösung.

1.4. *R*-Lösungen im erweiterten Sinn

Im deterministischen Fall heißt eine absolut stetige Funktion $x(t)$, die für fast alle $t \in T$ die Differentialgleichung $\frac{dx(t)}{dt} = f(x(t), t)$ erfüllt, *Lösung* dieser Gleichung *im erweiterten Sinn* (vgl. z. B. E. A. Coddington und N. Levinson [1]). Wir führen eine entsprechende Definition für die stochastische Differentialgleichung (1) ein.

Definition 2. Ein stochastischer Prozeß X_t heißt in einem Intervall T *R-Lösung e. S.* (im erweiterten Sinn) der stochastischen Differentialgleichung (1), wenn für fast alle $\omega \in \Omega$ die Funktionen $X_t(\omega)$ absolut stetige Funktionen auf T sind, die der Differentialgleichung (2) für fast alle $t \in T$ genügen. Gilt darüber hinaus für ein $t_0 \in T$ und ein $X_0 \in S_n$ $X_{t_0} \triangleq X_0$, dann heißt X_t *R-Lösung e. S.* von (1) *zur Anfangsbedingung* (X_0, t_0).

Satz 1.3. *Es sei* $(X_0, t_0) \in S_n \times T$, *a und b seien positive Zahlen mit* $[t_0 - a, t_0 + a] \subset T$, *und es sei*

$$Q(\omega) = \{(x, t) \in R^n \times T : \|x - X_0(\omega)\| \leqq b, |t - t_0| \leqq a\} .$$

Folgende Voraussetzungen seien erfüllt:

1. *Für fast alle* $\omega \in \Omega$ *sei* $f(x, t, \omega)$ *für festes* $t \in T$ *stetig auf* R^n *und für festes* $x \in R^n$ *eine* $\mathfrak{C}_T \times \mathfrak{A}$*-meßbare Funktion.*
2. *Für fast alle* $\omega \in \Omega$ *sei* $\|f(x, t, \omega)\| \leqq m(t)$ *für* $(t, x) \in Q(\omega)$, *wobei* $m(t)$ *eine auf dem Intervall* $[t_0 - a, t_0 + a]$ *Lebesgue-integrierbare Funktion ist.*
3. *Für fast alle* $\omega \in \Omega$ *seien die Lösungen im erweiterten Sinn der Differentialgleichungen* (2) *zur Anfangsbedingung* $(X_0(\omega), t_0)$ *in* $T_\alpha = (t_0 - \alpha, t_0 + \alpha)$ *eindeutig, wobei* $\alpha \leqq a$ *so bestimmt ist, daß* $\int_{t_0-\alpha}^{t_0+\alpha} m(\tau)\, d\tau \leqq b$ *gilt.*

Dann existiert in T_α *eine eindeutige R-Lösung e. S. des Systems* (1) *zur Anfangsbedingung* (X_0, t_0).

Beweis. Für fast alle $\omega \in \Omega$ existieren auf Grund unserer Voraussetzungen nach dem Existenzsatz von Caratheodory (siehe E. A. Coddington und N. Levinson [1], Satz 2.1.1) in T_α eindeutige Lösungen $X(t, \omega)$ im erweiterten

Sinn der Differentialgleichungen (2) zu den Anfangsbedingungen $(X_0(\omega), t_0)$. Jede dieser Lösungen kann als Grenzwert einer Folge von gleichgradig stetigen und gleichmäßig beschränkten Funktionen $X_j(t, \omega)$:

$$X_j(t, \omega) = \begin{cases} X_0(\omega) & (t_0 \leqq t \leqq t_0 + \alpha j^{-1}) \\ X_0(\omega) + \int\limits_{t_0}^{t-\alpha j^{-1}} f(X_j(\tau, \omega), \tau, \omega)\, d\tau & (t_0 + \alpha j^{-1} < t < t_0 + \alpha) \end{cases}$$

erhalten werden. (Für $t \in (t_0 - \alpha, t_0)$ können die folgenden Überlegungen analog durchgeführt werden.) Es sei $I_r = [t_0, t_0 + r j^{-1} \alpha]$ $(r = 1, \ldots, j)$, und wir nehmen an, es gäbe einen stochastischen Prozeß $X^r_{(j)t}$, $t \in I_r$ $(r < j)$ mit $X^r_{(j)t} \overset{I_r}{=} X_j(t, \omega)$. Da die Funktionen $X_j(t, \omega)$ für fast alle $\omega \in \Omega$ auf I_r stetig sind, existiert nach Lemma 1.2 eine $\mathfrak{B}_{I_r} \times \mathfrak{A}$-meßbare Funktion $Y_j(t, \omega)$ mit $Y_j(t, \omega) \overset{I_r}{=} X_j(t, \omega)$. Da wegen Voraussetzung 1 nach dem Lemma 1.2 eine $\mathfrak{B}^n \times \mathfrak{B}_{I_r} \times \mathfrak{A}$-meßbare Funktion $g(x, t, \omega)$ mit $g(x, t, \omega) \overset{R^n \times I_r}{=} f(x, t, \omega)$ existiert, ist $g(Y_j(t, \omega), t, \omega)$ eine $\mathfrak{B}_{I_r} \times \mathfrak{A}$-meßbare Funktion, und damit gibt es nach dem Satz von Fubini einen stochastischen Prozeß $X^{r+1}_{(j)t}$, $t \in I_{r+1}$, mit

$$X^{r+1}_{(j)t} \overset{I_{r+1}}{=} \begin{cases} X_0(\omega) & (t_0 \leqq t \leqq t_0 + \alpha j^{-1}) \\ X_0 + \int\limits_{t_0}^{t-\alpha j^{-1}} f(X_j(\tau, \omega), \tau, \omega)\, d\tau & (t_0 + \alpha j^{-1} < t < t_0 + \alpha) \end{cases}$$

$$\overset{I_{r+1}}{=} X_j(t, \omega)\,.$$

Nach Induktion folgt also die Existenz eines stochastischen Prozesses $X^j_{(j)t}$, $t \in T^+_\alpha = [t_0, t_0 + \alpha)$ mit $X^j_{(j)t} \overset{T^+_\alpha}{=} X_j(t, \omega)$ und damit auch die Existenz eines stochastischen Prozesses X_t, $t \in T^+_\alpha$ mit $X_t \overset{T^+_\alpha}{=} \lim\limits_{j \to \infty} X_j(t, \omega)$, welcher die in T^+_α eindeutige R-Lösung e. S. von (1) zur Anfangsbedingung (X_0, t_0) darstellt.

Häufig ist über stochastische Prozesse bekannt, daß sie stückweise stetige Realisierungen besitzen (z. B. sog. rein unstetige Markovsche Prozesse unter allgemeinen Annahmen). Wir formulieren hierfür den nächsten Satz:

Satz 1.4. *Folgende Voraussetzungen seien erfüllt:*

1. *Die Funktion $f(x, t, \omega)$ ist für alle $(x, t) \in R^n \times T$ $\mathfrak{A}$-meßbar.*
2. *Für fast alle $\omega \in \Omega$ ist $f(x, t, \omega)$ stetig auf $R^n \times T - H(\omega)$, wobei $H(\omega)$ eine höchstens abzählbare Teilmenge von T ist, deren Elemente sich nicht im Endlichen häufen.*
3. *Für fast alle $\omega \in \Omega$ und alle $x \in R^n$ ist $f(x, t, \omega)$ auf jedem endlichen Intervall $I \subset T$ beschränkt.*
4. *Für fast alle $\omega \in \Omega$ existiert eine auf T stetige Funktion $L(t, \omega)$, für welche*

$$||f(x_1, t, \omega) - f(x_2, t, \omega)|| \leqq L(t, \omega)\, ||x_1 - x_2||$$

für $t \in T$, $x_1, x_2 \in R^n$ gilt.

Dann existiert zu jeder Anfangsbedingung $(X_0, t_0) \in S_n \times T$ *in* T *eine eindeutige* R*-Lösung e. S. der stochastischen Differentialgleichung* (1).

Beweis. Wir bilden zum Beweis die übliche Approximationsfolge

$$\left.\begin{aligned} X_0(t, \omega) &= X_0(\omega) \\ X_k(t, \omega) &= X_0(\omega) + \int_{t_0}^{t} f(X_{k-1}(s, \omega), s, \omega)\, ds\,, \end{aligned}\right\} \tag{3}$$

wobei für fast alle $\omega \in \Omega$ die Stetigkeit von $X_k(t, \omega)$ auf T durch Induktion gezeigt werden kann und die obigen Riemann-Integrale wegen der aus Voraussetzung 2 folgenden Stetigkeit von $f(X_{k-1}(s, \omega), s, \omega)$ auf $T - H(\omega)$ definiert sind und eine stetige Funktion der oberen Grenze t darstellen. Mit Voraussetzung 4 erhält man wie üblich für t_0, $t \in I = [A, B] \subset T$

$$\|X_{k+1}(t, \omega) - X_k(t, \omega)\| \overset{I}{\leqq} \left[\sup_{s \in I} f(X_0(\omega), s, \omega)\right] \left[\sup_{s \in I} L(s, \omega)\right]^k \frac{(B - A)^{k+1}}{(k + 1)!}\,,$$

woraus für fast alle $\omega \in \Omega$ in I die gleichmäßige Konvergenz von $X_k(t, \omega)$ gegen eine stetige Funktion $X(t, \omega)$ mit

$$\frac{dX(t, \omega)}{dt} = f(X(t, \omega), t, \omega)\,, \qquad t \in I - H(\omega)$$

und $X(t_0, \omega) = X_0(\omega)$ folgt. Durch geeignete Wahl von I kann man eine derartige Lösung e. S. von (2) für jedes $t \in T$ gewinnen. Wenn wir nun einen stochastischen Prozeß X_t, $t \in T$, mit $X_t \overset{T}{=} X(t, \omega)$ finden, so ist X_t eine R-Lösung e. S. von (1) mit $X_{t_0} = X_0$. Da $X_0 \in S_n$ ist und nach Voraussetzung 4 und dem Lemma 1.2 für jedes $t \in T$ eine $\mathfrak{B}^n \times \mathfrak{A}$-meßbare Funktion $g(x, t, \omega)$ existiert mit $f(x, t, \omega) \overset{R \times T}{=} g(x, t, \omega)$ und das Integral in (3) Grenzwert Riemannscher Summen ist, folgt durch Induktion die Existenz eines stochastischen Prozesses $X_t^{(k)}$, $t \in T$, mit $X_t^{(k)} \overset{T}{=} X_k(t, \omega)$. Also existiert ein stochastischer Prozeß X_t, $t \in T$, mit

$$X_t \overset{T}{=} \lim_{k \to \infty} X_k(t, \omega) \overset{T}{=} X(t, \omega)\,.$$

Ist schließlich Y_t eine beliebige R-Lösung e. S. von (1) mit $Y_{t_0} = X_0$, dann folgt mit Voraussetzung 4

$$\|X_t - Y_t\| \overset{T}{\leqq} \int_{t_0}^{t} L(s, \omega)\, \|X_s - Y_s\|\, ds\,,$$

woraus sich mit dem Lemma von Gronwall (vgl. Lemma 1.3) $\|X_t - Y_t\| \overset{T}{=} 0$ ergibt, also die behauptete Eindeutigkeit der R-Lösung e. S. folgt.

Bemerkung. Die Voraussetzungen des Satzes 1.4 sind z. B. bei einer Differentialgleichung

$$\frac{d\,X_t}{dt} = f(X_t, t, Z_t) \tag{3'}$$

erfüllt, wenn $f(x, t, z)$ auf $R^n \times T \times R^m$ stetig ist, einer Lipschitz-Bedingung

$$||f(x_1, t, Z_t) - f(x_2, t, Z_t)|| \overset{R^n \times R^n \times T}{\leqq} L_t \, ||x_1 - x_2||$$

mit einem R-stetigen stochastischen Prozeß L_t genügt und Z_t ein m-dimensionaler stochastischer Prozeß auf T ist, bei dem fast alle Realisierungen $Z_t(\omega)$ stückweise stetige Funktionen mit Unstetigkeitsstellen erster Art sind.

Es bezeichne $G_t = \sigma[Z_\tau : \tau \in [t_0, t]]$ die kleinste σ-Algebra, bezüglich der die Vektorfunktionen $Z_\tau, \tau \in [t_0, t]$, meßbar sind. Ersetzt man beim Beweis des Satzes 1.4 $X_0(\omega)$ durch $\xi \in R^n$, dann kann man für jedes $k = 1, 2, \ldots$ analog wie beim Beweis der Existenz der auf $T \times \Omega$ definierten Vektorfunktion $X_t^{(k)}(\omega)$ die Existenz einer auf $T \times \Omega \times R^n$ definierten Vektorfunktion $x^{(k)}(t, \omega, \xi)$ mit folgenden Eigenschaften zeigen:

1. Für jedes feste $t \in T$ ist $x^{(k)}(t, \omega, \xi)$ eine $G_t \times \mathfrak{B}^n$-meßbare Vektorfunktion.
2. Ist $X_k(t, \omega, \xi)$ rekursiv durch

$$X_0(t, \omega, \xi) = \xi ,$$

$$X_k(t, \omega, \xi) = \xi + \int_{t_0}^{t} f(X_{k-1}(s, \omega, \xi), s, Z_s(\omega)) \, ds$$

definiert, dann gilt

$$x^{(k)}(t, \omega, \xi) \overset{T \times R^n}{=} X_k(t, \omega, \xi) .$$

Durch Grenzwertbildung folgt, daß eine Vektorfunktion $x(t, \omega, \xi)$ existiert, die für jedes feste $t \in T$ $G_t \times \mathfrak{B}^n$-meßbar ist und für die

$$x(t, \omega, \xi) \overset{T \times R^n}{=} X(t, \omega, \xi)$$

gilt, wobei für fast alle $\omega \in \Omega$ und jedes $\xi \in R^n$ $X(t, \omega, \xi) = \lim\limits_{k \to \infty} X_k(t, \omega, \xi)$ die eindeutige Lösung im erweiterten Sinn der deterministischen Differentialgleichung $\dot{x} = f(x, t, Z_t(\omega))$ zur Anfangsbedingung (ξ, t_0) bezeichnet. Durch Abänderung von $x(t_0, \omega, \xi)$ für ω aus einer P-Nullmenge kann man auch erreichen, daß für alle $\omega \in \Omega$ die Bedingung $x(t_0, \omega, \xi) = \xi, \xi \in R^n$ erfüllt ist. Es ist übrigens klar, daß durch $X_t = x(t, \omega, X_0)$ die R-Lösung e. S. von (3′) zum Anfangswert $X_{t_0} = X_0 \in S_n$ gegeben ist.

Da die Bedingung 4 des Satzes 1.4 ziemlich einschränkend ist und bei Stabilitätsaussagen die Existenz einer eindeutigen R-Lösung in $T = [t_0, \infty)$ vorausgesetzt wird (vgl. Kapitel 5), ist es wichtig, die Bedingung 4 durch lokale Lipschitz-Bedingungen ersetzen zu können. Dies ist beispielsweise möglich, wenn die bei Stabilitätssätzen (vgl. Kapitel 5) geforderte Existenz einer sog. Ljapunovschen Funktion gesichert ist.

Satz 1.5. *Es seien die Voraussetzungen* 1, 2 *und* 3 *des Satzes* 1.4 *erfüllt. Außerdem gelte mit*

$$R_k^n = \{x \in R^n : ||x|| < k\}$$

4'. *Für fast alle $\omega \in \Omega$ gibt es eine Folge $\{L_k(t, \omega): k = 1, 2, \ldots\}$ auf T stetiger Funktionen, so daß für jedes k, $t \in T$, $x_1, x_2 \in R_k^n$*

$$\|f(x_1, t, \omega) - f(x_2, t, \omega)\| \leqq L_k(t, \omega)\, \|x_1 - x_2\|$$

gilt.

5. *Es existiert eine auf $R^n \times T \times \Omega$ definierte reelle Funktion v, die für fast alle $\omega \in \Omega$ stetige partielle Ableitungen nach t und x besitzt und folgende Eigenschaften hat:*

a) $v(x, t, \omega) \overset{R^n \times T}{\geqq} \varphi(\|x\|) \geqq 0$, *wobei* $\lim\limits_{r \to \infty} \varphi(r) = \infty$ *gilt.*

b) $\frac{\partial}{\partial t} v(x, t, \omega) + \frac{\partial}{\partial x} v(x, t, \omega)' f(x, t, \omega) \overset{R^n \times T}{\leqq} c\, v(x, t, \omega)$, *wobei* $c \geqq 0$ *gilt.*

Dann existiert zu jeder Anfangsbedingung $(X_0, t_0) \in S_n \times T$ in T eine eindeutige R-Lösung e. S. von (1).

Beweis. Es sei $(X_0, t_0) \in S_n \times T$ eine feste Anfangsbedingung. Es ist offensichtlich, daß Funktionen $f^k(x, t, \omega)$ auf $R^n \times T \times \Omega$ so definiert werden können, daß für jedes k

$$f^k(x, t, \omega) = f(x, t, \omega)\,, \quad \|x\| \leqq k\,, \quad t \in T\,, \quad \omega \in \Omega\,,$$

gilt und die stochastische Differentialgleichung $\frac{dX_t}{dt} = f^k(X_t, t, \omega)$ die Voraussetzungen des Satzes 1.4 erfüllt und eine eindeutige R-Lösung e. S. X_t^k in T besitzt. Wir betrachten nun

$$t_r^k(\omega) = \begin{cases} \infty: \|X_t^k(\omega)\| \leqq r\,, & t \in T\,, \\ \inf\{t \in T: \|X_t^k(\omega)\| > r\}\,, & \text{sonst}\,. \end{cases}$$

Aus der Konstruktion der R-Lösungen X_t^k mit Hilfe von (3) entnimmt man, daß für fast alle $\omega \in \Omega$ die Realisierungen von X_t^k $(k \geqq r)$ für $t \leqq t_r^r(\omega)$ übereinstimmen und demnach für $r = 1, 2, \ldots$ die Beziehungen $t_r^k = t_r^r(\omega) = t_r(\omega)$ $(k \geqq r)$ und $t_r(\omega) \leqq t_{r+1}(\omega)$ gelten.

Wir zeigen nun, daß $t(\omega) = \lim\limits_{r \to \infty} t_r(\omega) = \infty$ für fast alle $\omega \in \Omega$ ist, so daß

$$\lim_{k \to \infty} X_t^k(\omega) = X_t(\omega) = X_t^r(\omega)\,, \qquad (r: t_r^r \geqq t, t \in T)$$

existiert und durch X_t die eindeutige R-Lösung e. S. von (1) gegeben ist. Für fast alle $\omega \in \Omega$ gilt wegen Voraussetzung 5

$$\frac{d}{dt}[v(X_t(\omega), t, \omega)\, e^{-c(t-t_0)}] \leqq 0\,, \qquad \text{für fast alle } t \in T$$

und für r mit $t_r(\omega) < \infty$

$$\varphi(r) = \varphi(\|X_{t_r(\omega)}\|) \leqq v(X_{t_r(\omega)}(\omega), t_r(\omega), \omega)$$
$$\begin{cases} \leqq v(X_{t_0(\omega)}, t_0, \omega)\, e^{c(t(\omega)-t_0)}: & t(\omega) < \infty\,, \\ < \infty & : t(\omega) = \infty\,. \end{cases}$$

Wegen $\lim\limits_{r \to \infty} \varphi(r) = \infty$ gilt also $t(\omega) = \infty$ für fast alle $\omega \in \Omega$.

1.5. Über die Abhängigkeit der R-Lösungen von den Anfangswerten und von Parametern

In diesem Abschnitt werden wir Abhängigkeitssätze für die stochastische Differentialgleichung als Folgerung aus den bekannten Ergebnissen für gewöhnliche Differentialgleichungen bei erfüllter LIPSCHITZ-Bedingung ableiten. Aus dem verallgemeinerten GRONWALL-Lemma (vgl. z. B. G. SANSONE und R. CONTI [1]) erhalten wir im stochastischen Fall:

Lemma 1.3. *Es sei $T = [t_0, b]$ (b kann auch unendlich sein: $T = [t_0, \infty)$). C sei eine auf Ω definierte nichtnegative reelle Funktion. U, V, W seien auf $T \times \Omega$ definierte reelle Funktionen mit den Eigenschaften:*

a) $U(t, \omega) \overset{T}{\geqq} 0$. *Für fast alle $\omega \in \Omega$ ist $U(t, \omega)$ stetig auf T.*

b) $V(t, \omega) \overset{T}{\geqq} 0$. *Für fast alle $\omega \in \Omega$ ist $V(t, \omega)$ in jedem beschränkten Teilintervall von T LEBESGUE-integrierbar.*

c) *$W(t, \omega)$ erfüllt dieselben Voraussetzungen wie $V(t, \omega)$.*

Aus

$$U(t, \omega) \overset{T}{\leqq} C(\omega) + \int_{t_0}^{t} W(\tau, \omega)\, d\tau + \int_{t_0}^{t} U(\tau, \omega)\, V(\tau, \omega)\, d\tau$$

folgt dann

$$U(t, \omega) \overset{T}{\leqq} C(\omega) \exp\left[\int_{t_0}^{t} V(\tau, \omega)\, d\tau\right] + \int_{t_0}^{t} W(\tau, \omega) \exp\left[\int_{\tau}^{t} V(\Theta, \omega)\, d\Theta\right] d\tau .$$

Mit Hilfe des Lemmas 1.3 beweisen wir eine Abschätzung für die Abhängigkeit der R-Lösungen vom Anfangswert X_0 und von Parametern, wobei diese im allgemeinen zufällig sein können.

Satz 1.6. *Es seien $T = [t_0, b)$, $H \subset R^m$, Λ eine Menge von zufälligen Variablen mit Werten in H, $Y_0 \in \Lambda$, $\Xi \subset S_n$ und $X_0 \in \Xi$. Für jedes $X \in \Xi$ und $Y \in \Lambda$ existiere auf T eine R-Lösung $X_t(\omega; X, Y)$ der stochastischen Differentialgleichung*

$$\frac{dX_t}{dt} = f(X_t, t, \omega, Y) \tag{4}$$

zur Anfangsbedingung (X, t_0).

Hierbei ist f eine auf $R^n \times T \times \Omega \times H$ definierte Funktion, wobei für fast alle $\omega \in \Omega$ die Funktionen $f(x, t, \omega, y)$, $y \in H$, auf $R^n \times T$ stetig sind, und es gibt Funktionen V und W mit

$$\|f(x, t, \omega, Y_0(\omega)) - f(\bar{x}, t, \omega, Y_0(\omega))\| \overset{R^n \times R^n \times T}{\leqq} V(t, \omega)\| x - \bar{x}\|$$

und

$$\|f(x, t, \omega, y) - f(x, t, \omega, \bar{y})\| \overset{R^n \times T \times H \times H}{\leqq} W(t, \omega, y, \bar{y}) ,$$

die für jedes Paar $y, \bar{y} \in H$ die Voraussetzungen b) *des Lemmas* 1.3 *erfüllen. Für beliebige $X \in \Xi$ und $Y \in \Lambda$ gilt dann*

$$||X_t(\omega; X_0, Y_0) - X_t(\omega; X, Y)|| \overset{T}{\leqq} ||X - X_0|| \exp\left[\int_{t_0}^{t} V(\tau, \omega)\, d\tau\right]$$
$$+ \int_{t_0}^{t} \exp\left[\int_{\tau}^{t} V(\Theta, \omega)\, d\Theta\right] W(\tau, \omega, Y_0, Y)\, d\tau\,. \quad (5)$$

Gilt darüber hinaus

$$V(t, \omega) \overset{T}{\leqq} V_0(\omega)\,, \qquad V_0 \mathrel{\widehat{\gtrless}} 0 \quad \textit{und} \quad W(t, \omega, y, \bar{y}) \overset{T\times H\times H}{\leqq} W_0(\omega, y, \bar{y})\,, \quad (6)$$

dann erhalten wir

$$||X_t(\omega; X_0, Y_0) - X_t(\omega; X, Y)|| \overset{T}{\leqq} ||X - X_0||\, e^{V_0(\omega)(t-t_0)}$$
$$+ \frac{W_0(\omega, Y_0, Y)}{V_0(\omega)} (e^{V_0(\omega)(t-t_0)} - 1)\,. \quad (7)$$

Beweis. (5) folgt unmittelbar aus dem Lemma 1.3, denn es gilt für $U_t = ||X_t(\omega; X_0, Y_0) - X_t(\omega; X, Y)||$ die Abschätzung

$$U_t \overset{T}{=} \left|\left| X_0 - X + \int_{t_0}^{t} \{f(X_\tau(\omega; X_0, Y_0), \tau, \omega, Y_0) - f(X_\tau(\omega; X, Y), \tau, \omega, Y)\}\, d\tau \right|\right|$$
$$\overset{T}{\leqq} ||X - X_0|| + \int_{t_0}^{t} ||f(X_\tau(\omega; X_0, Y_0), \tau, \omega, Y_0) - f(X_\tau(\omega; X, Y), \tau, \omega, Y_0)||\, d\tau$$
$$+ \int_{t_0}^{t} ||f(X_\tau(\omega; X, Y), \tau, \omega, Y_0) - f(X_\tau(\omega; X, Y), \tau, \omega, Y)||\, d\tau$$
$$\overset{T}{\leqq} ||X - X_0|| + \int_{t_0}^{t} W(\tau, \omega, Y_0, Y)\, d\tau + \int_{t_0}^{t} U_\tau \cdot V(\tau, \omega)\, d\tau\,.$$

(7) erhält man durch Abschätzung und Integration aus (5).

Aus Satz 1.6 können verschiedene Stetigkeitseigenschaften gefolgert werden. Es seien die Voraussetzungen des Satzes und (6) erfüllt mit $V_0 \in S_1$ und mit $\mathfrak{A} \times \mathfrak{B}^m \times \mathfrak{B}^m$-meßbarem W_0.

Folgerung 1. Gilt $X_\nu \in \Xi$, $Y_\mu \subset \Lambda$, $\lim\limits_{\nu\to\infty} X_\nu \mathrel{\hat{=}} X_0 \in \Xi$, $\lim\limits_{\mu\to\infty} Y_\mu \mathrel{\hat{=}} Y_0 \in \Lambda$ und für $\omega \in \Omega_1$ mit $P\{\Omega_1\} = 1$ die Eigenschaft $\lim\limits_{y\to\bar{y}} W_0(\omega, \bar{y}, y) = 0$, $y, \bar{y} \in H$, dann erhält man

$$\lim_{\substack{\nu\to\infty\\ \mu\to\infty}} X_t(\omega; X_\nu, Y_\mu) \overset{T}{=} X_t(\omega; X_0, Y_0)\,,$$

wobei der Grenzübergang für jedes beschränkte Teilintervall von T gleichmäßig bezüglich t ist.

Folgerung 2. Es sei $W_0(\omega, \bar{y}, y) \overset{H\times H}{\leqq} K(\omega)\, u\,(||\bar{y} - y||)$, wobei $K \in S_1$ und u eine nichtnegative Funktion auf R^+ mit $\lim\limits_{r\to 0} u(r) = 0$ ist. Dann existieren zu jedem $t \in T$ und vorgegebenen $\varepsilon > 0$ und $\gamma \in (0, 1)$ Zahlen $\varepsilon^* > 0$ und $\gamma^* \in (0, 1)$, so daß $P\{||X_t(\omega; X, Y) - X_t(\omega; X_0, Y_0)|| > \varepsilon\} < \gamma$ ist, falls $P\{||Y - Y_0|| + ||X - X_0|| > \varepsilon^*\} < \gamma^*$ gilt. Dabei sind die Konstanten ε^* und γ^* für jedes beschränkte Teilintervall von T unabhängig von t wählbar.

Beweis. Es sei $\tau \in T$ fest und k eine positive Zahl mit $P\{A(\omega) < k\} > 1 - \frac{\gamma}{4}$, $P\{K(\omega)\, B(\omega) < k\} > 1 - \frac{\gamma}{4}$, wobei $A(\omega) = \exp[(\tau - t_0)\, V_0(\omega)]$ und $B(\omega) = [V_0(\omega)]^{-1}\{\exp[(\tau - t_0)\, V_0(\omega)] - 1\}$ ist. Weiterhin sei $\delta > 0$ derart gewählt, daß $u(r) \leqq (2\,k)^{-1}\,\varepsilon = \beta$ für $r \in [0, \delta)$ ist und $\varepsilon^* = \min\{\beta, \delta\}, \gamma^* = \frac{\gamma}{4}$ gesetzt.

Mit (7) erhält man dann für $t \in [t_0, \tau]$ die Abschätzungen

$$
\begin{aligned}
&P\{||X_t(\omega; X_0, Y_0) - X_t(\omega; X, Y)|| > \varepsilon\}\\
&\quad \leqq 1 - P\{||X - X_0||\, A < 2^{-1}\,\varepsilon,\ W_0(\omega; Y_0, Y)\, B < 2^{-1}\,\varepsilon\}\\
&\quad \leqq 2 - P\{||X - X_0|| < \beta, A < k\} - P\{u(||Y - Y_0||) < \beta, K\,B < k\}\\
&\quad \leqq 2 + \frac{\gamma}{2} - P\{||X - X_0|| < \beta\} - P\{u(||Y - Y_0|| < \beta\}\\
&\quad \leqq 2 + \frac{\gamma}{2} - 2\,P\{||X - X_0|| + ||Y - Y_0|| < \varepsilon^*\}\\
&\quad \leqq 2 + \frac{\gamma}{2} - 2\,(1 - \gamma^*) = \gamma\,.
\end{aligned}
$$

Folgerung 3. Es gelte

$$
E\{e^{2\,V_0(t-t_0)}\} < \infty\,, \qquad E\left\{\frac{(e^{V_0(t-t_0)} - 1)^2}{V_0^2}\right\} \leqq \infty\,. \tag{8}
$$

Für fast alle $\omega \in \Omega$ gelte $W_0(\omega, y, \bar{y}) \leqq K\,||y - \bar{y}||$, $y, \bar{y} \in H$. Es seien $X_\nu \in \Xi$, $\nu = 1, 2, \ldots$, und $Y_\mu \in \Lambda$, $\mu = 1, 2, \ldots$. Folgen im L_n^2 bzw. L_m^2, für die $Z_\mu = (X_\mu, X_0, Y_\mu, Y_0)$ und V_0 für jedes μ stochastisch unabhängig sind. Es sei $\lim\limits_{\nu\to\infty}$ q.M. $X_\nu = X_0 \in \Xi$ und $\lim\limits_{\mu\to\infty}$ q.M. $Y_\mu = Y_0 \in \Lambda$ (zur Definition von lim q.M. siehe Abschnitt 2.2), dann gilt

$$
\lim_{\substack{\nu\to\infty\\ \mu\to\infty}} \text{q.M. } X_t(\omega; X_\nu, Y_\mu) \triangleq X_t(\omega; X_0, Y_0)\,. \tag{9}
$$

Gilt (8) für alle t aus einem beschränkten Teilintervall von T, dann gilt (9) dort gleichmäßig bezüglich t.

Wir wenden die Ergebnisse dieses Abschnitts nun auf einige spezielle Systeme an.

Beispiel 1. Wir betrachten die Differentialgleichung

$$\frac{dX_t}{dt} = A_t X_t + Z_t, \tag{10}$$

wobei die Elemente der $n \times n$-Matrix A_t und des Vektors Z_t R-stetige stochastische Prozesse sind. Außerdem sei A_t stationär mit $E\{||A_t||\} < \infty$ $\left(||A|| = \left(\sum_{i,k} a_{ik}^2\right)^{1/2}\right)$ und

$$\lim_{t\to\infty} \frac{1}{t} \int_{t_0}^{t} ||A_\tau||\, d\tau \triangleq E\{||A_{t_0}||\} = E\{||A_t||\}\,.$$

Wir untersuchen die Abhängigkeit der Lösungen von (10) von den Anfangswerten. Es seien X_0 und X beliebige Elemente aus S_n. Nach Satz 1.2 und Satz 1.6 gilt

$$||X_t(\omega; X_0) - X_t(\omega; X)|| \leqq ||X - X_0|| \exp\left[\int_{t_0}^{t} ||A_\tau||\, d\tau\right],$$

und wegen der vorausgesetzten Ergodizität gilt für jedes $a > E\{||A_{t_0}||\}$

$$\lim_{t\to\infty} e^{-a\cdot t}\, ||X_t(\omega; X_0) - X_t(\omega; X)|| \triangleq 0\,, \tag{11}$$

da die linke Seite von (11) fast sicher nicht größer ist als

$$\lim_{t\to\infty} ||X_0 - X|| \exp\left\{t\left[\frac{1}{t}\int_{t_0}^{t} ||A_\tau||\, d\tau - a\right]\right\}.$$

Beispiel 2. Wir betrachten die Differentialgleichung

$$\frac{dX_t}{dt} = A_t(\omega)\, X_t + Z_t(\omega) + [Y_1(\omega)\, h(X_t) + Y_2(\omega)]\, g(t)\,. \tag{12}$$

A_t und Z_t haben wieder R-stetige stochastische Prozesse als Elemente bzw. Komponenten, und es sei $\sup_{t\in T} ||A_t(\omega)|| = \alpha(\omega) \in S_1$. Y_1 sei eine $n \times n$-Matrix, deren Elemente zufällige Variable sind, und Y_2 sei ein n-dimensionaler zufälliger Vektor. $h(x)$ sei eine auf R^n definierte n-dimensionale Vektorfunktion mit $||h(x)|| < h_0$ und $||h(x) - h(\bar{x})|| \leqq L\, ||x - \bar{x}||$; $x, \bar{x} \in R^n$. $g(t)$ sei eine auf T definierte stetige reelle Funktion mit $||g(t)|| \leqq g_0$. Wir untersuchen die Abhängigkeit der Lösungen von (12) von den Anfangswerten und den Parametern Y_1 und Y_2. Die Voraussetzungen der Sätze 1.2 und 1.6 sind erfüllt, und es gilt (7) mit

$$\Xi = S_n,\ \Lambda = S_{n^2+n},\ Y = (Y_1, Y_2),\ Y_0 = (Y_{10}, Y_{20}),\ V_0(\omega) = \alpha(\omega) + L\, g_0 ||Y_{10}(\omega)||$$

und

$$W_0(\omega, Y_0, Y) = g_0\, [h_0\, ||Y_{10} - Y_1|| + ||Y_{20} - Y_2||]\,.$$

2. ÜBER DEN ZUSAMMENHANG ZWISCHEN R-LÖSUNGEN, P-LÖSUNGEN UND q. M.-LÖSUNGEN STOCHASTISCHER DIFFERENTIALGLEICHUNGEN

2.1. P-Lösungen stochastischer Differentialgleichungen

In ingenieurwissenschaftlichen Arbeiten werden intuitiv R-Lösungen zur Beschreibung der realen Prozesse verwendet. Der wirklich beobachtete Prozeß ist in diesem Modell eine Realisierung einer R-Lösung von (1.1), also selbst Lösung einer gewöhnlichen Differentialgleichung (1.2), was meistens den praktischen Vorstellungen entspricht. Mathematisch kann die stochastische Differentialgleichung (1.1) auch als Gleichung im Banach-Raum $\mathfrak{L}_n^2$ oder als Gleichung, die bei jedem $t \in T$ für fast alle $\omega \in \Omega$ erfüllt ist, behandelt werden. Obwohl die R-Lösungen meistens das der praktischen Problemstellung am besten angepaßte Modell darstellen, ist es doch für die mathematische Untersuchung nützlich, den Zusammenhang zwischen den R-Lösungen und anderen Lösungstypen zu untersuchen. Im Unterschied zu den R-Lösungen von (1.1) sollen die P-Lösungen die Gleichung (1.2) nur bei jedem festen $t \in T$ für fast alle $\omega \in \Omega$ erfüllen. Die „Ausnahme-ω-Menge" kann also bei jedem $t \in T$ eine andere sein und die Vereinigung aller dieser Mengen braucht nicht die Wahrscheinlichkeit Null zu besitzen.

Definition 2.1. Ein stochastischer Prozeß X_t heißt in einem Intervall T *P-Lösung* (Lösung mit Wahrscheinlichkeit 1) der stochastischen Differentialgleichung

$$\frac{dX_t}{dt} = f(X_t, t, \omega)\,, \tag{1}$$

wenn

$$\frac{dX_t(\omega)}{dt} \mathrel{\hat{=}} f(X_t(\omega), t, \omega), \qquad t \in T\,,$$

gilt.

R-Lösungen von (1) sind natürlich auch P-Lösungen, aber umgekehrt brauchen P-Lösungen nicht R-Lösungen zu sein.

Beispiel. Es sei Z eine in (0, 1) gleichverteilte zufällige Variable. Der stochastische Prozeß X_t mit den Realisierungen

$$X_t(\omega) = \begin{cases} 0 & t = Z(\omega) \cdot \dfrac{1}{n} \quad (n = 1, 2, \ldots) \\ Z(\omega)\, t^2 & \text{sonst} \end{cases}$$

ist P-Lösung der stochastischen Differentialgleichung $\dfrac{dX_t}{dt} = 2\,Z\,t$ in $[0, \infty)$.

Es sei $t > 0$ fest und $\Omega_t = \left\{\omega : \frac{Z(\omega)}{n} = t \text{ für ein natürliches } n\right\}$. Dann ist $P\{\Omega_t\} = 0$. Ist $\omega \in \Omega \backslash \Omega_t$, dann gibt es ein natürliches $n^*(t, \omega)$, so daß $t \cdot n^* < Z(\omega) < t\,(n^* + 1)$ gilt. Also existiert ein $H > 0$, so daß auch $n^*\,(t + h) < Z(\omega) < (n^* + 1)\,(t + h)$ für alle $h \in (-H, H)$ ist und damit dann $\omega \notin \Omega_{t+h}$, $-H < h < H$, gilt. Somit erhalten wir

$$\frac{dX_t(\omega)}{dt} = \lim_{h\to 0} \frac{X_{t+h}(\omega) - X_t(\omega)}{h} = \lim_{h\to 0} \frac{Z(\omega)\,(t + h)^2 - Z(\omega)\,t^2}{h} = 2\,Z(\omega)\,t$$

für alle $\omega \notin \Omega_t$. Für $t = 0$ gilt trivialerweise $\frac{d^+X_t(\omega)}{dt} = 0$. Also ist X_t auf $T = [0, \infty)$ eine $\dot{P}$-Lösung. Aber jede Realisierung $X_t(\omega)$ hat in einem beliebigen Intervall $[0, b)$, $b > 0$, abzählbar viele t-Stellen $t_n = n^{-1}\,Z(\omega)$, in denen sie unstetig ist und keine Ableitung besitzt. X_t ist also keine R-Lösung der Differentialgleichung $\frac{dX_t}{dt} = 2\,Z\,t$ (und auch keine R-Lösung e. S.).

Wie das Beispiel zeigt, können die Realisierungen von P-Lösungen recht irregulär sein. P-Lösungen, deren Realisierungen stetig differenzierbar sind, sind dagegen auch R-Lösungen.

Satz 2.1. *$f(x, t, \omega)$ sei für fast alle $\omega \in \Omega$ auf $R^n \times T$ stetig und für festes $(x, t) \in R^n \times T$ $\mathfrak{A}$-meßbar. X_t sei P-Lösung von* (1) *im Intervall T und besitze eine R-stetige R-Ableitung $\dot{X}_t$ in T. Dann ist X_t auch R-Lösung von* (1).

Beweis. Nach Lemma 1.2 existiert ein R-stetiger stochastischer Prozeß Z_t mit $Z_t \overset{T}{=} f(X_t, t, \omega)$. Weiterhin existiert ein R-stetiger stochastischer Prozeß Y_t mit $Y_t \overset{T}{=} \dot{X}_t$ und (wegen der Definition einer P-Lösung X_t) mit $Y_t \triangleq \dot{X}_t \triangleq f(X_t, t, \omega) \triangleq Z_t$, $t \in T$. Hieraus folgt wegen der R-Stetigkeit von Y_t und Z_t

$$\dot{X}_t \overset{T}{=} Y_t \overset{T}{=} Z_t \overset{T}{=} f(X_t, t, \omega)\,.$$

2.2. Analysis im quadratischen Mittel

Für eine Folge $\{X_m \in L_n^2,\ m = 1, 2, \ldots\}$ ist die Konvergenz im quadratischen Mittel (q.M.) gegen $X_0 \in L_n^2$, $\lim_{m\to\infty}$ q.M. $X_m \triangleq X_0$, durch $\lim_{m\to\infty} E\,\{\|X_m - X_0\|^2\} = 0$ definiert.

Ein stochastischer Prozeß X_t, $t \in T$, mit $X_t \in L_n^2$ für alle $t \in T$ heißt *stochastischer Prozeß* 2. *Ordnung*. In diesem Abschnitt sei X_t immer ein Prozeß 2. Ordnung. Der stochastische Prozeß X_t heißt *q.M.-stetig* an der Stelle t, falls $\lim_{h\to 0}$ q.M. $X_{t+h} \triangleq X_t$ gilt. Existiert ein stochastischer Prozeß $\dot{\bar{X}}_t$ 2. Ordnung mit $\lim_{h\to\infty}$ q.M. $\frac{X_{t+h} - X_t}{h} \triangleq \dot{\bar{X}}_t$, dann heißt $\dot{\bar{X}}_t$ *q.M.-Ableitung* von X_t. Ein

RIEMANN*sches q.M.-Integral* $\int_a^b X_t\, g(t)\, dt$ mit einer reellen Funktion $g(t)$ wird analog zum gewöhnlichen Integral als Grenzwert $\lim\limits_{m\to\infty}$ q.M. $\sum\limits_{j=1}^{m} g(t_j)\, X_{t_j}\, (t_{j+1} - t_j)$ mit einer Folge von Zerlegungen der Gestalt

$$a = t_1 < t_2 < \cdots < t_{m+1} = b \quad \text{und} \quad \max\,(t_{j+1} - t_j) \to 0$$

definiert, falls dieser Grenzwert existiert und von der speziellen Zerlegungsfolge unabhängig ist. Ist für jede Folge $a_m \to \infty$ $\lim\limits_{m\to\infty} \int_{-a_m}^{b} X_\tau\, g(\tau)\, d\tau = X \in L_n^2$, dann nennen wir $X = \int_{-\infty}^{b} X_\tau\, g(\tau)\, d\tau$ *uneigentliches q.M.-Integral.* Ist $\lim\limits_{m\to\infty}$ q.M. $X_m \triangleq X_0$, dann gilt $\lim\limits_{m\to\infty} E\{X_m\} = E\{X_0\}$.

Insbesondere sind also auch q.M.-Ableitung und RIEMANNsche q.M.-Integration mit der Erwartungswertoperation vertauschbar, falls die Ableitung bzw. das Integral existieren. In diesem Abschnitt werden wir jetzt annehmen, daß die betrachteten Prozesse den Erwartungswert Null haben. Es sei $\Gamma_X(t, s)$ die Vektorfunktion mit den Komponenten $\Gamma_X^{(l)}(t, s) = E\{X_t^{(l)} \cdot X_s^{(l)}\}$, $l = 1, \ldots, n$, wobei $X_t^{(l)}$ die l-te Komponente von X_t bezeichnet.

Im folgenden stellen wir einige wichtige Resultate über Prozesse 2. Ordnung zusammen (vgl. z. B. M. LOÈVE [1], M. LOÈVE [2], H. CRAMÉR und M. R. LEADBETTER [1]). Für Prozesse X_t, die nicht den Erwartungswert Null haben, wendet man die Resultate auf $Y_t = X_t - E\{X_t\}$ an.

A) X_t ist genau dann q.M.-stetig, wenn $\Gamma_X(t, s)$ auf $T \times T$ stetig ist. Ist $\Gamma_X(t, s)$ an jeder Stelle $(t, t) \in T \times T$ stetig, dann ist es auch auf ganz $T \times T$ stetig.

B) Sind $X_{m\,t}$ q.M.-stetige Prozesse 2. Ordnung und gilt $\lim\limits_{m\to\infty}$ q.M. $X_{mt} \triangleq X_t$ gleichmäßig für $t \in [a, b]$, dann ist X_t in $[a, b]$ q.M.-stetig.

C) X_t besitzt genau dann eine q.M.-Ableitung $\dot{\bar{X}}_t$, wenn die partielle Ableitung $\frac{\partial^2}{\partial t\, \partial s}\, \Gamma_X(t, s)$ auf $T \times T$ existiert, und es ist dann $\Gamma_{\dot{\bar{X}}}(t, s) = \frac{\partial^2}{\partial t\, \partial s}\, \Gamma_X(t, s)$. Existiert diese Ableitung an jeder Stelle $(t, t) \in T \times T$, dann existiert sie auch auf ganz $T \times T$.

D) Besitzt X_t eine q.M.-Ableitung, dann ist X_t q.M.-stetig.

E) Ist $\Gamma_X(t, s)$ auf $T \times T$ stetig, $g(t)$ eine reelle auf T definierte Funktion und existiert das RIEMANNsche Integral $V = \int_a^b \int_a^b g(t)\, g(s)\, \Gamma_X(s, t)\, ds\, dt$, dann existiert das RIEMANNsche q.M.-Integral $Z = \int_a^b X_t\, g(t)\, dt$, und es gilt $E\{(Z^{(l)})^2\} = V^{(l)}$.

F) Ist X_t für alle $t \geqq t_0$ q.M.-stetig, dann ist $Z_t = \int_{t_0}^{t} X_\tau\, d\tau$ q.M.-differenzierbar, und es gilt $\dot{\bar{Z}}_t \triangleq X_t$.

G) Ist $\dot{\bar{X}}_t$ q.M.-stetig auf T und $[a, b] \subset T$, dann gilt $\int_a^b \dot{\bar{X}}_t\, dt \triangleq X_b - X_a$.

H) Ist $\frac{\partial^2 \Gamma_X(t, s)}{\partial t\, \partial s}$ an jeder Stelle $(t, t) \in T \times T$ stetig, (was nach A) und C) gleichbedeutend mit der q.M.-Stetigkeit von $\dot{\bar{X}}_t$ auf T ist) dann existiert ein zu X_t äquivalenter stochastischer Prozeß mit auf T stetigen Realisierungen. Dies folgt aus Lemma 1.1, da $\dot{\bar{X}}_t$ und nach D) auch X_t q.M.-stetig sind und daraus wegen

$$\lim_{h,k\to 0}\left(E\left\{\dot{\bar{X}}^{(l)}_{t+h}\,X^{(l)}_{s+k}\right\}-E\left\{\dot{\bar{X}}^{(l)}_{t}\,X^{(l)}_{s}\right\}\right)^2$$
$$\leqq 2\lim_{h,k\to 0}E\left\{\left(\dot{\bar{X}}^{(l)}_{t+h}\right)^2\right\}E\left\{\left(X^{(l)}_{s+k}-X^{(l)}_{s}\right)^2\right\}$$
$$+\,2\lim_{h\to 0}E\left\{\left(X^{(l)}_{s}\right)^2\right\}E\left\{\left(\dot{\bar{X}}^{(l)}_{t+h}-\dot{\bar{X}}^{(l)}_{t}\right)^2\right\}=0$$

die Stetigkeit von $\dfrac{\partial\Gamma_X(t,s)}{\partial t}=E\{\dot{\bar{X}}_t\,X_s\}$ auf $T\times T$ folgt und zu jedem beschränkten Intervall $I\subset T$ positive Zahlen c, d mit

$$E\{(X^{(l)}_{t+h}-X^{(l)}_t)^2\}=[\Gamma^{(l)}_X(t+h,t+h)-\Gamma^{(l)}_X(t,t+h)]$$
$$+\,[\Gamma^{(l)}_X(t,t+h)-\Gamma^{(l)}_X(t,t)]\leqq c|h|^2\,,\qquad [t\in I,\ |h|<d]$$

existieren.

I) Sind die zufälligen Vektoren $X_k\in L^2_n$ normalverteilt und existiert der Grenzwert $\lim\limits_{k\to\infty}$ q.M. $X_k\triangleq X$, dann ist X auch normalverteilt.

K) Ist X_t ein Gausssscher Prozeß und genügt $\Gamma_X(t,s)$ den Voraussetzungen in C) bzw. E), dann sind $\dot{\bar{X}}_t$ bzw. $Z_t=\displaystyle{-\!\!\!\!\!\int}^{t} X_\tau\,d\tau$ Gausssche Prozesse mit $\Gamma_{\dot{\bar{X}}}(t,s)=\dfrac{\partial^2\Gamma_X(t,s)}{\partial t\,\partial s}$ bzw. $\Gamma_Z(t,s)=\displaystyle\int_{t_0}^{t}\int_{t_0}^{s}\Gamma_X(\tau,\sigma)\,d\sigma\,d\tau$.

L) Ist $a(t)$ eine auf T differenzierbare reelle Funktion, und besitzt X_t auf T eine q.M.-Ableitung, dann gilt $\dot{\overline{(a(t)\,X_t)}}=\dot{a}(t)\,X_t+a(t)\,\dot{\bar{X}}_t$.

M) Ist X_t q.M.-differenzierbar und R-differenzierbar, dann sind q.M.- und R-Ableitung äquivalent.

N) Ist X_t auf T q.M.-stetig und R-stetig, dann existieren die R- und q.M.-Integrale $\displaystyle\int_{t_0}^{t}X_\tau\,d\tau$ und $\displaystyle{-\!\!\!\!\!\int}_{t_0}^{t}X_\tau\,d\tau$ $(t_0,\ t\in T)$ und sind äquivalent.

O) $\{X^k_t,\ k=1,2,\ldots\}$ sei eine Folge stochastischer Prozesse 2. Ordnung. Es existiert ein stochastischer Prozeß X_t mit $\lim\limits_{k\to\infty}$ q.M. $X^k_t\triangleq X_t$, $t\in T$, genau dann, wenn für jedes $t\in T$ und jedes $l=1,\ldots,n$ $\lim\limits_{\substack{i\to\infty\\k\to\infty}}E\{X^{i(l)}_t\,X^{k(l)}_t\}$ existiert. Es gilt dann

$$\lim_{k\to\infty}E\{X^k_{t_1}[X^k_{t_2}]'\}=E\{X_{t_1}\,X'_{t_2}\}$$

(X' — transponierter Vektor X).

P) Gilt $X_k\in L^2_1$, $X_k\mathrel{\hat{\geqq}}0$ und $\lim\limits_{k\to\infty}$ q.M. $X_k=X$ für jedes $k=1,2,\ldots$, dann gilt $X\mathrel{\hat{\geqq}}0$.

Q) Ist X_t ein stationärer Prozeß (vgl. 3.1) und existiert die q.M.-Ableitung $\dot{\bar{X}}_t$, dann gilt $E\{X_t' \dot{\bar{X}}_t\} = 0$ (vgl. A. A. Sweschnikow [1]).

2.3. q.M.-Lösungen stochastischer Differentialgleichungen

Im Unterschied zur bisherigen Betrachtung soll nun die Differentialgleichung (1) als Differentialgleichung im L_n^2 und entsprechend die Ableitung $\frac{dX_t}{dt}$ als „Ableitung im quadratischen Mittel" behandelt werden. Dies führt zu folgender Definition:

Definition 2.2. Ein stochastischer Prozeß 2. Ordnung X_t, $t \in T$, heißt *q.M.-Lösung* (Lösung im quadratischen Mittel) der stochastischen Differentialgleichung (1) im Intervall T, falls für alle $t \in T$ $f(X_t, t, \omega) \triangleq F_t$ mit $F_t \in L_n^2$ und $\dot{\bar{X}}_t \triangleq F_t$ gilt. Ist darüber hinaus $X_{t_0} \triangleq X_0$ für ein $(X_0, t_0) \in L_n^2 \times T$, dann heißt X_t *q.M.-Lösung zur Anfangsbedingung* (X_0, t_0). Die q.M.-Lösungen von (1) zur Anfangsbedingung (X_0, t_0) heißen *eindeutig* in T, falls für jedes Paar X_t, X_t^* von q.M.-Lösungen zu dieser Anfangsbedingung $X_t \triangleq X_t^*$, $t \in T$, gilt.

Die Realisierungen $X_t(\omega)$ einer q.M.-Lösung brauchen nicht differenzierbar zu sein. Unter schwachen Regularitätsbedingungen sind aber q.M.-Lösungen äquivalent q.M.-Lösungen mit stetigen Realisierungen, z. B. wegen H), falls F_t auf T q.M.-stetig ist. Zwischen q.M.-Lösungen und R-Lösungen gibt der folgende Satz einen Zusammenhang:

Satz 2.2. *Es sei $f(x, t, \omega)$ R-stetig auf $R^n \times T$ und für festes $(x, t) \in R^n \times T$ $\mathfrak{A}$-meßbar. Ist X_t in T eine q.M.-Lösung von* (1), *die eine R-stetige R-Ableitung auf T besitzt, dann ist X_t in T eine R-Lösung von* (1).

Beweis. Aus M) in 2.2 folgt für die R-Ableitung

$$\dot{X}_t \triangleq f(X_t, t, \omega)\,, \qquad t \in T\,.$$

X_t ist also eine P-Lösung und nach Satz 2.1 auch R-Lösung von (1).

Gegenüber den R-Lösungen haben q.M.-Lösungen den Nachteil, daß man zu ihrer Untersuchung nicht ohne weiteres die Ergebnisse aus der Theorie der gewöhnlichen Differentialgleichungen realisierungsweise übertragen kann. Über die analytischen Eigenschaften der Realisierungen ist zunächst wenig bekannt. So ist z. B. $X_t = X_0\, e^{Y t}$, wobei $Y \in L_1^2$ eine zufällige Variable mit Wahrscheinlichkeitsdichte

$$p(s) = \begin{cases} e^{-s}: & s > 0 \\ 0: & s < 0 \end{cases}$$

ist, keine q.M.-Lösung von $\frac{dX_t}{dt} = Y\, X_t$ für $t \geqq 1$, denn es ist $E\{X_t^2\} = \infty$ für $t > 1$.

Andererseits können auf Grund des mathematischen Ansatzes die analytischen Eigenschaften der Realisierungen der rechten Seite der Differentialgleichung nicht bekannt oder ungünstig sein, so daß R-Lösungen nicht zu existieren brauchen, aber doch q.M.-Lösungen untersucht werden können. Ist beispielsweise über Z_t nur bekannt, daß Z_t ein Prozeß 2. Ordnung ist und auf T q.M.-stetig ist, dann ist eine R-Lösung der einfachen stochastischen Differentialgleichung $\frac{d\dot{X}_t}{dt} = Z_t$ nicht bekannt. Diese hat aber wegen F) in T die eindeutig bestimmte q.M.-Lösung

$$X_t = X_0 + \int_{t_0}^{t} Z_\tau \, d\tau$$

zur Anfangsbedingung $(X_0, t_0) \in L_n^2 \times T$.

Weiterhin geben Zusammenhänge zwischen q.M.- und R-Lösungen die Möglichkeit, Ergebnisse aus der Theorie der Differentialgleichungen in BANACH-Räumen spezialisiert auf den Raum $\mathfrak{L}_n^2$ auf R-Lösungen zu übertragen (vgl. z. B. Kapitel 5). Bei linearen Differentialgleichungen mit stochastischer Inhomogenität ergeben sich bei der Betrachtung von Eigenschaften der q.M.-Lösungen teilweise einfachere Voraussetzungen als bei der entsprechenden Untersuchung von R-Lösungen (vgl. Kapitel 3). Bezeichnet $\tilde{X}_t \in \mathfrak{L}_n^2$ die Klasse der zu X_t äquivalenten Elemente des L_n^2 und $\tilde{f}(\tilde{X}_t, t) \in \mathfrak{L}_n^2$ die Klasse der zu $f(X_t, t, \omega)$ äquivalenten Elemente des L_n^2, dann ist X_t genau dann q.M.-Lösung von (1), wenn $\tilde{X}_t$ Lösung der Differentialgleichung $\frac{d\tilde{X}_t}{dt} = \tilde{f}(\tilde{X}_t, t)$ im BANACH-Raum $\mathfrak{L}_n^2$ $\left(\frac{d\tilde{X}_t}{dt}\right.$: FRÉCHETsche Ableitung, vgl. L. A. LJUSTERNIK und W. I. SOBOLEV [1] sowie E. A. BARBAŠIN [1]$\left.\right)$ ist.

Aus bekannten Resultaten über die Existenz, Eindeutigkeit und Fortsetzbarkeit der Lösungen von Differentialgleichungen in BANACH-Räumen ergibt sich beispielsweise der folgende Satz:

Satz 2.3. *Ist für jeden q.M.-stetigen Prozeß Y_t auf T $f(Y_t, t, \omega)$ einem q.M.-stetigen Prozeß G_t 2. Ordnung auf T äquivalent und gilt für fast alle $\omega \in \Omega$ die* LIPSCHITZ-*Bedingung*

$$||f(x, t, \omega) - f(\bar{x}, t, \omega)|| \leqq L(t)||\, x - \bar{x}\,|| \,, \quad x, \bar{x} \in R^n, \quad t \in T \,, \tag{2}$$

mit einer auf T stetigen positiven Funktion $L(t)$, dann existiert in T eine eindeutige q.M.-Lösung von (1) *zur Anfangsbedingung* $(X_0, t_0) \in L_n^2 \times T$.

Beweis. Es sei $I = (\alpha, \beta)$ ein beliebiges beschränktes Teilintervall von T mit $t_0 \in I$. Dann gilt (2) für $t \in I$ mit einer zeitunabhängigen LIPSCHITZ-Konstanten $L = \max_{t \in I} L(t)$. Es ist $f(X_0, t, \omega)$, $t \in T$, nach Voraussetzung einem q.M.-stetigen Prozeß 2. Ordnung F_t^0 äquivalent, und damit ist $E\{||f(X_0, t, \omega)||^2\}$ stetig, woraus $\max_{t \in I} E\{||f(X_0, t, \omega)||^2\} = M^2 < \infty$ folgt. Außerdem ist für jeden q.M.-stetigen Prozeß 2. Ordnung Y_t das q.M.-Integral $\int_{t_0}^{t} G_\tau \, d\tau$ definiert. Aus der beschriebenen Äquivalenz zwischen q.M.-Lösungen und Lösungen von Differentialgleichungen im BANACH-Raum $\mathfrak{L}_n^2$ und aus Satz 3.2.1 in E. A. BARBASCHIN [1] (dieser Satz kann im vorliegenden Fall auf Grund der zuletzt beschriebenen Eigenschaft von f auch ohne die dort geforderte Stetigkeit von f bewiesen werden) folgt für jede Anfangsbedingung $(X_1, t_1) \in L_n^2 \times I$ die Existenz und Eindeutigkeit der zugehörigen q.M.-Lösung von (1) im Intervall $I_{t_1} = (\max\{\alpha, t_1 - c\}, \min\{\beta, t_1 + c\})$. Hierbei ist $c = r(M + rL)^{-1}$ mit einem beliebigen festen positiven r. Nach der üblichen Schlußweise kann man die in I_{t_0} eindeutige q.M.-Lösung zur Anfangsbedingung (X_0, t_0) auf ganz I eindeutig fortsetzen. Da es damit also in jedem Teilintervall $I \subset T$ eine eindeutige q.M.-Lösung gibt, gilt dies auch in T.

Beispiel. Die Bedingungen des Satzes 2.3 sind für eine lineare Differentialgleichung

$$\frac{dX_t}{dt} = A_t X_t + Z_t \tag{3}$$

mit $T = [0, \infty)$ erfüllt, wenn Z_t ein auf T q.M.-stetiger Prozeß 2. Ordnung und die Elemente der Matrix A_t R-stetige stochastische Prozesse auf T sind, und wenn eine stetige Funktion $L(t)$ auf T mit $||A_t|| \overset{T}{\leqq} L(t)$ existiert. Aus der q.M.-Stetigkeit eines Prozesses 2. Ordnung Y_t folgt die q.M.- Stetigkeit des Prozesses 2. Ordnung $f(Y_t, t, \omega)$. Ist o.B.d.A. $t_0 < t < t + h < H$ und $\max\limits_{t_0 \leqq t \leqq H} L^2(t) = l^*$, dann gilt

$$\lim_{h \to 0} E\{||A_{t+h} Y_{t+h} - A_t Y_t||^2\} \leqq 2 l^* \lim_{h \to 0} E\{||Y_{t+h} - Y_t||^2\}$$
$$+ 2 \lim_{h \to 0} E\{||(A_{t+h} - A_t) Y_t||^2\} = 2 E\{||(\lim_{h \to 0} A_{t+h} - A_t) Y_t||^2\} = 0,$$

wobei der LEBESGUEsche Konvergenzsatz wegen

$$||(A_{t+h} - A_t) Y_t||^2 \overset{T}{\leqq} 2 l^* ||Y_t||^2, \qquad E\{||Y_t||^2\} < \infty$$

angewendet werden konnte. Außerdem gilt auch für fast alle $\omega \in \Omega$

$$||A_t x - A_t \bar{x}|| \leqq ||A_t||\,||x - \bar{x}|| \leqq L(t)\,||x - \bar{x}||, \quad x, \bar{x} \in R^n, t \in T.$$

Mit dem folgenden Satz stellen wir einen Zusammenhang zwischen den q.M.-Lösungen und den R-Lösungen her (vgl. auch T. MOROZAN [10], Satz 1.4):

Satz 2.4. *Folgende Voraussetzungen seien erfüllt:*

1. *$f(x, t, \omega)$ sei für fast alle $\omega \in \Omega$ auf $R^n \times T$ stetig und für festes $(x, t) \in R^n \times T$ $\mathfrak{A}$-meßbar.*
2. *Es sei $L(t)$ eine auf T definierte stetige reelle Funktion, und es gelte für fast alle $\omega \in \Omega$ $||f(\bar{x}, t, \omega) - f(x, t, \omega)|| \leqq L(t)\,||\bar{x} - x||$ für $\bar{x}, x \in R^n$ und $t \in T$.*
3. *$M(t)$ sei eine auf T stetige nichtnegative Funktion, und es sei $Z \in L_1^2$. Es gelte für fast alle $\omega \in \Omega$ $||f(x, t, \omega)|| \leqq M(t)\,[||x|| + Z(\omega)]$ für $x \in R^n$ und $t \in T$.*

Dann hat die stochastische Differentialgleichung (1) *zu jeder Anfangsbedingung* $(X_0, t_0) \in L_n^2 \times T$ *in* T *eine eindeutige q.M.-Lösung. Diese ist in* T *der eindeutigen* R*-Lösung zu dieser Anfangsbedingung äquivalent.*

Beweis. Aus Satz 1.2 folgt, daß in T eine eindeutige R-Lösung X_t mit $X_{t_0} \triangleq X_0$ existiert. Wir werden zeigen $X_t \in L_n^2$, $t \in T$, und zeigen, daß X_t eine q.M.-Lösung ist.

Wegen der Voraussetzung 1 gilt

$$X_t \overset{T}{=} X_0 + \int_{t_0}^{t} f(X_\tau, \tau, \omega)\, d\tau\,. \tag{4}$$

Mit der Bezeichnung $w(t) = \int_{t_0}^{t} M(\tau)\, d\tau$ erhalten wir aus der Voraussetzung 3

$$||X_t|| \overset{T}{\leqq} ||X_0|| + w(t)\, Z + \int_{t_0}^{t} M(\tau)\, ||X_\tau||\, d\tau\,,$$

woraus nach dem Lemma 1.3 folgt

$$||X_t|| \overset{T}{\leqq} [||X_0|| + w(t)\, Z] \exp\,[w(t)] \tag{5}$$

und daraus wegen

$$E\,\{(||X_0|| + w(t)\, Z)^2\} \leqq 2\, E\{||X_0||^2\} + 2\, w^2(t)\, E\{Z^2\} < \infty$$

für jedes $t \in T$, $E\{||X_t||^2\} < \infty$, also $X_t \in L_n^2$. Es sei nun o. B. d. A. $t, t + h \in [t_0, H] \subset T$. Wegen (4), (5) und Voraussetzung 3 gilt

$$||X_{t+h} - X_t|| \overset{T}{\leqq} \int_{t}^{t+h} M(\tau)\, [||X_\tau|| + Z]\, d\tau \overset{T}{\leqq} m_H |h|\, [Q(\omega) + Z]$$

mit $m_H = \max\limits_{t_0 \leqq t \leqq H} M(t)$ und $Q(\omega) = [||X_0|| + w(H)\, Z(\omega)] \exp\,[w(H)]$.

Wenn für jeden q.M.-stetigen Prozeß 2. Ordnung Y_t, $t \in T$, $f(Y_t, t, \omega)$ einem q.M.-stetigen Prozeß 2. Ordnung G_t auf T äquivalent ist, dann sind die Voraussetzungen von Satz 2.3 erfüllt, woraus die Eindeutigkeit der q.M.-Lösung von (1) zur Anfangsbedingung (X_0, t_0) folgt.

Es gelte wiederum $t, t + h \in [t_0, H] \subset T$. Nach Lemma 2.1 und Voraussetzung 3 existiert ein stochastischer Prozeß 2. Ordnung G_t mit $f(Y_t, t, \omega) \overset{T}{=} G_t$.

Mit $l^* = \max\limits_{t_0 \leqq t \leqq H} L(t)$ gilt

$$\begin{aligned}\lim_{h \to 0} E\{||G_{t+h} - G_t||^2\} &\leqq 2\, l^* \lim_{h \to 0} E\,\{||Y_{t+h} - Y_t||^2\} \\ &+ 2 \lim_{h \to 0} E\,\{||f(Y_t, t + h, \omega) - f(Y_t, t, \omega)||^2\} = 0\,.\end{aligned} \tag{6}$$

Hierbei konnte der Lebesguesche Konvergenzsatz angewendet werden, da

$$||f(Y_t, t + h, \omega) - f(Y_t, t, \omega)||^2 \leqq 4\, m_H^2\, [||Y_t|| + Z]^2$$

und $E\{||Y_t||^2\} < \infty$ und $E\{Z^2\} < \infty$ gilt. Wegen (6) ist G_t q.M.-stetig.

Es sei nun G_t ein stochastischer Prozeß 2. Ordnung mit $G_t \overset{T}{=} f(X_t, t, \omega)$. Dann gilt folgende Abschätzung:

$$V_h = ||h^{-1} [X_{t+h} - X_t] - G_t|| \overset{T}{\leqq} 2\, m_H\, [Q + Z] = K\,.$$

Da X_t eine R-Lösung ist, gilt für fast alle $\omega \in \Omega$ $\lim\limits_{h\to 0} ||V_h(\omega)||^2 = 0$. Wegen $X_0 \in L_n^2$ und $Z \in L_1^2$ ist $E\{K^2\} < \infty$. Deshalb kann der Lebesguesche Konvergenzsatz angewendet werden, und es gilt

$$\lim_{h\to 0} E\{||V_h||^2\} = E\left\{\lim_{h\to 0} ||V_h||^2\right\} = 0\,.$$

Nach Definition 2.2 ist hiermit X_t q.M.-Lösung von (1), womit der Satz bewiesen ist.

Beispiel. Die Voraussetzungen des Satzes 2.4 sind bei einer linearen Differentialgleichung $\frac{dX_t}{dt} = A_t(\omega)\, X_t + Z_t$ erfüllt, wenn die Elemente von A_t und die Komponenten von Z_t auf T R-stetige stochastische Prozesse sind und auf T stetige reelle Funktionen $L(t)$, $N(t)$ und ein $U \in L_1^2$ mit $||A_t|| \overset{T}{\leqq} L(t)$ und $||Z_t|| \overset{T}{\leqq} N(t)\, U$ existieren.

Der folgende Satz gibt eine Aussage über die Abhängigkeit der q.M.-Lösungen von den Anfangswerten und von den Parametern in der rechten Seite der Differentialgleichung bei erfüllter Lipschitz-Bedingung.

Satz 2.5. *Es sei $(X_0, t_0) \in L_n^2 \times T$. Für jedes $\overline{X} \in L_n^2$ und jedes $\mu \in M$ existiere in T eine q.M.-Lösung $X_t(\overline{X}, \mu)$ der Differentialgleichung $\frac{dX_t}{dt} = f(X_t, t, \omega, \mu)$ zur Anfangsbedingung $(\overline{X}, t_0)$. Für alle $\mu \in M$ und q.M.-stetige Prozesse 2. Ordnung Y_t sei $f(Y_t, t, \omega, \mu)$ äquivalent zu einem q.M.-stetigen Prozeß 2. Ordnung.*

Gilt für ein $\mu_0 \in M$ und für fast alle $\omega \in \Omega$

$$||f(x, t, \omega, \mu_0) - f(\bar{x}, t, \omega, \mu_0)|| \leqq L(t)\, ||x - \bar{x}||\,, \quad x, \bar{x} \in R^n,\ t \in T\,,$$

wobei $L(t)$ eine auf T stetige nichtnegative Funktion ist, und für beliebige $X \in L_n^2$ und $t \in T$

$$\sup_{\mu \in M} E\,\{||f(X, t, \omega, \mu_0) - f(X, t, \omega, \mu)||^2\} \leqq \eta^2(t)$$

mit einer in jedem beschränkten Teilintervall von T Lebesgue-integrierbaren nichtnegativen Funktion η, dann gilt für $t \in T$, $\mu \in M$ und $\overline{X} \in L_n^2$ die Abschätzung

$$E\,[\{||X_t(X_0, \mu_0) - X_t(\overline{X}, \mu)||^2\}]^{1/2}$$

$$\leqq [E\,\{||X_0 - \overline{X}||^2\}]^{1/2} \exp\left[\int_{t_0}^{t} L(\tau)\, d\tau\right] + \int_{t_0}^{t} \exp\left[\int_{\tau}^{t} L(\Theta)\, d\Theta\right] \eta(\tau)\, d\tau\,.$$

Beweis. Der Satz folgt durch Anwendung des Lemmas von GRONWALL (Lemma 1.3) auf

$$u(t) = [E\{||X_t(X_0, \mu_0) - X_t(\overline{X}, \mu)||^2\}]^{1/2},$$

denn $u(t)$ ist stetig auf T, und es gilt wegen G)

$$X_t(X, \mu) = X + \int_{t_0}^{t} f(X_\tau(X, \mu), \tau, \omega, \mu)\, d\tau, \qquad X \in L_n^2, \quad \mu \in M,$$

und damit erhalten wir die Abschätzung

$$\begin{aligned} u(t) &\leqq [E\{||X_0 - \overline{X}||^2\}]^{1/2} + \int_{t_0}^{t} [E\{||f(X_\tau(X_0, \mu_0), \tau, \omega, \mu_0) \\ &\quad - f(X_\tau(\overline{X}, \mu), \tau, \omega, \mu)||^2\}]^{1/2}\, d\tau \\ &\leqq [E\{||X_0 - \overline{X}||^2\}]^{1/2} + \int_{t_0}^{t} \eta(\tau)\, d\tau + \int_{t_0}^{t} L(\tau)\, u(\tau)\, d\tau. \end{aligned}$$

3. DIE LINEARE DIFFERENTIALGLEICHUNG MIT STOCHASTISCHEM INHOMOGENEN GLIED

3.1. Wahrscheinlichkeitstheoretische Begriffe

In diesem Kapitel bezeichne T immer die reelle Achse. X_t sei in diesem Abschnitt ein n-dimensionaler stochastischer Prozeß 2. Ordnung mit Parametermenge T. Der Erwartungswert $E\{X_t\} = m^X(t)$ ist eine auf T definierte Vektorfunktion. Die auf $T \times T$ definierte Matrixfunktion $K^X(t_1, t_2) = E\{(X_{t_1} - m^X(t_1)) \times (X_{t_2} - m^X(t_2))'\}$ heißt Kovarianzfunktion des Prozesses X_t. Hierbei und auch im weiteren bezeichnet A' die transponierte Matrix A.

X_t heißt GAUSS*scher Prozeß* oder auch *Normalprozeß*, falls alle endlichdimensionalen Verteilungen Normalverteilungen sind. Dies bedeutet, daß für jede endliche Teilmenge $T_m = \{t_1, \ldots, t_m\}$ von T und jeden Vektor $a \in R^{n \cdot m}$ das Skalarprodukt $Y = Z' a$ mit $Z' = (X'_{t_1}, \ldots, X'_{t_m})$ normalverteilt ist, also eine Wahrscheinlichkeitsdichte der Gestalt $p(y) = c \exp[-h^2 (y - \eta)^2]$ besitzt (vgl. z. B. C. R. RAO [1]). Ist die Kovarianzmatrix

$$K^X[T_m] = \begin{pmatrix} K^X(t_1, t_1) \cdots K^X(t_1, t_m) \\ \cdot \qquad\qquad \cdot \\ \cdot \qquad\qquad \cdot \\ \cdot \qquad\qquad \cdot \\ K^X(t_m, t_1) \cdots K^X(t_m, t_m) \end{pmatrix} \tag{1}$$

des zufälligen Vektors Z nichtsingulär, dann ist

$$p(z) = (2\pi)^{-n m/2} (\det K^X[T_m])^{-1/2} \exp\left[-\frac{1}{2} (z - E\{Z\})' (K^X[T_m])^{-1} (z - E\{Z\})\right], \quad z \in R^{n \cdot m}, \tag{2}$$

die Wahrscheinlichkeitsdichte von $Z \in S^{n \cdot m}$.

Lemma 3.1. *Ist $m(t)$ eine auf T definierte n-dimensionale Vektorfunktion und ist $K(t_1, t_2)$ eine auf $T \times T$ definierte $n \times n$ Matrixfunktion mit der Eigenschaft, daß für jede endliche Teilmenge T_m von T die Matrix $K[T_m]$ symmetrisch und nichtnegativ definit ist (die charakteristischen Zahlen von $K[T_m]$ sind dann nichtnegativ), dann existiert ein* GAUSS*scher Prozeß mit Erwartungswert $m(t)$ und Kovarianzfunktion $K(t_1, t_2)$* (vgl. z. B. J. L. DOOB [1]).

Sind $X_t^{[r]}$, $r = 1, 2, \ldots$, GAUSSsche Prozesse auf T und gilt für einen stochastischen Prozeß X_t für alle $t \in T$ $\lim_{r\to\infty} X_t^{[r]} \triangleq X_t$ oder $\lim_{r\to\infty}$ q.M. $X_t^{[r]} = X_t$, dann ist X_t auch ein GAUSSscher Prozeß.

Ein stochastischer Prozeß X_t, $t \in T$, heißt *stationär*, falls er ein Prozeß 2. Ordnung ist, $m_X(t)$ auf T konstant ist und die Kovarianzfunktion nur von der Differenz $(t_2 - t_1)$ abhängt: $K^X(t_1, t_2) = K^X(t_2 - t_1)$. Die Funktion $K^X(t)$ heißt auch *Korrelationsfunktion*.

Hängt also die Matrixfunktion $K(t_1, t_2)$ aus Lemma 3.1 nur von $t_2 - t_1$ ab und ist $K(\tau) = K(t_1, t_1 + \tau)$ auf T stetig und $m(t) = m$ konstant, dann ist wegen A) in 2.2 der nach Lemma 3.1 existierende GAUSSsche Prozeß und auch jeder andere Prozeß mit Erwartungswert m und Kovarianzfunktion $K(t_1, t_2)$ ein q.M.-stetiger stationärer Prozeß. Umgekehrt genügt jede Kovarianzfunktion $K(t_1, t_2)$ eines stationären q.M.-stetigen Prozesses den Bedingungen des Lemmas 3.1, und die Korrelationsfunktion $K(\tau)$ ist stetig.

Lemma 3.2. *Die Elemente der Korrelationsfunktion eines stationären q.M.-stetigen Prozesses X_t besitzen die Spektraldarstellung*

$$K^X_{kl}(\tau) = \int_{-\infty}^{\infty} e^{i\lambda\tau} dF^X_{kl}(\lambda)\,, \qquad k, l = 1, \ldots, n\,; \tag{3}$$

wobei die komplexe Matrixfunktion

$$F^X = (F^X_{kl})^{k=1,\ldots,n}_{l=1,\ldots,n}$$

Spektralverteilung von X_t heißt und folgende Eigenschaften hat:

1. *Für beliebige $\lambda_1 < \lambda_2$ ist die Matrix $F^X(\lambda_2) - F^X(\lambda_1)$ nichtnegativ definit.*
2. *Die Diagonalelemente F^X_{kk} sind reelle Funktionen, und es gilt* $\operatorname{Sp}\{F(+\infty) - F(-\infty)\} < \infty$.

Existieren komplexe Funktionen Φ^X_{kl} auf R^1 mit

$$F^X_{kl}(\lambda) = \int_{-\infty}^{\lambda} \Phi^X_{kl}(\varrho)\, d\varrho\,, \qquad \lambda \in R^1\,,$$

dann nennt man die Matrix $\Phi^X = [\Phi^X_{kl}]^{k=1,\ldots,n}_{l=1,\ldots,n}$ *Spektraldichte* von X_t. Eine hinreichende Bedingung für die Existenz einer Spektraldichte ist:

$$\int_{-\infty}^{\infty} ||K^X(\tau)||\, d\tau < \infty$$

(vgl. JU. A. ROZANOV [1]).

Lemma 3.3. *Ein stationärer q.M.-stetiger Prozeß X_t ist genau dann q.M.-differenzierbar, wenn*

$$\int_{-\infty}^{\infty} \lambda^2\, dF^X_{kk}(\lambda) < \infty\,, \qquad k = 1, \ldots, n\,, \tag{4}$$

gilt. $\dot{X}_t$ ist dann ebenfalls ein stationärer Prozeß.

Lemma 3.4. *Bezeichnet* $\overset{(k)}{X_t}$ *die q.M.-stetige k-te q.M.-Ableitung des eindimensionalen stationären Prozesses 2. Ordnung* X_t *und ist*

$$Z_t = \sum_{k=0}^{m} b_k \overset{(k)}{X_t}, \qquad t \in T, \qquad m \geqq 0,$$

mit reellen Koeffizienten b_k, *dann ist die Spektralverteilung von* Z_t

$$F^Z(\lambda) = \int_{-\infty}^{\lambda} \left| \sum_{k=0}^{m} b_k (i\varrho)^k \right|^{-2} dF^X(\varrho). \tag{5}$$

Weiterhin gilt

$$m^Z(t) = \sum_{k=0}^{m} b_k \frac{d^k}{dt^k} m^X(t), \qquad t \in T.$$

Wir stellen einige Beispiele von Korrelationsfunktionen und zugehörigen Spektraldichten zusammen ($n = 1$) (vgl. A. M. Jaglom [1]).

A) $K(\tau) = C\, e^{-\varrho|\tau|}$, $C > 0, \varrho > 0$

$$\varphi(\lambda) = \frac{D}{\varrho^2 + \lambda^2}, \qquad D = \frac{C\varrho}{\pi}.$$

B) $K(\tau) = C\, e^{-\varrho|\tau|} \cos \beta\tau$, $C > 0$, $\varrho > 0$

$$\varphi(\lambda) = \frac{D(\lambda^2 + b^2)}{\lambda^4 + 2a\lambda^2 + b^4}, \qquad D = \frac{C\varrho}{\pi},$$

$$b = \sqrt{\varrho^2 + \beta^2}, \qquad a = \varrho^2 - \beta^2.$$

C) $\varphi(\lambda) = \dfrac{D}{\lambda^4 + 2a\lambda^2 + b}$, $D > 0$, $b > 0$, $\sqrt{b} + a > 0$

bzw. mit $\sqrt{b} = \omega^2$ und $\sqrt{b} + a = 2\varrho^2$

$$\varphi(\lambda) = \frac{D}{(\lambda^2 - \omega^2) + 4\varrho^2\lambda^2},$$

a) $\omega^2 - \varrho^2 = -\beta_1^2 < 0$

$$K(\tau) = \frac{D\pi}{4\varrho\beta_1\omega^2}\left[(\varrho + \beta_1)\, e^{-(\varrho-\beta_1)|\tau|} - (\varrho - \beta_1)\, e^{(\varrho+\beta_1)|\tau|}\right],$$

b) $\omega^2 = \varrho^2$

$$K(\tau) = \frac{D\pi}{2\varrho^3} e^{-\varrho|\tau|} (1 + \varrho|\tau|),$$

c) $\omega^2 - \varrho^2 = \beta^2 > 0$

$$K(\tau) = \frac{D\pi}{2\varrho\omega^2} e^{-\varrho|\tau|} \left(\cos\beta\tau + \frac{\varrho}{\beta}\sin\beta|\tau|\right).$$

Ein stochastischer Prozeß X_t, $t \in T$, 2. Ordnung, heißt *Θ-periodisch*, wenn

$$m^X(t_1 + \Theta) = m^X(t_1),\ K^X(t_1 + \Theta,\ t_2 + \Theta) = K^X(t_1, t_2),\ t_1, t_2 \in T\,,$$

gilt. Ein stochastischer Prozeß 2. Ordnung ist also genau dann stationär, wenn er für beliebiges $\Theta > 0$ Θ-periodisch ist. Ist $X_t^{[k]}$ für jedes $k = 1, 2, \ldots$ ein Θ-periodischer Prozeß, und ist X_t ein Prozeß mit $\lim\limits_{k\to\infty}$ q.M. $X_t^{[k]} \triangleq X_t$, $t \in T$, dann ist auch X_t Θ-periodisch.

T_0 sei im folgenden der R^1 oder ein Intervall $[t_0, \infty)$. Ein stochastischer Prozeß X_t, $t \in T_0$, (der nicht 2. Ordnung zu sein braucht) heißt streng Θ-periodisch, wenn alle endlichdimensionalen Verteilungsfunktionen der Gestalt $F(x_1, \ldots, x_k;\ t_1 + \tau, \ldots, t_k + \tau)$ $(t_1, \ldots, t_k \in T_0)$ Θ-periodische Funktionen sind, d. h., periodische Funktionen in τ mit der gleichen Periode Θ sind. Sind die Prozesse $X_t^{[k]}$, $k = 1, 2, \ldots$, streng Θ-periodisch, und ist X_t ein stochastischer Prozeß mit $\lim\limits_{k\to\infty} X_t^{[k]} \triangleq X_t$, $t \in T_0$, dann ist auch X_t streng Θ-periodisch.

Lemma 3.5. *Ist X_t, $t \in T_0$, ein streng Θ-periodischer Prozeß und y eine auf $T_0 \times R^n$ definierte Funktion mit Werten im R^m, die für festes $x \in R^n$ in t Θ-periodisch und für festes $t \in T_0$ $\mathfrak{B}^n$-meßbar ist, dann ist $Y_t = y(t, X_t)$ ein streng Θ-periodischer Prozeß.*

Ist beispielsweise $X_t = (X_t^{[1]}, \ldots, X_t^{[k]})$ mit m-dimensionalen Vektorprozessen $X_t^{[\varkappa]}$, dann ist die Linearkombination $\sum\limits_{\varkappa=1}^{k} a_\varkappa X_t^{[\varkappa]}$ streng Θ-periodisch.

Die angeführten Eigenschaften streng periodischer Prozesse findet man beispielsweise in A. Ja. Dorogevcev [1].

X_t, $t \in T_0$, ist genau dann ein streng Θ-periodischer m-dimensionaler Vektorprozeß, wenn für jede natürliche Zahl r und für jede auf $R^{m\cdot r}$ definierte beschränkte stetige Funktion φ und beliebige $t_\varrho \in T_0$ $(\varrho = 1, \ldots, r)$ die Funktion $\psi(t) = E\{\varphi(X_{t+t_1}, \ldots, X_{t+t_r})\}$ Θ-periodisch ist.

Ein stochastischer Prozeß X_t, $t \in T_0$, heißt *streng stationär*, wenn alle endlichdimensionalen Verteilungsfunktionen der Gestalt $F(x_1, \ldots, x_k;\ t_1 + \tau, \ldots, t_k + \tau)$ unabhängig von τ sind. Ein stochastischer Prozeß ist genau dann streng stationär, wenn er für jedes $\Theta > 0$ streng Θ-periodisch ist.

3.2. Die allgemeine Lösung

Wir betrachten die stochastische Differentialgleichung

$$\frac{dX_t}{dt} = A(t)\, X_t + Z_t\,, \tag{6}$$

bei der $A(t)$ eine auf T stetige $n \times n$ Matrixfunktion und Z_t ein n-dimensionaler stochastischer Prozeß ist. Dieser Differentialgleichungstyp hat besondere Bedeutung für die technischen Anwendungen. Man kann ein dynamisches System oft in hinreichend guter Näherung als linear und nichtzufällig annehmen, muß aber zufällige Eingangsgrößen berücksichtigen. Aus diesem Grund findet man in den meisten angeführten technischen Monographien Grundeigenschaften dieses Differentialgleichungstyps behandelt. Insbesondere wird der Spezialfall der Differentialgleichung 2. Ordnung mit konstanten Koeffizienten und stationärem Z_t behandelt, wobei Z_t oft als „weißes Rauschen" angesetzt wird, wegen der sich dabei ergebenden Rechenerleichterungen (vgl. z. B. A. A. SWESCHNIKOW [3]). Vom mathematischen Standpunkt aus läßt sich dieser Differentialgleichungstyp besonders erfolgreich behandeln. Die ersten Arbeiten mit Resultaten über stationäre und periodische Lösungen waren die Arbeiten von O. I. KORONKEVIČ [1], [2] und A. JA. DOROGEVCEV [1]. In weiteren Arbeiten leitete O. I. KORONKEVIČ ([3]—[5]) Ergodeneigenschaften der Lösungen ab.

Die Lösungen der nichtstochastischen homogenen linearen Differentialgleichung

$$\frac{dX(t)}{dt} = A(t)\, X(t) \tag{7}$$

in T bilden einen n-dimensionalen linearen Vektorraum. Eine Matrix $Q(t)$, deren Spalten linear unabhängige Lösungen von (7) in T sind, heißt *Fundamentalmatrix* von (7).

$Q(t)$ genügt der Matrixdifferentialgleichung

$$\frac{dQ(t)}{dt} = A(t)\, Q(t)\,. \tag{8}$$

Im weiteren sei $Q(t)$ die Fundamentalmatrix mit $Q(t_0) = I$ (I: Einheitsmatrix).

An dieser Stelle erinnern wir an den im Kapitel 1 mehrmals durchgeführten Schluß, nach dem es z. B. zu jedem auf T R-stetigen n-dimensionalen Prozeß Z_τ und zu jeder auf $T \times R^n$ stetigen Vektorfunktion $f(t, z)$ einen stochastischen Prozeß Y_t mit $Y_t \stackrel{T}{=} \int\limits_a^t f(\tau, Z_\tau)\, d\tau$ gibt ($a \in R^1$ oder $a = -\infty$, wobei in diesem Falle für fast alle $\omega \in \Omega$ das rechte Integral für alle $t \in T$ als endlich vorausgesetzt wird). Falls keine Verwechslung möglich ist, wollen wir zur Vereinfachung der Bezeichnung ein festes Y_t dieser Art mit $\int\limits_a^t f(\tau, Z_\tau)\, d\tau$ bezeichnen, so daß diese Integrale im weiteren stochastische Prozesse darstellen.

Satz 3.1.

1. *Ist der stochastische Prozeß Z_t R-stetig auf T, so ist*

$$X_t = Q(t)\, X_0 + Q(t) \int\limits_{t_0}^t Q^{-1}(\tau)\, Z_\tau\, d\tau \tag{9}$$

die eindeutige R-Lösung von (6) *zur Anfangsbedingung* $(X_0, t_0) \in S_n \times T$.

2. *Ist Z_t ein q.M.-stetiger stochastischer Prozeß 2. Ordnung, so ist*

$$X_t = Q(t)\, X_0 + Q(t) ⨍_{t_0}^t Q^{-1}(\tau)\, Z_\tau\, d\tau \tag{10}$$

die eindeutige q.M.-Lösung von (6) *zur Anfangsbedingung* $(X_0, t_0) \in L_n^2 \times T$.

3. *Ist Z_t ein q.M.- und R-stetiger Prozeß 2. Ordnung, so sind R-Lösungen und q.M.-Lösungen von (6) zur Anfangsbedingung $(X_0, t_0) \in L_n^2 \times T$ äquivalent.*

Beweis. Behauptung 1 folgt durch realisierungsweise Differentiation von (9) (vgl. auch Satz 3.3.1 in E. A. Coddington und N. Levinson [1]). Die Eindeutigkeit ergibt sich aus Satz 1.2. Behauptung 2 ergibt sich durch q.M.-Differentiation von (10) unter Berücksichtigung von F) und L) aus 2.2. Die Eindeutigkeit folgt aus Satz 2.3. Die Behauptung 3 folgt mit 1. und 2. aus M) in 2.2.

Ist die Matrix $A(t) \equiv A$ konstant, dann hat $Q(t)$ die Gestalt $Q(t) = e^{A(t-t_0)}$, und die R-Lösung (9) bekommt die Form

$$X_t = e^{(t-t_0)A} X_0 + \int_{t_0}^{t} e^{(t-\tau)A} Z_\tau \, d\tau \cdot \tag{11}$$

Entsprechend erhält man aus (10) die q.M.-Lösung

$$X_t = e^{(t-t_0)A} X_0 + \, ⨍_{t_0}^{t} e^{(t-\tau)A} Z_\tau \, d\tau \, . \tag{12}$$

3.3. Statistische Charakteristiken der Lösung

Die allgemeine Gestalt der R-Lösung von (6) ist durch (9) gegeben, falls das Fundamentalsystem $Q(t)$ der homogenen Gleichung bekannt ist.

Da die funktionelle Gestalt der Realisierungen von Z_t im allgemeinen nicht bekannt ist, kann die Integration in (9) nicht erfolgen. Im Sinne der Wahrscheinlichkeitsrechnung wäre Gleichung (6) gelöst, wenn die dem Prozeß X_t zugeordnete Verteilung (vgl. 1.1) bestimmt ist.

Um beispielsweise die eindimensionale Wahrscheinlichkeitsverteilung von X_t aus der Darstellung (9) zu bestimmen, müßte man die Wahrscheinlichkeiten

$$P\{X_t \in B\} = P\,\{\omega\colon Q(t)\,X_0 + Q(t) \int_{t_0}^{t} Q^{-1}(\tau)\,Z_\tau\,d\tau \in B\}\,, \qquad B \in \mathfrak{B}^n\,,$$

aus der dem Prozeß (X_0, Z_τ), $\tau \in [t_0, t]$, zugeordneten Verteilung berechnen. Die mathematischen Schwierigkeiten sind offensichtlich. So wird man im allgemeinen eher versuchen, gewisse Charakteristiken des Prozesses X_t, wie z. B. den Erwartungswert oder die Kovarianzmatrix, aus den entsprechenden Charakteristiken von Z_t zu bestimmen. Wir bestimmen die Charakteristiken der partikulären Lösungen

$$Y_t = Q(t) \int_{t_0}^{t} Q^{-1}(\tau)\,Z_\tau\,d\tau \tag{13}$$

bzw.

$$Y_t = Q(t) ⨍_{t_0}^{t} Q^{-1}(\tau)\,Z_\tau\,d\tau\,, \tag{14}$$

da hieraus die Charakteristiken von $X_t = Q(t) X_0 + Y_t$ meistens in einfacher Weise berechnet werden können.

Zunächst formulieren wir ein Lemma, das analog zu den Sätzen 2.2.5 und 2.2.7 in J. L. Doob [1] bewiesen werden kann.

Lemma 3.6. *Es seien H und G Intervalle aus R^1 bzw. R^m und $K = H \times G$. g sei eine auf $K \times R^n$ definierte $\mathfrak{B}_K \times \mathfrak{B}^n$-meßbare Funktion. Ist X_t ein auf K R-stetiger Prozeß und existiert $h(t) = E\{g(t, X_t)\}$ für alle $t \in K$, dann ist h eine $\mathfrak{B}_K$-meßbare Funktion. Gilt darüber hinaus*

$$\int_D E\{\|g((t_1, t_2), X_{(t_1, t_2)})\|\} \, dt_1 < \infty$$

für $D \in \mathfrak{B}_H$, $t_2 \in G$, dann ist für fast alle $\omega \in \Omega$

$$\int_D g((t_1, t_2), X_{(t_1, t_2)}) \, dt_1 < \infty ,$$

und es gilt

$$E\left\{\int_D g((t_1, t_2), X_{(t_1, t_2)}) \, dt_1\right\} = \int_D E\{g((t_1, t_2), X_{(t_1, t_2)})\} \, dt_1 .$$

Wir berechnen nun den Erwartungswert von Y_t. Im Falle der R-Lösung (13) setzen wir voraus, daß Z_t R-stetig ist, der Erwartungswert jeder Komponente von Z_t existiert und

$$\int_{t_0}^{t} E\{\|Z_\tau\|\} \, d\tau < \infty , \qquad t \in T , \tag{15}$$

gilt. Im Falle der q.M.-Lösung Y_t (14) setzen wir voraus, daß Z_t ein q.M.-stetiger Prozeß 2. Ordnung ist. Wegen Lemma 3.6 bzw. wegen der Vertauschbarkeit von Erwartungswertbildung und q.M.-Integration gilt dann in beiden Fällen

$$E\{Y_t\} = Q(t) \int_{t_0}^{t} Q^{-1}(\tau) \, E\{Z_\tau\} \, d\tau . \tag{16}$$

Der Erwartungswert der R-Lösung von (6) zu einer Anfangsbedingung $(X_0, t_0) \in L_n^1 \times T$ bzw. der Erwartungswert der q.M.-Lösung von (6) zu einer Anfangsbedingung $(X_0, t_0) \in L_n^2 \times T$ ist dann Lösung, im Falle der R-Lösung im allgemeinen Lösung im erweiterten Sinne, der gewöhnlichen Differentialgleichung

$$\frac{dm^X(t)}{dt} = A(t) \, m^X(t) + m^Z(t)$$

zur Anfangsbedingung $m^X(t_0) = E\{X_0\}$.

Bei der Berechnung der Kovarianzfunktion von Y_t setzen wir im Falle der R-Lösung voraus, daß Z_t ein R-stetiger Prozeß 2. Ordnung ist und

$$\int_{t_0}^{t_1} \int_{t_0}^{t_2} E\{\|Z_{\tau_1} Z'_{\tau_2}\|\} \, d\tau_1 \, d\tau_2 < \infty , \qquad t_1, t_2 \in T , \tag{17}$$

gilt, bzw. im Falle der q.M.-Lösung, daß Z_t q.M.-stetig auf T ist. Berücksichtigt man im ersten Fall Lemma 3.6 bzw. im zweiten Fall die Beziehung

$$E\left\{\left[\int_{t_0}^{t_1} Z_{\tau_1}\, d\tau_1\right]\left[\int_{t_0}^{t_2} Z'_{\tau_2}\, d\tau_2\right]\right\} = \int_{t_0}^{t_1}\int_{t_0}^{t_2} E\{Z_{\tau_1} Z'_{\tau_2}\}\, d\tau_1\, d\tau_2\,,$$

so erhält man in beiden Fällen

$$K^Y(t_1, t_2) = Q(t_1)\left\{\int_{t_0}^{t_1}\int_{t_0}^{t_2} Q^{-1}(\tau_1)\, K^Z(\tau_1, \tau_2)\, [Q^{-1}(\tau_2)]'\, d\tau_1\, d\tau_2\right\} Q'(t_2)\,. \tag{18}$$

Bei der Berechnung der gemeinsamen Kovarianzfunktion

$$K^{YZ}(t_1, t_2) = E\{Y_{t_1} Z'_{t_2}\} - m^Y(t_1)\, [m^Z(t_2)]'$$

von Y_t und Z_t, die eine Charakterisierung des Zusammenhangs zwischen „Eingangs"- und „Ausgangsprozeß" darstellt, setzen wir im Fall der R-Lösung voraus, daß Z_t ein R-stetiger Prozeß 2. Ordnung ist und

$$\int_{t_0}^{t_1} E\{\|Z_\tau Z'_{t_2}\|\}\, d\tau < \infty\,, \qquad t_1, t_2 \in T\,, \tag{19}$$

gilt; bzw. im Fall der q.M.-Lösung, daß Z_t q.M.-stetig auf T ist. Dann folgt

$$K^{YZ}(t_1, t_2) = Q(t_1) \int_{t_0}^{t_1} Q^{-1}(\tau)\, K^Z(\tau, t_2)\, d\tau\,, \tag{20}$$

$K^{YZ}(t_1, t_2)$ ist also für festes t_2 Lösung (im Falle der R-Lösung im allgemeinen Lösung im erweiterten Sinn) der Matrixdifferentialgleichung

$$\frac{dK^{YZ}(t_1, t_2)}{dt_1} = A(t)\, K^{YZ}(t_1, t_2) + K^Z(t_1, t_2)$$

zur Anfangsbedingung $K^{YZ}(t_0, t_2) = 0$.

Mit der Darstellung (20) können wir Bedingungen für das asymptotische Verschwinden der gemeinsamen Kovarianzfunktion von Y_t und Z_t für wachsenden Zeitabstand erhalten. Sind Y_t und Z_t beispielsweise stationäre Prozesse mit positiver Varianz, so bedeutet diese Eigenschaft die asymptotische Unkorreliertheit.

Satz 3.2. *Wir formulieren folgende Voraussetzungen:*

1. *Z_t ist ein R-stetiger Prozeß 2. Ordnung mit* (19).

1'. *Z_t ist ein q.M.-stetiger Prozeß.*

2. $\int_{t_0}^{t} \|Q(t)\, Q^{-1}(\tau)\|\, d\tau \leqq H < \infty,\ t \geqq t_0,$

3. $\lim\limits_{(t-\tau)\to\infty} \|Q(t)\, Q^{-1}(\tau)\| = 0\,,$

4. $\lim\limits_{(t-\tau)\to\infty} \|K^Z(\tau, t)\| = 0.$

Es gilt im Falle der R-Lösung Y_t (13) *unter den Voraussetzungen* 1 *bis* 4 *bzw. im Falle der q.M.-Lösung* (14) *unter den Voraussetzungen* 1' *bis* 4':

$$\lim_{(t_1 - t_2) \to \infty} K^{YZ}(t_1, t_2) = 0 .$$

Beweis. Es sei $t_2 \geqq t_0$ fest und $\varepsilon > 0$ vorgegeben. Mit $t_2 < t^* < t_1$ und Voraussetzung 2 erhält man aus (20) die Abschätzung

$$||K^{YZ}(t_1, t_2)|| \leqq (t^* - t_0) \sup_{\tau \in [t_0, t^*]} ||Q(t_1, Q^{-1}(\tau)|| \; ||K^Z(\tau, t_2)|| + H \sup_{\tau \in [t^*, t_1]} ||K^Z(\tau, t_2)|| . \tag{21}$$

Wegen Voraussetzung 4 kann man $t^* > t_2$ so wählen, daß der zweite Summand in (21) für alle $t_1 > t^*$ kleiner als $\varepsilon/2$ wird. Danach wählt man $t_\varepsilon > t^* > 0$ so, daß wegen Voraussetzung 3 auch der erste Summand für alle $t_1 > t_\varepsilon$ kleiner als $\varepsilon/2$ ist. Zu jedem $\varepsilon > 0$ gibt es also ein $t_\varepsilon > t_2$ derart, daß $||K^{YZ}(t_1, t_2)|| < \varepsilon, t_1 > t_\varepsilon$ gilt, womit die Behauptung bewiesen ist.

3.4. Der Spezialfall eines GAUSSschen Prozesses Z_t

Ist das inhomogene Glied Z_t der Differentialgleichung (6) ein GAUSSscher Prozeß, dann sind R-Lösung (13) und q.M.-Lösung (14) selbst GAUSSsche Prozesse, und da die einem GAUSSschen Prozeß zugeordnete Verteilung durch Erwartungswert und Kovarianzfunktion bestimmt ist, erhalten wir in diesem Fall aus den Gleichungen (16) und (18) die Y_t zugeordnete Verteilung. Auch der $2\,n$-dimensionale Prozeß $W_t = (Y_t, Z_t)$ ist dann ein GAUSSscher Prozeß, dessen Verteilung durch

$$m^W(t) = (m^Y(t), m^Z(t)) \tag{22}$$

und

$$K^W(t_1, t_2) = \begin{pmatrix} K^Y(t_1, t_2) & K^{YZ}(t_1, t_2) \\ K^{ZY}(t_1, t_2) & K^Z(t_1, t_2) \end{pmatrix} \tag{23}$$

gegeben ist.

Satz 3.3. *Ist* Z_t *ein R-stetiger* GAUSS*scher Prozeß mit* (15), (17) *und* (19) *bzw. ein q.M.-stetiger* GAUSS*scher Prozeß, dann ist* $W_t = (Y_t, Z_t)$, *wobei* Y_t *die R-Lösung* (13) *bzw. die q.M.-Lösung* (14) *von* (6) *darstellt, ein* GAUSS*scher Prozeß, dessen Erwartungswert und Kovarianzfunktion durch* (16), (18), (20), (22) *und* (23) *gegeben sind.*

Beweis. Die Lösungen (13) bzw. (14) lassen sich auf Grund der Definition eines R- bzw. eines q.M.-Integrals über einen R-stetigen bzw. einen q.M.-stetigen Integranden als Grenzwert mit Wahrscheinlichkeit 1 bzw. als q.M.-Grenzwert von RIEMANNschen Summen der Form

$$S_r(t) = Q(t) \sum_{i=1}^{N_r} Q^{-1}(\tau_{ri}) \, Z_{\tau_{ri}} (\tau_{r\,i+1} - \tau_{ri})$$

darstellen. Mit Z_t ist aber auch $(S_r(t), Z_t)$ und damit auch der Grenzwert (Y_t, Z_t) ein GAUSSscher Prozeß.

3.5. Periodische und stationäre Lösungen

In diesem und im folgenden Abschnitt betrachten wir Differentialgleichungen der Form (6), bei denen $A(t)$ und Z_t periodisch sind. Wir werden unter gewissen Bedingungen eine periodische R- bzw. q.M.-Lösung von (6) konstruieren, gegen die alle anderen Lösungen asymptotisch konvergieren. Als Folgerung aus diesen Ergebnissen können wir im Fall einer konstanten Koeffizientenmatrix $A(t) \equiv A$ und eines stationären Z_t eine stationäre Lösung angeben, gegen die alle anderen Lösungen asymptotisch konvergieren.

Wir bemerken, daß die Fundamentalmatrix $Q(t)$ des homogenen Systems (7), bei dem $A(t)$ stetig und Θ-periodisch ist, die Gestalt $Q(t) = P(t)\, e^{tR}$ hat (vgl. Satz 3.5.1 in E. A. Coddington und N. Levinson [1]), wobei $P(t)$ eine nichtsinguläre $2\,\Theta$-periodische Matrixfunktion und R eine konstante Matrix ist. Die charakteristischen Zahlen von R heißen charakteristische Exponenten von $A(t)$. Weiterhin ist die Matrixfunktion $Q(t)\, Q^{-1}(t-\alpha)$ für jedes α Θ-periodisch. Bei einer konstanten Matrix ist $Q(t) = e^{tA}$, und die charakteristischen Zahlen von A sind die charakteristischen Exponenten.

Satz 3.4. *Es seien die folgenden Voraussetzungen erfüllt:*

1. *$A(t)$ ist eine auf T definierte stetige Θ-periodische Matrixfunktion.*
2. *Z_t ist eine R-stetiger Prozeß auf T.*
3. $\int_{-\infty}^{t_0} E\{\|e^{-\tau R}\, P^{-1}(\tau)\, Z_\tau\|\}\, d\tau < \infty$.

Dann ist

$$Y_t^0 = P(t) \int_{-\infty}^{t} e^{(t-\tau)R}\, P^{-1}(\tau)\, Z_\tau\, d\tau \tag{24}$$

eine R-Lösung von (6). *Gilt außerdem*

4. *Z_t ist ein streng Θ-periodischer Prozeß, dann sind $W_t^0 = (Y_t^0, Z_t)$ und damit auch Y_t^0 streng Θ-periodische Prozesse.*

Beweis. Zunächst bemerken wir, daß wegen Voraussetzung 3 nach dem Lemma 3.6 für fast alle $\omega \in \Omega$

$$\gamma = \int_{-\infty}^{t_0} e^{-\tau R}\, P^{-1}(\tau)\, Z_\tau\, d\tau \tag{25}$$

und damit $Y_t^0 = Q(t)\,\gamma + Y_t$ für alle $t \in T$ definiert und endlich sind. Mit Y_t ist auch Y_t^0 R-Lösung von (6) (vgl. auch die Formeln (9) und (13)). Wegen der Stetigkeit des Integranden ist nun Y_t^0 für fast alle $\omega \in \Omega$ Grenzwert von Riemannschen Summen

$$Y_t^0 = \int_0^{\infty} Q(t)\, Q^{-1}(t-\alpha)\, Z_{t-\alpha}\, d\alpha \overset{T}{=} \lim_{r\to\infty} S_t^r\,,$$

$$S_t^r = \sum_{i=1}^{N_r} Q(t) \cdot Q^{-1}(t-\alpha_{ri})\, Z_{t-\alpha_{ri}}\, (\alpha_{r\,i+1} - \alpha_{ri})\,.$$

Nun ist für jedes r $W_t^r = (S_t^r, Z_t)$ von der Form $W_t^r = y(t, V_t^r)$, wobei der Prozeß $V_t^r = (Z_{t-\alpha_{r1}}, \ldots, Z_{t-\alpha_{rN_r}}, Z_t)$ streng Θ-periodisch ist und $y(t, v)$ bei festem v eine in t Θ-periodische Funktion ist. Somit ist für jedes r W_t^r und damit auch $W_t \stackrel{T}{=} \lim_{r\to\alpha} W_t^r$ streng Θ-periodisch. Damit ist die zweite Behauptung des Satzes bewiesen.

Bemerkung 1. Ist V_t ein stochastischer Prozeß mit der Eigenschaft, daß (Z_t, V_t) streng Θ-periodisch ist, dann kann analog wie beim Beweis des Satzes 3.4 gezeigt werden, daß (Y_t^0, Z_t, V_t) streng Θ-periodisch ist.

Bemerkung 2. Gelten die Voraussetzungen 1, 2 und 4 und gilt

5. Alle charakteristischen Exponenten λ_k der Matrix $A(t)$ haben negative Realteile: $\max_k \operatorname{Re} \lambda_k < -\varrho < 0$,

so ist

$$\int_0^\Theta E\{||Z_\tau||\}\, d\tau < \infty \tag{26}$$

hinreichend für das Erfülltsein der Voraussetzung 3. Dies folgt aus den Abschätzungen

$$||e^{tR}|| \leqq c\, e^{-\varrho t},$$

$$\int_{-\infty}^{t_0} E\{||e^{-\tau R}\, P^{-1}(\tau)\, Z_\tau||\}\, d\tau \leqq \max_{0\leqq\tau\leqq 2\Theta} ||P^{-1}(\tau)|| \sum_{k=0}^{\infty} c\, e^{(t_0-2k\,\Theta)\varrho} \int_{t_0-(k+1)2\Theta}^{t_0-k2\Theta} E\{||Z_\tau||\}\, d\tau$$

$$= K\, e^{t_0\varrho} \sum_{k=0}^{\infty} (e^{-2\Theta\varrho})^k < \infty.$$

Ist $E\{||Z_t||\}$ konstant, wie es z. B. bei stationärem Z_t der Fall ist, dann ist (26) erfüllt.

Bemerkung 3. Eine zu (24) analoge periodische Lösung kann auch angegeben werden, wenn einige der λ_k, z. B. für $k = m+1, \ldots, n$, positive Realteile und die übrigen λ_k negative Realteile besitzen. Hierzu muß die Matrixfunktion $e^{\alpha R}$ in der bekannten Form $\sum_k R_k(\alpha) e^{\lambda_k \alpha}$ geschrieben werden (vgl. § 3.4 in E. A. Coddington und N. Levinson [1]) und

$$Y_t^0 = \sum_{k=1}^{m} \int_{-\infty}^{t} P(t)\, R_k(t-\tau)\, e^{(t-\tau)\alpha_k}\, P^{-1}(\tau)\, Z_\tau\, d\tau$$

$$- \sum_{k=m+1}^{n} \int_{t}^{\infty} P(t)\, R_k(t-\tau)\, e^{(t-\tau)\alpha_k}\, P^{-1}(\tau)\, Z_\tau\, d\tau$$

gesetzt werden.

Auf Grund des Zusammenhangs zwischen der Periodizität und Stationarität folgt aus Satz 3.4 unmittelbar der nächste Satz.

Satz 3.5. *Die folgenden Voraussetzungen seien erfüllt:*

1. *$A(t)$ ist eine konstante Matrix: $A(t) \equiv A$, und ihre charakteristischen Zahlen haben negative Realteile.*

2. *Z_t ist ein R-stetiger streng stationärer Prozeß.*
Dann sind die R-Lösung von (6) Y_t^0 und auch $W_t^0 = (Y_t^0, Z_t)$ streng stationäre Prozesse.

Für periodische Prozesse kann ein analoges Resultat gezeigt werden.

Satz 3.6. *Die folgenden Voraussetzungen seien erfüllt:*

1. *$A(t)$ ist eine stetige Θ-periodische Matrixfunktion.*
2. *Z_t, $t \in T$, ist ein R-stetiger Θ-periodischer Prozeß 2. Ordnung.*
3. $\int\limits_{-\infty}^{t} E\{\|e^{-\tau R} P^{-1}(\tau) Z_\tau\|\} d\tau < \infty \quad (t \in T)$,
4. $\int\limits_{-\infty}^{t_1} \int\limits_{-\infty}^{t_2} E\{\|e^{-\tau_1 R} P^{-1}(\tau_1) Z_{\tau_1} Z'_{\tau_2} [e^{-\tau_2 R} P^{-1}(\tau_2)]'\|\} d\tau_1 d\tau_2 < \infty, \quad t_1, t_2 \in T$.
5. $\int\limits_{-\infty}^{t_1} E\{\|e^{-\tau_1 R} P^{-1}(\tau_1) Z_{\tau_1} Z'_{t_2}\|\} d\tau_1 < \infty, \quad t_1, t_2 \in T$.

Dann sind die R-Lösung Y_t^0 von (6) und $W_t^0 = (Y_t^0, Z_t)$ Θ-periodische Prozesse.

Beweis. Die Voraussetzungen 1 bis 3 des Satzes 3.4 sind erfüllt, und Y_t^0 ist somit R-Lösung von (6). Wegen der Voraussetzungen 3, 4 und 5 erhält man mit dem Lemma 3.6

$$m^{Y^0}(t) = Q(t) \int\limits_0^\infty Q^{-1}(t-\alpha)\, m^Z(t-\alpha)\, d\alpha\,, \tag{27}$$

$$K^{Y^0 Z}(t_1, t_2) = Q(t_1) \int\limits_0^\infty Q^{-1}(t_1-\alpha_1)\, K^Z(t_1-\alpha_1, t_2)\, d\alpha_1 \tag{28}$$

und

$$\begin{aligned} K^{Y^0}(t_1, t_2) = Q(t_1) \int\limits_0^\infty \int\limits_0^\infty & Q^{-1}(t_1-\alpha_1)\, K^Z(t_1-\alpha_1, t_2-\alpha_2) \\ & \times [Q^{-1}(t_2-\alpha_2)]' d\alpha_1\, d\alpha_2\, Q'(t_2)\,. \end{aligned} \tag{29}$$

Aus Voraussetzung 2 folgt dann wegen der Periodizität von m^Z, K^Z und $Q(t)\, Q^{-1}(t-\alpha)$

$$m^{W^0}(t+\Theta) = (m^{Y^0}(t), m^Z(t)) = m^{W^0}(t)\,,$$

$$K^{W^0}(t_1+\Theta, t_2+\Theta) = \begin{pmatrix} K^{Y^0}(t_1, t_2) & K^{Y^0 Z}(t_1, t_2) \\ K^{Z Y^0}(t_1, t_2) & K^Z(t_1, t_2) \end{pmatrix} = K^{W^0}(t_1, t_2)\,,$$

d. h., W_t^0 ist ein Θ-periodischer Prozeß 2. Ordnung.

Analog wie im Falle der Periodizität und Stationarität im engeren Sinn folgt auch hier wegen des Zusammenhangs zwischen Periodizität und Stationarität unmittelbar das nächste Resultat.

Satz 3.7. *Die folgenden Voraussetzungen seien erfüllt:*

1. *$A(t)$ ist eine konstante Matrix $A(t) \equiv A$, und die charakteristischen Zahlen von A haben negative Realteile.*

2. Z_t *ist ein R-stetiger stationärer Prozeß* 2. *Ordnung.*
Dann sind die R-Lösung Y_t^0 *von* (6) *und auch* $W_t^0 = (Y_t^0, Z_t)$ *stationäre Prozesse.*

In den nächsten beiden Sätzen untersuchen wir die Existenz periodischer und stationärer q.M.-Lösungen von (6).

Satz 3.8. *Folgende Voraussetzungen seien erfüllt:*
1. $A(t)$ *ist eine stetige* Θ*-periodische Matrixfunktion.*
2. *Alle charakteristischen Exponenten* λ_k *der Matrixfunktion* $A(t)$ *haben negative Realteile:* $\max_k \operatorname{Re} \lambda_k < -\varrho < 0$.
3. Z_t *ist auf* T *ein q.M.-stetiger* Θ*-periodischer Prozeß* 2. *Ordnung.*

Dann ist

$$Y_t^* = P(t) \int_{-\infty}^{t} e^{(t-\tau)R} P^{-1}(\tau)\, Z_\tau\, d\tau \tag{30}$$

eine q.M.-Lösung von (6), *und es ist* $W_t^* = (Y_t^*, Z_t)$ Θ*-periodisch.*

Beweis. Zunächst zeigen wir, daß das q.M.-Integral in (30) für all $t \in T$ definiert ist. Wegen der Stetigkeit und der Periodizität von $m^Z(t)$ gilt

$$\int_0^{2\Theta} \|P^{-1}(\tau)\, m^Z(\tau)\|\, d\tau = \gamma < \infty ,$$

und damit analog zu Bemerkung 1 zu Satz 3.4

$$\int_{-\infty}^{0} \|e^{-\tau R}\, P^{-1}(\tau)\, m^Z(\tau)\|\, d\tau = c\,\gamma \sum_{k=0}^{\infty} e^{-2\Theta k \varrho} < \infty .$$

Somit ist für jedes $t \in T$

$$m^*(t) = \int_{-\infty}^{t} e^{-\tau R}\, P^{-1}(\tau)\, m^Z(\tau)\, d\tau$$

endlich. Analog zeigt man die Endlichkeit von

$$K^*(t_1, t_2) = \int_{-\infty}^{t_1} \int_{-\infty}^{t_2} e^{-\tau_1 R}\, P^{-1}(\tau_1)\, K^Z(\tau_1, \tau_2)\, [e^{-\tau_2 R}\, P^{-1}(\tau_2)]'\, d\tau_1\, d\tau_2 .$$

Wir betrachten nun die Prozesse

$$X_t^k = \int_{-k}^{t} e^{-\tau R}\, P^{-1}(\tau)\, Z_\tau\, d\tau \qquad (k = 1, 2, \ldots) .$$

Es ist

$$m^{X^k}(t) = \int_{-k}^{t} e^{-\tau R}\, P^{-1}(\tau)\, m^Z(\tau)\, d\tau$$

und

$$K^{X^k}(t_1, t_2) = \int_{-k}^{t} \int_{-k}^{t} e^{-\tau_1 R}\, P^{-1}(\tau_1)\, K^Z(\tau_1, \tau_2)\, [e^{-\tau_2 R}\, P^{-1}(\tau_2)]'\, d\tau_1\, d\tau_2 .$$

Für $U_t^k = X_t^k - m^{X^k}(t)$ gilt

$$m^{U^k}(t) \equiv 0 \qquad \text{und} \qquad K^{U^k}(t_1, t_2) = K^{X^k}(t_1, t_2) .$$

Wegen $\lim_{k\to\infty} K^{U^k}(t_1, t_2) = K^*(t_1, t_2)$ folgt mit O) aus 2.2, daß es einen Prozeß 2. Ordnung $U_t^*(t)$ mit

$$\lim_{k\to\infty} \text{q.M. } U_t^k = U_t^*, \; m^{U^*}(t) \equiv 0 \qquad \text{und} \qquad K^{U^*}(t_1, t_2) \equiv K^*(t_1, t_2)$$

gibt. Dann ist aber $X_t^* = U_t^* + m^*(t)$ ein Prozeß 2. Ordnung mit $\lim_{k\to\infty}$ q.M. $X_t^k = X_t^*$.

Durch (30) ist also ein stochastischer Prozeß 2. Ordnung

$$Y_t^* = P(t)\, e^{Rt}\, X_t^*$$

mit

$$m^{Y^*}(t) = P(t)\, e^{Rt}\, m^*(t)$$

und

$$K^{Y^*}(t_1, t_2) = P(t_1)\, e^{Rt_1}\, K^*(t_1, t_2)\, [P(t_2)\, e^{Rt_2}]'$$

definiert.

Da $Y_t = Q(t) \int_{t_0}^{t} Q^{-1}(\tau)\, Z_\tau\, d\tau$ nach Satz 3.1 eine q.M.-Lösung von (6) ist und nach L) in 2.2 $Y_t^1 = Q(t)\, X_{t_0}^*$ die q.M.-Ableitung $\dot{Y}_t^1 = A(t)\, Y_t^1$ besitzt, ist $Y_t^* = Y_t^1 + Y_t$ eine q.M.-Lösung von (6).

Mit der Substitution $\alpha = t - \tau$ erhalten wir

$$m^{Y^*}(t) = Q(t) \int_0^\infty Q^{-1}(t - \alpha)\, m^Z(t - \alpha)\, d\alpha \tag{31}$$

mit $\alpha_1 = t_1 - \tau_1$ und $\alpha_2 = t_2 - \tau_2$,

$$K^{Y^*}(t_1, t_2) = Q(t_1) \int_0^\infty \int_0^\infty Q^{-1}(t_1 - \alpha_1)\, K^Z(t_1 - \alpha_1, t_2 - \alpha_2)$$
$$\times [Q^{-1}(t_2 - \alpha_2)]'\, d\alpha_1\, d\alpha_2 [Q(t_2)]' \tag{32}$$

und

$$K^{Y^*Z}(t_1, t_2) = Q(t_1) \int_0^\infty Q^{-1}(t_1 - \alpha)\, K^Z(t_1 - \alpha, t_2)\, d\alpha\,. \tag{33}$$

Wegen der Periodizität von $Q(t)\, Q^{-1}(t - \alpha)$, $m^Z(t)$ und $K^Z(t_1, t_2)$ folgt aus (31), (32) und (33) unmittelbar die behauptete Periodizität des Prozesses W_t^*.

Bemerkung: Sind die Voraussetzungen von Satz 3.8 erfüllt, und ist Z_t darüber hinaus auf T R-stetig, dann sind auch die Voraussetzungen des Satzes 3.6 erfüllt, und die periodische R-Lösung Y_t^0 von (6) und die periodische q.M.-Lösung Y_t^* von (6) sind äquivalente stochastische Prozesse.

Wegen des Zusammenhangs zwischen Periodizität und Stationarität folgt aus Satz 3.8 unmittelbar der nächste Satz.

Satz 3.9. *Folgende Voraussetzungen seien erfüllt:*

1. *$A(t)$ ist konstant, $A(t) \equiv A$, und die charakteristischen Zahlen von A haben negative Realteile.*
2. *Z_t ist auf T ein q.M.-stetiger stationärer Prozeß 2. Ordnung.*

Dann ist

$$Y_t^* = \int_{-\infty}^{t} e^{(t-\tau)A} Z_\tau \, d\tau$$

eine stationäre q.M.-Lösung von (6), *und auch* $W_t^* = (Y_t^*, Z_t)$ *ist ein stationärer Prozeß.*

Für die stationäre q.M.-Lösung Y_t^* von (6) aus Satz 3.9 kann die zugehörige Spektralverteilung F^{Y^*} (vgl. 3.1) direkt aus der Spektralverteilung F^Z des Prozesses Z_t berechnet werden.

Satz 3.10. *Sind die Voraussetzungen aus Satz* 3.9 *erfüllt, dann ist*

$$F^{Y^*}(\lambda) = \left[F_{jk}^{Y^*}(\lambda)\right] \quad \begin{matrix} j = 1, \ldots, n \\ k = 1, \ldots, n \end{matrix}$$

durch

$$F_{jk}^{Y^*}(\lambda) = \sum_{l,m=1}^{n} \int_{-\infty}^{\lambda} H_{jl}(i\varrho) \overline{H_{km}(i\varrho)} \, dF_{lm}^Z(\varrho) \tag{34}$$

mit $H(i\lambda) = \int_{-\infty}^{0} e^{-i\lambda\tau} e^{-\tau A} d\tau$ *gegeben. Hat* Z_t *eine Spektraldichte* Φ^Z, *dann gilt*

$$\Phi^{Y^*}(\lambda) = H(i\lambda) \, \Phi^Z(\lambda) \, [\overline{H(i\lambda)}]' . \tag{35}$$

Beweis. Wir berechnen unter Verwendung der Spektralzerlegung von K^Z und mit $Q(t) = e^{tA}$ die Korrelationsfunktion von Y_t^*:

$$\begin{aligned} K_{jk}^{Y^*}(t) &= \sum_{l,m=1}^{n} E\left\{ \int_{-\infty}^{0} Q_{jl}(-\tau_1) Z_{\tau_1}^{(l)} d\tau_1 \int_{-\infty}^{t} Q_{km}(t-\tau_2) Z_{\tau_2}^{(m)} d\tau_2 \right\} \\ &= \sum_{l,m=1}^{n} \int_{-\infty}^{0} \int_{-\infty}^{t} Q_{jl}(-\tau_1) E\{Z_{\tau_1}^{(l)} Z_{\tau_2}^{(m)}\} Q_{km}(t-\tau_2) \, d\tau_1 \, d\tau_2 \\ &= \sum_{l,m=1}^{n} \int_{-\infty}^{0} \int_{-\infty}^{t} Q_{jl}(-\tau_1) \left[\int_{-\infty}^{\infty} e^{i\lambda(\tau_2-\tau_1)} dF_{lm}^Z(\lambda) \right] Q_{km}(t-\tau_2) \, d\tau_1 \, d\tau_2 . \end{aligned}$$

Wegen $|Q_{l,m}(\tau)| \leqq c\, e^{-\tau\varrho}, \tau \in R^1, l, m = 1, \ldots, n$, und

$$\int_{-\infty}^{0} \int_{-\infty}^{t} e^{\tau_1\varrho} e^{(\tau_2-t)\varrho} d\tau_1 \, d\tau_2 < \infty$$

kann man die Reihenfolge der Integrationen vertauschen und erhält mit der Substitution $\Theta_2 = t - \tau_2$:

$$\begin{aligned} K_{jk}^{Y^*}(t) &= \sum_{l,m=1}^{n} \int_{-\infty}^{\infty} e^{i\lambda t} \left[\int_{-\infty}^{0} Q_{jl}(-\tau_1) e^{-i\tau_1} d\tau_1 \int_{0}^{\infty} Q_{km}(\Theta_2) e^{-i\Theta_2} d\Theta_2 \right] dF_{lm}^Z(\lambda) \\ &= \int_{-\infty}^{\infty} e^{i\lambda t} \sum_{l,m=1}^{n} [H_{jl}(i\lambda) \overline{H_{km}(i\lambda)}] \, dF_{lm}^Z(\lambda) . \end{aligned}$$

Ist $F_{jk}^{Y^*}$ durch (34) definiert, dann folgt aus der obigen Darstellung

$$K_{jk}^{Y^*}(t) = \int_{-\infty}^{\infty} e^{i\lambda t} \, dF_{jk}^{Y^*}(\lambda) , \tag{36}$$

d. h., F^{Y^*} ist die Spektralverteilung von Y_t^*.

3.6. Konvergenz gegen periodische bzw. stationäre Lösungen

Wir geben nun Bedingungen dafür an, daß alle R-Lösungen von (6) asymptotisch gegen die periodische bzw. stationäre Lösung Y_t^0 konvergieren. Zunächst bemerken wir, daß unter der Voraussetzung der R-Stetigkeit von Z_t auf T und unter der Voraussetzung, daß jede Lösung der homogenen Differentialgleichung (7) asymptotisch gegen Null konvergiert für zwei beliebige R-Lösungen X_t^1 und X_t^2 von (6) gilt

$$\lim_{t\to\infty} ||X_t^1 - X_t^2|| \triangleq 0 \tag{37}$$

bzw. bei $X_{t_0}^1 \in L_n^2$ und $X_{t_0}^2 \in L_n^2$ auch

$$\lim_{t\to\infty} E\{||X_t^1 - X_t^2||^2\} = 0 . \tag{38}$$

(37) und (38) folgen unmittelbar aus

$$||X_t^2 - X_t^1|| \leqq ||Q(t)||\, ||X_{t_0}^2 - X_{t_0}^1|| \qquad \text{und aus} \qquad \lim_{t\to\infty} ||Q(t)|| = 0 .$$

Satz 3.11. *Es seien die Voraussetzungen des Satzes* a) 3.4 *bzw* b) 3.5 *bzw.* c) 3.6 *bzw.* d) 3.7 *erfüllt. Haben die charakteristischen Exponenten* λ_k *von* A_t *negative Realteile* $\lambda_* = \max_k \operatorname{Re} \lambda_k < -\varrho < 0$, *dann konvergiert jede R-Lösung von* X_t *von* (6) *mit Wahrscheinlichkeit* 1 *exponentiell gegen die* a) *streng periodische bzw.* b) *streng stationäre bzw.* c) *periodische bzw.* d) *stationäre Lösung* Y_t^0:

$$\lim_{t\to\infty} e^{\varrho t}\, ||X_t - Y_t^0|| \triangleq 0 . \tag{39}$$

Beweis. Die Behauptung folgt unmittelbar aus den Abschätzungen

$$||e^{tR}|| \leqq c\, e^{-\varrho_* t}, \qquad \varrho_* = 2^{-1}(\lambda_* + \varrho),$$

$$\max_{t\in T} ||P(t)|| = \max_{0\leqq t\leqq 2\Theta} ||P(t)|| = \varkappa < \infty,$$

$$||X_t - Y_t^0|| = ||P(t)\, e^{tR} X_0 - P(t)\, e^{tR} \int_{-\infty}^{0} e^{-\tau R} Z_\tau\, d\tau||$$

$$\overset{T}{\leqq} \varkappa\, c\, e^{-\varrho_* t} \{||X_0|| + \int_{-\infty}^{0} ||e^{-\tau R} Z_\tau||\, d\tau\},$$

da das Integral $\int_{-\infty}^{0} ||e^{-\tau R} Z_\tau||\, d\tau$ für fast alle $\omega \in \Omega$ endlich ist.

Für q.M.-Lösungen gilt ein ähnlicher Satz.

Satz 3.12. *Es seien die Voraussetzungen von Satz* 3.8 (*bzw.* 3.9) *erfüllt. Haben die charakteristischen Exponenten* λ_k *negative Realteile* $\lambda_* = \max_k \lambda_k < -\varrho < 0$, *dann gilt für jede q.M.-Lösung* X_t *von* (6):

$$\lim_{t\to\infty} e^{\varrho t} E\,\{||X_t - Y_t^*||^2\} = 0 . \tag{40}$$

Beweis. Die Behauptung folgt mit $\varrho_* = 2^{-1}(\lambda_* + \varrho)$ aus

$$E\{||X_t - Y_t^*||^2\} \leqq 2\varkappa c\, e^{-\varrho_* t}\left(E\{||X_0||^2\} + E\left\{\left\|\int_{-\infty}^{0} e^{-\tau R} P^{-1}(\tau)\, Z_\tau\, d\tau\right\|^2\right\}\right.$$

und aus der beim Beweis von Satz 3.8 gezeigten Existenz des obigen q.M.-Integrals.

Wir geben nun Voraussetzungen an, unter denen die R-Lösungen der Differentialgleichung (6) asymptotisch periodisch bzw. asymptotisch stationär sind, falls die Koeffizienten asymptotisch periodisch bzw. asymptotisch stationär sind.

Satz 3.13. *Es seien folgende Voraussetzungen erfüllt:*

1. *$A(t)$ ist eine auf T stetige Θ-periodische Matrixfunktion, deren charakteristische Exponenten λ_k negative Realteile haben:* $\max_k \operatorname{Re} \lambda_k < -\varrho < 0$.
2. *$C(t)$ ist eine auf T stetige Matrixfunktion, die für ein $t_0 \geqq 0$ einer Abschätzung $||C(t)|| \leqq c\, e^{-\varkappa t}$, $t \geqq t_0$, $\varkappa > 0$, mit hinreichend kleinem c genügt* ($c < \gamma\, k^{-1}$).
3. *Z_t ist ein auf T R-stetiger Θ-periodischer Prozeß mit*

$$\int_0^{\Theta} E\{||Z_\tau||\}\, d\tau < \infty .$$

Dann konvergiert jede R-Lösung von

$$\frac{dX_t}{dt} = [A(t) + C(t)]\, X_t + Z_t \tag{41}$$

für wachsendes t mit Wahrscheinlichkeit 1 *gegen den periodischen Prozeß Y_t^0 aus* (24):

$$\lim_{t\to\infty} ||X_t - Y_t^0|| \triangleq 0 . \tag{42}$$

Beweis. Es sei im weiteren $t \geqq t_0 > 0$. $\Phi(t)$ bezeichne die Fundamentalmatrix der homogenen Differentialgleichung

$$\frac{dx}{dt} = [A(t) + C(t)]\, x \tag{43}$$

mit $\Phi(t_0) = I$. Wir bemerken zunächst, daß jede Lösung $u(t)$ von (43) die Gleichung

$$u(t) = Q(t)\, u(t_0) + \int_{t_0}^{t} Q(t)\, Q^{-1}(\tau)\, C(\tau)\, u(\tau)\, d\tau\,, \qquad t \in T\,,$$

erfüllt, wobei $Q(t) = P(t)\, e^{tR}$ die Fundamentalmatrix von (7) ist. Mit $||Q(t) \times Q^{-1}(\tau)|| \leqq k\, e^{-\varrho(t-\tau)}$ erhalten wir die Ungleichung

$$e^{\varrho(t-t_0)}||u(t)|| \leqq k\, u(t_0) + k\, c \int_{t_0}^{t} e^{(\varrho-\varkappa)\tau}\, u(\tau)\, d\tau\,,$$

woraus mit dem Lemma von Gronwall folgt:

$$e^{\varrho(t-t_0)}||u(t)|| \leqq k\, u(t_0)\, e^{k c (t-t_0)} .$$

Für $k\,c < \varrho$ gilt also $\lim\limits_{t\to\infty} ||u(t)|| = 0$ für jede Lösung von (43), also auch $\lim\limits_{t\to\infty} ||\Phi(t)|| = 0$. Hieraus folgt dann für jede R-Lösung X_t von (41) und für die R-Lösung

$$X_t^0 = \Phi(t) \int_{t_0}^{t} \Phi^{-1}(\tau)\, Z_\tau\, d\tau = \int_{t_0}^{t} Q(t)\, Q^{-1}(\tau)\, [Z_\tau + C(\tau)\, X^0]\, d\tau \tag{44}$$

von (41) die Konvergenz

$$\lim_{t\to\infty} ||X_t - X_t^0|| \triangleq \lim_{t\to\infty} ||\Phi(t)\, X_{t_0}|| \triangleq 0\,.$$

Die Behauptung des Satzes ist dann bewiesen, wenn die Konvergenz

$$\lim_{t\to\infty} ||X_t^0 - Y_t^0|| \triangleq 0$$

gezeigt ist. Es gilt

$$\begin{aligned} ||X_t^0 - Y_t^0|| \overset{T}{\leqq} & \left\| \int_{-\infty}^{t_0} Q(t)\, Q^{-1}(\tau)\, Z_\tau\, d\tau \right\| \\ & + \left\| \int_{t_0}^{t} Q(t)\, Q^{-1}(\tau)\, C(\tau)\, (X_\tau^0 - Y_\tau^0)\, d\tau \right\| \\ & + \left\| \int_{t_0}^{t} Q(t)\, Q^{-1}(\tau)\, C(\tau)\, Y_\tau^0\, d\tau \right\|. \end{aligned} \tag{45}$$

mit $\alpha = \dfrac{\varkappa}{2}$ und $\gamma = \min(\varrho, \alpha)$ erhalten wir

$$\left\| \int_{-\infty}^{t_0} Q(t)\, Q^{-1}(\tau)\, Z_\tau\, d\tau \right\| \overset{T}{\leqq} k\, e^{-\gamma t}\, V\,, \tag{46}$$

wobei wegen Voraussetzung 3

$$V = \int_{-\infty}^{t_0} e^{\varrho\tau}\, ||Z_\tau||\, d\tau \tag{47}$$

für fast alle $\omega \in \Omega$ endlich ist (vgl. Bemerkung 1, Satz 3.4).

Weiterhin gilt

$$\begin{aligned} \left\| \int_{t_0}^{t} Q(t)\, Q^{-1}(\tau)\, C(\tau)\, (X_\tau^0 - Y_\tau^0)\, d\tau \right\| & \overset{T}{\leqq} k\, c\, e^{-\varrho t} \int_{t_0}^{t} e^{(\varrho-\varkappa)\tau}\, ||X_\tau^0 - Y_\tau^0||\, d\tau \\ & \overset{T}{\leqq} k\, c\, e^{-\gamma t} \int_{t_0}^{t} e^{\gamma\tau}\, ||X_\tau^0 - Y_\tau^0||\, d\tau\,. \end{aligned} \tag{48}$$

Den letzten Summanden in (45) schätzen wir folgendermaßen ab:

$$\begin{aligned} & \left\| \int_{t_0}^{t} Q(t)\ Q^{-1}(\tau)\ C(\tau)\ Y_\tau^0\ d\tau \right\| \overset{T}{\leqq} k\, c\, e^{-\varrho t} \int_{t_0}^{t} e^{(\varrho-\varkappa)\tau} \left\| \int_{-\infty}^{\tau} Q(\tau)\, Q^{-1}(\Theta)\, Z_\Theta\, d\Theta \right\| d\tau \\ & \overset{T}{\leqq} k^2\, c\, e^{-\varrho t} \left\{ \int_{t_0}^{t} e^{-\varkappa\tau} \left[\int_{-\infty}^{t_0} e^{\varrho\Theta}\, ||Z_\Theta||\, d\Theta \right] d\tau + \int_{t_0}^{t} e^{(\varrho-\alpha)\tau} \left[\int_{t_0}^{\tau} e^{-\alpha\Theta} ||Z_\Theta||\, d\Theta \right] d\tau \right\} \\ & \overset{T}{\leqq} c\, k^2\, e^{-\varrho t}\, \{[e^{-\varkappa t_0} - e^{-\varkappa t}]\, \varkappa^{-1}\, V + (\alpha - \varrho)^{-1}\, [e^{(\varrho-\alpha)t_0} - e^{(\varrho-\alpha)t}]\, W\} \\ & \overset{T}{\leqq} e^{-\gamma t}\, c\, k^2\, \{\varkappa^{-1}\, V + (\alpha - \varrho)^{-1}\, W\, (1 + e^{(\varrho-\alpha)t_0})\}\,, \end{aligned} \tag{49}$$

wobei

$$W = \int_{t_0}^{\infty} e^{-\alpha\Theta} \, ||Z_\Theta|| \, d\Theta \tag{50}$$

für fast alle $\omega \in \Omega$ endlich ist.

Aus (45) erhalten wir mit (46) bis (50) die Ungleichung

$$e^{\gamma t} \, ||X_t^0 - Y_t^0|| \overset{T}{\leqq} K + k\,c \int_{t_0}^{t} e^{\gamma t} \, ||X_\tau^0 - Y_\tau^0|| \, d\tau \,, \qquad t \geq t_0 \,,$$

$$K = k\,V + c\,k^2 \left[\varkappa^{-1} V + (\alpha - \varrho)^{-1} W \left(1 + e^{(\varrho - \alpha) t_0}\right)\right] .$$

Mit dem Lemma von Gronwall erhalten wir hieraus

$$e^{\gamma t} \, ||X_t^0 - Y_t^0|| \overset{T}{\leqq} K \, e^{k c t} \, .$$

Gilt also $c < \gamma \, k^{-1}$, so erhalten wir

$$\lim_{t \to \infty} ||X_t^0 - Y_t^0|| \overset{\wedge}{\leqq} \lim_{t \to \infty} K \, e^{(kc - \gamma)t} = 0 \,,$$

womit der Satz bewiesen ist.

3.7. Ergodizitätseigenschaften periodischer bzw. stationärer Lösungen

Für die experimentelle Bestimmung statistischer Charakteristiken eines stochastischen Prozesses sind Ergodizitätseigenschaften von großer Bedeutung. Für die in 3.5 untersuchten periodischen oder stationären R- bzw. q.M.-Lösungen linearer Differentialgleichungssysteme werden wir hinreichende Bedingungen für Ergodizitätseigenschaften in Verbindung mit dem Erwartungswert und der Kovarianzfunktion angeben. Analoge Ergebnisse lassen sich auch für Charakteristiken höherer Ordnung ableiten.

Satz 3.14. *Es seien folgende Voraussetzungen erfüllt:*

1. *$A(t)$ ist eine stetige Θ-periodische Matrixfunktion, deren charakteristische Exponenten negative Realteile haben:* $\max_k \lambda_k < -\varrho < 0$.
2. *Z_t ist ein auf T R-stetiger und q.M.-stetiger Θ-periodischer Prozeß* 2. *Ordnung mit* $\lim_{|\tau| \to \infty} ||K^Z(t, t + \tau)|| = 0$ *gleichmäßig bezüglich* $t \in T$.

Dann gilt bei beliebigem $t_0 \in T$ für die periodische R-Lösung Y_t^0 von (6):

$$\lim_{t \to \infty} \text{q.M.}\; t^{-1} \int_{t_0}^{t_0 + t} Y_\tau^0 \, d\tau \triangleq \Theta^{-1} \int_0^{\Theta} m^{Y^0}(\tau) \, d\tau = m^0 \tag{51}$$

bzw. für die periodische q.M.-Lösung von Y_t^* von (6):

$$\lim_{t \to \infty} \text{q. M.}\; t^{-1} \int_{t_0}^{t_0 + t} Y_\tau^* \, d\tau \triangleq \Theta^{-1} \int_0^{\Theta} m^{Y^*}(\tau) \, d\tau = m^0 \, . \tag{52}$$

Beweis. Zunächst bemerken wir, daß wegen Voraussetzung 1 und 2 die Voraussetzungen von Satz 3.6 erfüllt sind und Y_t^0 eine Θ-periodische R-Lösung von (6) ist. Die Behauptung (51) ist wegen

$$\lim_{t\to\infty} \text{q.M. } t^{-1} \int_{t_0}^{t_0+t} [m^{Y^0}(\tau) + W_\tau]\, d\tau \triangleq m^0 + \lim_{t\to\infty} \text{q.M. } t^{-1} \int_{t_0}^{t_0+t} W_\tau\, d\tau\,,$$

$$W_\tau = Y_\tau^0 - m^{Y^0}(\tau)\,,$$

gleichbedeutend mit

$$\lim_{t\to\infty} E\left\{\left\|t^{-1}\int_{t_0}^{t_0+t} W_\tau\, d\tau\right\|^2\right\} \triangleq \lim_{t\to\infty} t^{-2} E_t = 0 \tag{53}$$

mit

$$E_t = E\left\{\int_{t_0}^{t_0+t}\int_{t_0}^{t_0+t} W_{\tau_1}'\, W_{\tau_2}\, d\tau_1\, d\tau_2\right\}.$$

Wir untersuchen nun den Erwartungswert E_t. Für die Vertauschbarkeit von Erwartungswertbildung und Integration ist nach Lemma 3.6

$$\int_{t_0}^{t_0+t}\int_{t_0}^{t_0+t} E\{|W_{\tau_1}'\, W_{\tau_2}|\}\, d\tau_1\, d\tau_2 < \infty \tag{54}$$

eine hinreichende Bedingung. (54) folgt aber mit

$$V_t = Z_t - m^Z(t) \qquad \text{und} \qquad \|Q(t)\, Q^{-1}(\tau)\| \leqq k\, e^{-\varrho(t-\tau)}$$

aus

$$\begin{aligned} w(\tau_1, \tau_2) &= E\{|W_{\tau_1}'\, W_{\tau_2}|\} \\ &= E\left\{\left|\int_{-\infty}^{\tau_1}\int_{-\infty}^{\tau_2} [Q(\tau_1)\, Q^{-1}(\Theta_1)\, V_{\Theta_1}]'\, [Q(\tau_2)\, Q^{-1}(\Theta_2)\, V_{\Theta_2}]\, d\Theta_1\, d\Theta_2\right|\right\} \\ &\leqq n\, E\left\{\int_{-\infty}^{\tau_1}\int_{-\infty}^{\tau_2} \|Q(\tau_1)\, Q^{-1}(\Theta_1)\|\, \|Q(\tau_2)\, Q^{-1}(\Theta_2)\|\, \|V_{\Theta_1} V_{\Theta_2}'\|\, d\Theta_1\, d\Theta_2\right\} \\ &\leqq \left[k^2 n \int_{-\infty}^{t_0+t}\int_{-\infty}^{t_0+t} e^{\varrho(\Theta_1+\Theta_2)}\, E\{\|V_{\Theta_1}\, V_{\Theta_2}'\|\}\, d\Theta_1\, d\Theta_2\right] e^{-\varrho(\tau_1+\tau_2)}\,, \end{aligned}$$

$$\tau_2 \leqq \tau_1 \leqq t_0 + t\,,$$

wobei w nach Lemma 3.6 eine Borel-meßbare Funktion auf $T \times T$ ist und das obige Integral wegen der Beschränktheit von $E\{\|V_{\Theta_1}\, V_{\Theta_2}'\|\}$ endlich ist.

Es gilt also wegen $K^W = K^{Y^0}$

$$\begin{aligned} E_t &= \int_{t_0}^{t_0+t}\int_{t_0}^{t_0+t} E\{W_{\tau_1}'\, W_{\tau_2}\}\, d\tau_1\, d\tau_2 = \int_{t_0}^{t_0+t}\int_{t_0}^{t_0+t} \operatorname{Sp} K^W(\tau_1, \tau_2)\, d\tau_1\, d\tau_2 \\ &\leqq n \int_{t_0}^{t_0+t}\int_{t_0}^{t_0+t} \|K^{Y^0}(\tau_1, \tau_2)\|\, d\tau_1\, d\tau_2\,. \end{aligned} \tag{55}$$

Aus (29) erhalten wir

$$||K^{Y^0}(\tau_1, \tau_2)|| \leqq k^2\, e^{-\varrho(\tau_1+\tau_2)} \int_{-\infty}^{\tau_1} \int_{-\infty}^{\tau_2} e^{\varrho(\Theta_1+\Theta_2)}\, ||K^Z(\Theta_1, \Theta_2)||\, d\Theta_1\, d\Theta_2 . \tag{56}$$

Mit $I_\alpha(a, b) = \int_a^b e^{\varrho\,\tau}\, ||K^Z(\alpha, \tau)||\, d\tau$ schreiben wir (56) in der Form

$$||K^{Y^0}(t, t+\tau)|| \leqq k^2\, e^{-\varrho(2t+\tau)} \int_{-\infty}^{t} e^{\varrho\alpha}\, I_\alpha(-\infty, t+\tau)\, d\alpha . \tag{57}$$

Es sei jetzt ein beliebiges $\varepsilon > 0$ vorgegeben. Wegen Voraussetzung 2 gibt es ein $s > 0$ mit $||K^Z(\alpha, \alpha+\tau)|| < \varepsilon$, $\alpha \in T$, $|\tau| > s$. Mit $||K^Z(t_1, t_2)|| \leqq c$, $t_1, t_2 \in T$ gilt bei $\tau > s$:

$$I_\alpha(-\infty, \alpha - s) \leqq \varepsilon\, \varrho^{-1}\, e^{\varrho(\alpha-s)} ,$$

$$I_\alpha(\alpha - s, \alpha + s) \leqq c\, \varrho^{-1}\, [e^{\varrho(\alpha+s)} - e^{\varrho(\alpha-s)}] ,$$

$$I_\alpha(\alpha + s, t + \tau) \leqq \varepsilon\, \varrho^{-1}\, [e^{\varrho(t+\tau)} - e^{\varrho(\alpha+s)}] .$$

Schätzen wir (57) mit Hilfe dieser Ungleichungen ab, so erhalten wir

$$||K^{Y^0}(t, t+\tau)|| \leqq 2^{-1}\, k^2\, \varrho^{-2}\, e^{-\varrho(2t+\tau)}\, [\varepsilon\, e^{2\varrho t - \varrho s} + c\, e^{2\varrho t + \varrho s} - c\, e^{2\varrho t - \varrho s}$$
$$+ 2\,\varepsilon\, e^{2\varrho t + \varrho\tau} - \varepsilon\, e^{2\varrho t + \varrho s}] \leqq \alpha\, e^{-\varrho s} + \beta\, \varepsilon , \quad \tau > 2\,s , \quad t \in T . \tag{58}$$

Wegen (58) und wegen der Symmetrie von K^{Y^0} existiert zu jedem $\delta > 0$ ein $s_\delta > 0$ mit

$$||K^{Y^0}(t, t+\tau)|| < \delta , \qquad t \in T , \qquad |\tau| > s_\delta ,$$

also mit

$$E_t \leqq n \int_{t_0}^{t_0+t} \left[\int_{-t}^{+t} ||K^{Y^0}(\alpha, \alpha+\tau)||\, d\tau \right] d\alpha$$
$$\leqq n \int_{t_0}^{t_0+t} [2\,\delta\,(t - s) + 2\,b\,s]\, d\alpha$$
$$= 2\,n\,\delta\,t^2 + 2\,n\,s\,(b - \delta)\,t , \qquad t > s_\delta ,$$

wobei b derart gewählt ist, daß $||K^{Y^0}(\alpha, \beta)|| < b, \alpha, \beta \in T$, gilt. Deshalb gibt es zu jedem $\varepsilon > 0$ ein $t_\varepsilon > 0$, so daß $t^{-2}\, E_t < \varepsilon$ für $t > t_\varepsilon$ gilt, d. h., es gilt (53).

Die Gleichung (52) folgt aus (51) wegen der Äquivalenz von Y_t^0 und Y_t^*, $t \in T$ (vgl. Satz 3.1).

Bemerkung. Ist $A(t) \equiv A$ konstant, und ist Z_t in Voraussetzung 2 ein stationärer Prozeß, dann folgt

$$\lim_{t\to\infty} \text{q.M. } t^{-1} \int_{t_0}^{t_0+T} Y_\tau^0\, d\tau = m^{Y^0} .$$

Soll der Erwartungswert der stationären R-Lösung Y_t^0 experimentell auf Grund von Messungen zu diskreten t-Werten bestimmt werden, dann ist das folgende Analogon zu Satz 3.14 von Bedeutung.

Satz 3.15. *Folgende Voraussetzungen seien erfüllt:*

1. *A ist eine konstante Matrix, deren charakteristische Zahlen negative Realteile haben:* $\max_k \operatorname{Re} \lambda_k < -\varrho < 0$.
2. *Z_t ist ein stationärer R-stetiger und q.M.-stetiger Prozeß 2. Ordnung mit* $\lim_{|\tau|\to\infty} ||K^Z(t, t+\tau)|| = 0$, *gleichmäßig bezüglich* $t \in T$.
3. *Es sei* t_k, $k = 1, 2, \ldots$, *eine Folge aus T mit* $\lim_{m\to\infty} m^{-2} a_{ms} = 0$, *wobei* a_{ms} *die Anzahl der Paare* (i, k) *mit* $i, k = 1, \ldots, m$ *und* $|t_i - t_k| < s$ *ist* (z. B. $t_k = k\Delta$, $\Delta > 0$).

Dann gilt für die stationäre R-Lösung Y_t^0 von (6)

$$\lim_{m\to\infty} \text{q.M. } m^{-1} \sum_{k=1}^{m} Y_{t_k}^0 \triangleq m^{Y^0} . \tag{59}$$

Beweis. Wie schon beim Beweis von Satz 3.14 bemerkt, ist Y_t^0 eine stationäre R-Lösung von (6) und Behauptung (59) ist bewiesen, falls

$$\lim_{m\to\infty} m^{-2} \sum_{i,k=1}^{m} ||K^{Y^0}(t_i, t_k)|| = 0 \tag{60}$$

gilt.

Nun existieren nach dem Beweis von Satz 3.14 ein $c < \infty$ und zu beliebigem $\delta > 0$ ein $s > 0$, so daß $||K^{Y^0}(t, t+\tau)|| < \delta$, $t \in T$, $|\tau| > s$ gilt.
Damit erhalten wir

$$\sum_{i,k=1}^{m} ||K^{Y^0}(t_i, t_k)|| \leqq b\, a_{ms} + m^2 \delta .$$

Zu vorgegebenem $\varepsilon > 0$ können also δ, s und m_ε so gewählt werden, daß für $m \geqq m_\varepsilon$

$$m^{-2} \sum_{i,k=1}^{m} ||K^{Y^0}(t_i, t_k)|| < \varepsilon$$

gilt, woraus (60) und damit (59) folgt.

Das periodische Mittel der Kovarianzfunktion der periodischen R-Lösung kann ebenfalls auf Grund einer Ergodizitätseigenschaft approximiert werden.

Satz 3.16. *Es seien folgende Voraussetzungen erfüllt:*

1. *$A(t)$ ist eine stetige Θ-periodische Matrixfunktion, deren charakteristische Exponenten negative Realteile haben:* $\max_k \lambda_k < -\varrho < 0$.
2. *Z_t ist ein auf T R-stetiger und q.M.-stetiger Θ-periodischer Prozeß 2. Ordnung mit* $\lim_{|\alpha|\to\infty} ||K^Z(t, t+\alpha)|| = 0$ *gleichmäßig in* $t \in T$.
3. *τ sei eine feste reelle Zahl. Mit der Bezeichnung* $W_t = Y_t^0 - m^{Y^0}(t)$ *ist für alle* i, k $H_t^{ik} = W_t^{(i)} W_{t+\tau}^{(k)}$ *ein stochastischer Prozeß 2. Ordnung mit*

$$K^{H^{ik}}(t_1 + \Theta, t_2 + \Theta) = K^{H^{ik}}(t_1, t_2) , \qquad t_1, t_2 \in T , \tag{61}$$

und

$$\lim_{|\beta|\to\infty} ||K^{H^{ik}}(t, t+\beta)|| = 0 \qquad \textit{gleichmäßig in } t \in T . \tag{62}$$

Dann gilt für die periodische R-Lösung Y_t^0

$$\lim_{t\to\infty} \text{q.M. } t^{-1} \int_{t_0}^{t_0+t} Y_\alpha^0 \, Y_{\alpha+\tau}^{0'} \, d\alpha \triangleq \Theta^{-1} \int_0^\Theta m^{Y^0}(\alpha) \, [m^{Y^0}(\alpha+\tau)]' \, d\alpha$$

$$+ \Theta^{-1} \int_0^\Theta K^{Y^0}(\alpha, \alpha+\tau) \, d\alpha \, .$$

Beweis. Es gilt wegen der Periodizität von m^{Y^0} und K^{Y^0} und mit $H_t = W_t \, W'_{t+\tau}$ sowie $G_t = H_t - K^{Y^0}(t, t+\tau)$

$$\lim_{t\to\infty} \text{q.M. } t^{-1} \int_{t_0}^{t_0+t} Y_\alpha^0 \, Y_{\alpha+\tau}^{0'} \, d\alpha \triangleq \Theta^{-1} \int_0^\Theta m^{Y^0}(\alpha) \, [m^{Y^0}(\alpha+\tau)]' \, d\alpha$$

$$+ \lim_{t\to\infty} \text{q.M. } t^{-1} \int_{t_0}^{t_0+t} \{m^{Y^0}(\alpha) \, W'_{\alpha+\tau} + W_\alpha \, [m^{Y^0}(\alpha+\tau)]'\} \, d\alpha$$

$$+ \lim_{t\to\infty} \text{q.M. } t^{-1} \int_{t_0}^{t_0+t} G_\alpha \, d\alpha + \Theta^{-1} \int_0^\Theta K^{Y^0}(\alpha, \alpha+\tau) \, d\alpha \, .$$

Es gilt

$$\sup_{\alpha\in T} ||m^{Y^0}(\alpha)|| = c < \infty$$

und

$$E\left\{\left\|t^{-1} \int_{t_0}^{t_0+t} m^{Y^0}(\alpha) \, W'_{\alpha+\tau} \, d\alpha\right\|^2\right\}$$

$$\leqq c^2 \, t^{-2} \int_{t_0}^{t_0+t} \int_{t_0}^{t_0+t} ||K^{Y^0}(\alpha_1+\tau, \alpha_2+\tau)|| \, d\alpha_1 \, d\alpha_2 \, ,$$

wobei analog wie beim Beweis von Satz 3.14 die Vertauschbarkeit von Integration und Erwartungswertbildung unter Ausnutzung der Beschränktheit von m^{Y^0} und K^{Y^0} nachgewiesen werden kann und der obige Ausdruck für $t \to \infty$ gegen Null konvergiert.

Damit erhalten wir

$$\lim_{t\to\infty} \text{q.M. } t^{-1} \int_{t_0}^{t_0+t} m^{Y^0}(\alpha) \, W'_{\alpha+\tau} \, d\alpha \triangleq 0 \, .$$

Genauso zeigt man auch

$$\lim_{t\to\infty} \text{q.M. } t^{-1} \int_{t_0}^{t_0+t} W_\alpha [m^{Y^0}(\alpha+\tau)]' \, d\alpha \triangleq 0 \, ,$$

so daß die Behauptung des Satzes bewiesen ist, falls für alle Elemente G_t^{ik} des Matrixprozesses G_t

$$\lim_{t\to\infty} \text{q.M. } t^{-1} \int_{t_0}^{t_0+t} G_\alpha^{ik} \, d\alpha \triangleq 0$$

gilt. Nach dem Beweis des Satzes 3.14 folgt aber diese Eigenschaft aus der Voraussetzung 3.

Bemerkung 1. Da die Prozesse H_t^{ik} durch den Prozeß Z_t bestimmt sind, bedeuten (61) und (62) Bedingungen an Z_t, die man durch Berechnung von $K^{H^{ik}}$ mit Hilfe der Darstellung (24) nachprüfen muß. Ist Z_t ein streng periodischer Prozeß, dann folgt die strenge Periodizität von Y_t^0 und somit von H_t^{ik}, so daß in diesem Fall (61) erfüllt ist, falls die H_t^{ik} Prozesse 2. Ordnung sind. Ist mit $V_t = Z_t - m^Z(t)$ für beliebiges $(t_1, t_2, t_3, t_4) \in R^4$, $k_i \in \{1, \ldots, n\}$; $i = 1, 2, 3, 4$,

$$|E\{V_{t_1}^{(k_1)} V_{t_2}^{(k_2)} V_{t_3}^{(k_3)} V_{t_4}^{(k_4)}\}| < \infty$$

erfüllt, dann ist H_t^{ik} ein stochastischer Prozeß 2. Ordnung.

Bemerkung 2. Ist $A(t) \equiv A$ konstant, und ist der Prozeß Z_t stationär, dann folgt aus Satz 3.16 die Ergodizitätseigenschaft

$$\lim_{t\to\infty} \text{q.M. } t^{-1} \int_{t_0}^{t_0+t} Y_\alpha Y'_{\alpha+\tau}\, d\alpha \triangleq m^{Y^0}[m^{Y^0}]' + K^{Y^0}(\tau)\,.$$

3.8. Ergodizitätseigenschaften nichtstationärer R-Lösungen

Ergodizitätseigenschaften sind bei zufällig gestörten Systemen auch im nichtstationären bzw. nichtperiodischen Fall als Grundlage für Fehlerbetrachtungen von Interesse. Ist Z_t beispielsweise eine zufällige Störung, so ist es eventuell von Interesse zu wissen, ob diese Störung auf das zeitliche Mittel von X_t Einfluß hat.

Zunächst bemerken wir, daß folgendes gilt:

Lemma 3.7. *Es sei U_t, $t \geqq t_0$, ein R- und q.M.-stetiger n-dimensionaler stochastischer Prozeß 2. Ordnung mit*

$$E\{U_t\} = 0\,, \qquad \sup_{t\geqq t_0} E\{\|U_t\|^2\} < \infty$$

und $\lim_{h\to\infty} K^U(t, t+h) = 0$, *gleichmäßig bezüglich* $t \in [t_0, \infty)$. *Es sei V_t, $t \geqq t_0$, ein R- und q.M.-stetiger n-dimensionaler stochastischer Prozeß mit* $\lim_{t\to\infty}$ q.M. $V_t \triangleq 0$. *Dann gilt für $W_t = U_t + V_t$:*

$$\lim_{t\to\infty} \text{q.M.} \left[\frac{1}{t}\int_{t_0}^{t_0+t} W_\alpha\, d\alpha\right] \triangleq 0\,.$$

Wir betrachten nun wieder die Differentialgleichung (6) und formulieren dafür den folgenden Satz.

Satz 3.17. *Es seien folgende Voraussetzungen erfüllt:*

1. *$A(t)$ sei eine auf $[t_0, \infty)$ stetige, beschränkte Matrixfunktion.*
2. *Es gelte $\|Q(t)\, Q^{-1}(\tau)\| \leqq q\, e^{-\varrho(t-\tau)}$, wobei $Q(t)$ durch (8) definiert ist und q eine von t und τ unabhängige Konstante ist.*

3. *Z_t erfülle die gleichen Voraussetzungen wie U_t im Lemma* 3.7, *und es gelte für eine natürliche Zahl* $r \geqq 2$

$$\sup_{t_i \geqq t_0;\, i=1,\ldots,r} E\{\|Z_{t_1}\| \cdots \|Z_{t_r}\|\} \leqq C < \infty .$$

Dann gilt für jede R-Lösung von (6) *mit* $X_{t_0} \in L_n^r$

$$\sup_{t \geqq t_0} E\{\|X_t\|^r\} < \infty \tag{63}$$

und

$$\lim_{t\to\infty} \text{q.M.}\ \frac{1}{t} \int_{t_0}^{t_0+t} X_\tau\, d\tau \triangleq 0 . \tag{64}$$

Beweis. Nach (9) und (16) hat die R-Lösung die Gestalt

$$X_t = Q(t)\, X_{t_0} + Q(t) \int_{t_0}^{t} Q^{-1}(\tau)\, Z_\tau\, d\tau .$$

Mit Voraussetzung 1 und 2 erhalten wir (63) wegen

$$E\{\|X_t\|^r\} \leqq r\, q\, e^{-\varrho r (t-t_0)}\, E\{\|X_{t_0}\|^r\}$$
$$+ r\, q\, e^{-\varrho r t} \int_{t_0}^{t} \cdots \int_{t_0}^{t} e^{\sum_{i=1}^{r} \varrho \tau_i}\, E\{\|Z_{\tau_1}\| \cdots \|Z_{\tau_r}\|\}\, d\tau_1 \cdots d\tau_r$$
$$\leqq r\, q\, [E\{\|X_{t_0}\|^r\} + C] < \infty .$$

Da $Q(t)\, X_{t_0}$ die Voraussetzungen für V_t aus Lemma 3.7 erfüllt, ist (64) bewiesen, wenn wir zeigen können, daß $Y_t = Q(t) \int_{t_0}^{t} Q^{-1}(\tau)\, Z_\tau\, d\tau$ den Bedingungen an U_t genügt.

Es ist offensichtlich $E\{Y_t\} = 0$ und $\sup_{t \geqq t_0} E\{\|Y_t\|^2\} < \infty$. Y_t ist R-stetig und auch q.M.-stetig. Es sei $\eta > 0$ vorgegeben. Dann gibt es ein $h_\eta > 0$, daß $\|K^Z(t, t+h)\| \leqq \eta$ für $|h| > h_\eta$ gilt. Aus (18) erhalten wir bei $h > 2\, h_\eta$

$$\|K^Y(t, t+h)\| = \left\| Q(t) \left(\int_{t_0}^{t} \int_{t_0}^{t+h} Q^{-1}(\tau_1)\, K^Z(\tau_1, \tau_2)\, [Q^{-1}(\tau_2)]'\, d\tau_1\, d\tau_2 \right) Q'(t+h) \right\|$$
$$\leqq \left\| Q(t) \left(\int_{t_0}^{t} \int_{t_0}^{t+h_\eta} Q^{-1}(\tau_1)\, K^Z(\tau_1, \tau_2)\, [Q^{-1}(\tau_2)]'\, d\tau_1\, d\tau_2 \right) Q'(t+h) \right\|$$
$$+ \left\| Q(t) \left(\int_{t_0}^{t} \int_{t+h_\eta}^{t+h} Q^{-1}(\tau_1)\, K^Z(\tau_1, \tau_2)\, [Q^{-1}(\tau_2)]'\, d\tau_1\, d\tau_2 \right) Q'(t+h) \right\|$$
$$\leqq C_1\, e^{-\varrho h_\eta} + C_2\, \eta .$$

Zu vorgegebenem $\varepsilon > 0$ ist bei geeigneter Wahl von η und h

$$\|K^Y(t, t+h)\| < \varepsilon \quad \text{für} \quad h > 2\, h_\eta , \qquad t \geqq t_0 .$$

Dabei sind die Größen η und h unabhängig von t wählbar. Damit sind die Voraussetzungen des Lemmas 3.7 erfüllt, und es gilt also (64).

3.9. Die lineare Differentialgleichung n-ter Ordnung mit konstanten Koeffizienten und stationärem inhomogenen Glied

Wir betrachten die lineare Differentialgleichung

$$\frac{d^n X_t}{dt^n} + a_1 \frac{d^{n-1}}{dt^{n-1}} X_t + \cdots + a_{n-1} X_t + a_n = Z_t \tag{65}$$

mit einem eindimensionalen q.M.-stetigen stationären Prozeß Z_t. Wir nehmen o. B. d. A. an, daß

$$Z_t = B\, U_t = \sum_{k=0}^{m} b_{m-k} \overset{(k)}{U_t}$$

ist, wobei U_t ein m-mal q.M.-differenzierbarer stationärer Prozeß ist, der Differentialoperator B durch q.M.-Ableitungen $\overset{(k)}{U_t}$ k-ter Ordnung definiert ist und $m \geqq 0$ ist. Wir suchen die stationäre q.M.-Lösung Y_t^* von (65), also von

$$A\, X_t = B\, U_t\,, \qquad \left(A\, X_t = \sum_{l=0}^{n} a_{n-l} \overset{(l)}{X_t}\,,\ a_0 = 1\right). \tag{66}$$

Sollen R-Lösungen betrachtet werden, so gelten unter der zusätzlichen Voraussetzung, daß Z_t R-stetig ist, wegen der Äquivalenz von q.M.- und R-Lösungen (Satz 3.1) alle gewonnenen Resultate auch für die entsprechenden R-Lösungen.

$$A(\xi) = \sum_{k=0}^{n} a_{n-k}\, \xi^k \quad \text{und} \quad B(\xi) = \sum_{k=0}^{m} b_{m-k}\, \xi^k$$

nennt man *charakteristische Polynome* von A bzw. B. Wir nehmen an, daß die Nullstellen von $A(\xi)$ negative Realteile haben. Ist $\varphi(t)$ die Lösung der homogenen Differentialgleichung $A\,\varphi = 0$ mit der Anfangsbedingung $\frac{d^k\varphi(0)}{dt^k} = 0$ $(k = 0, 1, \ldots, n-2)$, $\frac{d^{n-1}\varphi(0)}{dt^{n-1}} = 1$, dann ist

$$Y_t^* = \int_{-\infty}^{t} \varphi(t-\tau)\, Z_\tau\, d\tau \tag{67}$$

eine stationäre q.M.-Lösung von (65) bzw. (66). Dies erhält man direkt aus Satz 3.9, indem man wie üblich zu dem entsprechenden Differentialgleichungssystem

$$\frac{d\hat{X}_t}{dt} = \hat{A}\, \hat{X}_t + \hat{Z}_t \tag{68}$$

mit $\hat{X}'_t = \left(X_t, \dot{X}_t, \ldots, \overset{(n-1)}{X_t}\right)$ und $\hat{Z}'_t = (0, \ldots, 0, Z_t)$ übergeht und Y_t^* als die erste Komponente der stationären q.M.-Lösung $\hat{Y}_t^* = \int_{-\infty}^{t} e^{(t-\tau)\hat{A}}\, \hat{Z}_\tau\, d\tau$ von (67) gewinnt.

Es gilt dann nach (31) und (67)

$$m^{Y*}(t) = \int_{-\infty}^{t} \varphi(t-\tau)\, m^{Z}(\tau)\, d\tau = \sum_{k=0}^{m} b_{m-k} \int_{0}^{\infty} \varphi(\alpha) \frac{d^k}{dt^k} m^{U}(t-\alpha)\, d\alpha \qquad (69)$$

und nach (32)

$$K^{Y*}(t) = \int_0^\infty \int_0^\infty \varphi(\alpha)\, K^{Z}(t-\beta+\alpha)\, \varphi(\beta)\, d\alpha\, d\beta\,. \qquad (70)$$

Nun ist bekanntlich mit der Bezeichnung H_{jl} aus 3.5

$$\sum_{l,m=1}^{n} \hat{H}_{1l}(i\varrho)\, \overline{\hat{H}_{1m}(i\varrho)} = \int_0^\infty e^{i\varrho t} \varphi(t)\, dt = [A(i\varrho)]^{-1}$$

(vgl. z. B. A. A. Sweschnikow [3]), und wir erhalten aus (34) oder direkt aus (70), daß

$$F^{Y*}(\lambda) = \int_{-\infty}^{\lambda} |A(i\varrho)|^{-2}\, dF^{Z}(\varrho)$$

und nach Lemma 3.4

$$F^{Y*}(\lambda) = \int_{-\infty}^{\lambda} \left|\frac{B(i\varrho)}{A(i\varrho)}\right|^2 dF^{U}(\varrho) \qquad (71)$$

die Spektralverteilung von $Y^*(t)$ ist.

Hat U_t ein diskretes Spektrum

$$R^{U}(t) = \sum_{k=1}^{\infty} u_k\, e^{i\lambda_k t}\,,$$

dann gilt also

$$R^{Y*}(t) = \sum_{k=1}^{\infty} u_k \left|\frac{B(i\lambda_k)}{A(i\lambda_k)}\right|^2 e^{i\lambda_k t}\,.$$

Hat U_t eine Spektraldichte Φ^U, dann ist

$$\Phi^{Y*}(\lambda) = \left|\frac{B(i\lambda)}{A(i\lambda)}\right|^2 \Phi^{U}(\lambda) \qquad (72)$$

die Spektraldichte von Y_t^*.

3.10. Der einfache Schwinger mit zufälliger Erregung

Als Anwendung der in diesem Kapitel entwickelten Theorie betrachten wir die Schwingungsgleichung

$$\frac{d^2X_t}{dt^2} + 2a\frac{dX_t}{dt} + b\,X_t = Z_t\,, \qquad (73)$$

wobei $a > 0$, $b \geqq 0$ und $Z_t = c \sin\alpha\, t + U_t$ gilt. U_t ist dabei auf T ein R- und q.M.-stetiger stationärer stochastischer Prozeß 2. Ordnung mit $E\{U_t\} = 0$ und

Spektraldichte $\Phi(\lambda)$. Das charakteristische Polynom $A(\varrho) = \varrho^2 + 2\,a\,\varrho + b$ hat die Nullstellen $\varrho_{1,2} = -a \pm \sqrt{a^2 - b}$ mit negativen Realteilen.

Wir betrachten die üblichen Spezialfälle:

1. Es sei $\varkappa^2 = b - a^2 > 0$.

Dann ist $\varphi(t) = \varkappa^{-1} \sin \varkappa\, t\, e^{-at}$ die Lösung der homogenen Schwingungsgleichung mit $\varphi(0) = 0$, $\varphi'(0) = 1$. Z_t ist ein periodischer stochastischer Prozeß, und es ist dann nach (67)

$$Y_t^0 = m^{Y^0}(t) + \varkappa^{-1} \int_0^\infty e^{-a\tau} \sin \varkappa\,\tau\, U_{t-\tau}\, d\tau \tag{74}$$

eine (mit derselben Periode) periodische (bei $c = 0$ stationäre) R- und q.M.-Lösung von (73).

Dabei ist

$$m^{Y^0}(t) = \varkappa^{-1}\, c \int_0^\infty e^{-a\tau} \sin \varkappa\,\tau \sin \alpha\,(t - \tau)\, d\tau = c\,\beta \sin \alpha\,(t - \gamma) \tag{75}$$

mit $\beta^{-2} = (b - \alpha^2)^2 + (2\,a)^2\,\alpha^2$ und

$$\gamma = \frac{1}{\alpha} \operatorname{arctg} \frac{2\,a\,\alpha}{b - \alpha^2}.$$

Ihre Kovarianzfunktion ist nach (3) und (71) durch

$$K^{Y^0}(t, t+\tau) = K^{Y^0}(\tau) = \int_{-\infty}^{\infty} e^{i\lambda\tau}\, |A(i\,\lambda)|^{-2}\, \Phi(\lambda)\, d\lambda$$

$$= \int_{-\infty}^{\infty} \cos \lambda\,\tau\, [(\lambda^2 - b)^2 + (2\,a\,\lambda)^2]^{-1}\, \Phi(\lambda)\, d\lambda \tag{76}$$

gegeben. (Da $K^{Y^0}(\tau)$, $|A(i\,\lambda)|$ und $\Phi(\lambda)$ reelle Funktionen sind, gilt $\int_{-\infty}^{\infty} \sin \lambda\,\tau\, |A(i\,\lambda)|^{-2}\, \Phi(\lambda)\, d\lambda = 0$.)

Für die Varianz von Y_t^0 erhalten wir aus (76)

$$\sigma^{Y^0}(t) = K^{Y^0}(0) = \int_{-\infty}^{\infty} [(\lambda^2 - b)^2 + (2\,a\,\lambda)^2]^{-1}\, \Phi(\lambda)\, d\lambda\,. \tag{77}$$

Ist $\Phi(\lambda)$ numerisch gegeben, dann kann das Integral in (77) numerisch berechnet werden.

Eine grobe Näherung für die Kovarianzfunktion und die Varianz erhält man bei kleinem Dämpfungskoeffizienten a, falls $\Phi(\lambda)$ hinreichend glatt ist und keine scharfen Spitzen besitzt. In diesem Fall hat die Funktion $|A(i\,\lambda)|^{-2}$ eine Spitze bei $\lambda = b$, und der wesentliche Beitrag zum Integral (76) wird von einem engen Intervall um $\lambda = b$ geliefert.

Deshalb gilt näherungsweise

$$K^{Y^0}(\tau) \approx \Phi(b) \int_{-\infty}^{\infty} \cos \lambda\,\tau\, [(\lambda^2 - b)^2 + (2\,a\,\lambda)^2]^{-1}\, d\lambda$$

und

$$\sigma^{Y^0}(t) \approx \Phi(b) \int_{-\infty}^{\infty} [(\lambda^2 - b)^2 + (2\,a\,\lambda)^2]^{-1}\, d\lambda\,.$$

Für jede R-Lösung X_t von (73) erhält man mit einem beliebigen $\varrho < a$ durch Anwendung des Satzes 3.11 auf das Differentialgleichungssystem (68)

$$\lim_{t\to\infty} e^{\varrho t} |X_t - Y_t^0| \triangleq \lim_{t\to\infty} e^{\varrho t} |\dot{X}_t - \dot{Y}_t^0| \triangleq 0 . \tag{78}$$

Nach Satz 3.12 gilt für jede q.M.-Lösung und jede R-Lösung mit Anfangswert $(X_{t_0}, \dot{X}_{t_0}) \in L_2^2$, die nach Satz 3.1 auch eine q.M.-Lösung ist

$$\lim_{t\to\infty} \text{q.M. } e^{\varrho t} |X_t - Y_t^0| \triangleq \lim_{t\to\infty} \text{q.M. } e^{\varrho t} |\dot{\bar{X}}_t - \dot{\bar{Y}}_t^0| \triangleq 0 .$$

Für große t können dann also der Erwartungswert und die Kovarianzfunktion jeder q.M.-Lösung und jeder R-Lösung von (73) mit Anfangswerten im L_2^2 durch den Erwartungswert und die Kovarianzfunktion der periodischen Lösung Y_t^0 angenähert werden, denn es gilt wegen (78) mit $V_t = X_t - Y_t^0$

$$\lim_{t\to\infty} |m^X(t) - m^{Y^0}(t)| \leqq \lim_{t\to\infty} [E\{V_t^2\}]^{1/2} = 0 \tag{79}$$

und

$$\begin{aligned}
&\lim_{t\to\infty} |K^X(t, t+s) - K^{Y^0}(t, t+s)| \\
&\quad = \lim_{t\to\infty} |E\{V_t V_{t+s}\} + E\{Y_t^0 V_{t+s}\} + E\{V_t Y_{t+s}^0\} \\
&\qquad - m^X(t)\, m^X(t+s) + m^{Y^0}(t)\, m^{Y^0}(t+s)| \\
&\quad \leqq \lim_{t\to\infty} ([E\{V_t^2\}\, E\{V_{t+s}^2\}]^{1/2} + [K^{Y^0}(0)\, E\{V_{t+s}^2\}]^{1/2} \\
&\qquad + [K^{Y^0}(0)\, E\{V_t^2\}]^{1/2}) = 0 .
\end{aligned} \tag{80}$$

Ist Z_t oder U_t ein GAUSSscher Prozeß, dann ist Y_t^0 nach 3.4 ebenfalls ein GAUSSscher Prozeß, und es können mit (75) und (76) Wahrscheinlichkeiten für verschiedene interessierende Ereignisse berechnet werden. Beispielsweise ist $P\{Y_t^0 > y\} = 1 - F[(\sigma^{Y^0})^{-1} [y - m^{Y^0}(t)]]$, wobei $F(x) = \int\limits_{-\infty}^{x} (2\pi)^{-1/2} e^{-t^2/2}\, dt$ die sehr gut tabellierte Verteilungsfunktion der Standard-Normalverteilung ist.

2. Es sei $\varkappa^2 = a^2 - b > 0$.

Dann ist $\varphi(t) = \varkappa^{-1} \operatorname{sh} \varkappa t\, e^{-at}$, und wir erhalten analog wie im 1. Fall die periodische Lösung

$$Y_t^0 = m^{Y^0}(t) + \varkappa^{-1} \int\limits_0^\infty e^{-a\tau} \operatorname{sh} \varkappa\tau\, U_{t-\tau}\, d\tau \tag{81}$$

mit Erwartungswert

$$m^{Y^0}(t) = \varkappa^{-1} C \int\limits_0^\infty e^{-a\tau} \operatorname{sh} \varkappa\tau \sin \alpha (t - \tau)\, d\tau \tag{82}$$

und Kovarianzfunktion (76).

Der Erwartungswert $m^X(t)$ und die Kovarianzfunktion $K^X(t, t+s)$, $s > 0$, einer q.M.-Lösung von (73) bzw. einer R-Lösung von (73) zu einem Anfangswert

$(X_{t_0}, \dot{X}_{t_0}) \in L_2^2$ können wieder wie bei 1. für großes t durch (82) und (76) genähert werden.

3. Es sei $a^2 = b$. Dann ist $\varphi(t) = t\, e^{-at}$, wir erhalten die periodische Lösung

$$Y_t^0 = m^{Y^0}(t) + \int_0^\infty \tau\, e^{-a\tau}\, U_{t-\tau}\, d\tau \tag{83}$$

mit Kovarianzfunktion (76) und Erwartungswert

$$m^{Y^0}(t) = \int_0^\infty \tau\, e^{-a\tau} \sin\alpha\,(t-\tau)\, d\tau\,. \tag{84}$$

3.11. „Weißes Rauschen"

Schon bei der einfachen linearen Gleichung, bei der nur das inhomogene Glied zufällig ist, ergeben sich Formeln für die Kovarianzfunktion des Lösungsprozesses, die nicht immer leicht auswertbar sind. Deshalb werden häufig gewisse Näherungen gemacht, die zum Begriff des „weißen Rauschen" führen. Dem stationären Prozeß Z_t, der in der rechten Seite der Differentialgleichung auftritt, wird z. B. formal eine konstante Spektraldichte oder eine DIRACsche Deltafunktion als Korrelationsfunktion zugeordnet.

Betrachten wir z. B. die in 3.1 unter A) eingeführte Spektraldichte. Für $C \to \infty$ und $\varrho \to \infty$ bei konstantem $\frac{C}{\varrho}$ strebt die Spektraldichte gegen die Konstante $\varphi_0 = \frac{C}{\varrho}\frac{1}{\pi}$ und die Korrelationsfunktion gegen eine DIRACsche Deltafunktion mit dem Faktor $2\pi\varphi_0$.

Bei physikalischen und technischen Aufgabenstellungen ist diese Näherung der Spektraldichte häufig gut begründet, und es ergibt sich dabei gleichzeitig der wesentliche Vorteil, daß man zur Charakterisierung des Prozesses Z_t nur sehr wenige Kenngrößen benötigt.

Wir wollen nun den mathematischen Inhalt dieses Vorgehens diskutieren und am Beispiel des einfachen Schwingers aus 3.10 demonstrieren.

„Weißes Rauschen"[1]) kann nicht als stationärer stochastischer Prozeß im Sinne der Definition im Abschnitt 3.1 eingeführt werden. Somit brauchen die durch Übergang zu einer konstanten Spektraldichte für Z_t in (35) bzw. in (72) oder durch Übergang zu einer DIRACschen Deltafunktion als Korrelationsfunktion von Z_t in (18) bzw. in (70) gewonnenen Korrelationsfunktionen im allgemeinen nicht die Korrelationsfunktionen einer R- oder q.M.-Lösung einer stochastischen Differentialgleichung des gegebenen Typs zu sein. Der Ansatz „weißes Rauschen" für Z_t in der stochastischen Differentialgleichung bedeutet also nicht einfach, daß diese Differentialgleichung als von einem speziellen stochasti-

[1]) „Weißes Rauschen" bzw. eine entsprechende Lösung von (6) kann in Anlehnung an die Theorie der Distributionen als verallgemeinerter stochastischer Prozeß definiert werden (vgl. YU. V. PROHOROV u. YU. A. ROZANOV [1]).

schen Prozeß Z_t abhängig in dem von uns bisher diskutierten Sinn zu behandeln ist. Der Ansatz ist vielmehr als abkürzende Schreibweise für folgendes Vorgehen aufzufassen:

Die tatsächlich zu untersuchende stochastische Differentialgleichung erfüllt solche Voraussetzungen, daß eine R- oder eine q.M.-Lösung (gegebenenfalls auch eine stationäre Lösung, falls eine solche betrachtet werden soll) existiert. Zur Auswertung spezieller Gleichungen für gesuchte Charakteristiken der Lösung führt man einen Grenzübergang durch, der erhebliche Rechenerleichterungen mit sich bringt. Daß die mit diesem Grenzübergang erhaltenen Resultate eine Näherung für die gesuchten Charakteristiken darstellen, müßte im Einzelfall durch Fehlerabschätzung belegt werden.

Als Beispiel betrachten wir nun die Differentialgleichung (73), bei der jetzt U_t als „weißes Rauschen" angesetzt ist. Dies bedeutet nach der obigen Festlegung, daß unter den in 3.10 genannten Voraussetzungen über U_t die Lösungen (74), (81) oder (83) verwendet werden und bei der Gleichung (76) an Stelle der Spektraldichte $\Phi(\lambda)$ als Näherung die konstante Spektraldichte $\Phi(\lambda) \equiv \Phi_0$ eingesetzt wird.

Man erhält in den drei betrachteten Fällen:

1. $\varkappa^2 = b - a^2 > 0$

$$K^{Y^0}(t) \approx \Phi_0 \int_{-\infty}^{\infty} \cos \lambda t \, [(\lambda^2 - b)^2 + (2 a \lambda)^2]^{-1} \, d\lambda$$

$$= 2 \pi \varkappa^{-2} \Phi_0 \int_0^{\infty} \int_0^{\infty} \delta(t + \beta - \alpha) \, e^{-a(\alpha+\beta)} \sin \varkappa \alpha \sin \varkappa \beta \, d\alpha \, d\beta$$

$$= (2 a b)^{-1} \pi \Phi_0 \, e^{-a|t|} \, [\cos \varkappa t + \varkappa^{-1} a \sin \varkappa |t|] = K^0(t) .$$

2. $\varkappa^2 = a^2 - b > 0$

$$K^{Y^0}(t) \approx (4 a b \varkappa)^{-1} \pi \Phi_0 [(a + \varkappa) \, e^{-(a-\varkappa)|t|} - (a - \varkappa) \, e^{-(a+\varkappa)|t|}] = K^0(t) .$$

3. $a^2 = b$

$$K^{Y^0}(t) \approx (2 a^3)^{-1} \pi \Phi_0 \, e^{-a|t|} (1 + a |t|) = K^0(t) .$$

Eine Abschätzung des Fehlers kann beispielsweise folgendermaßen durchgeführt werden:

Ist für den Fehler durch die Näherung der Spektraldichte eine Abschätzung

$$|\Phi(\lambda) - \Phi_0| \leqq \begin{cases} \varepsilon \colon & |\lambda| \leqq \lambda_0 \\ \eta \colon & |\lambda| > \lambda_0 \end{cases}$$

bekannt, dann erhält man

$$|K^{Y^0}(t) - K^0(t)| \leqq \varepsilon \int_{-\infty}^{\infty} |A(i \lambda)|^{-2} \, d\lambda + \eta \int_{|\lambda| > \lambda_0} |A(i \lambda)|^{-2} \, d\lambda \leqq c \, \varepsilon + [2 a^2]^{-1} \lambda_0^{-1} \eta .$$

Die Näherung K^0 ist offensichtlich gut, wenn die Spektraldichte $\Phi(\lambda)$ in einem genügend breiten Band nahezu konstant ist. Die Spektraldichte $\Phi^{Y^0}(\lambda) = |A(i \lambda)|^{-2} \Phi(\lambda)$ kann entsprechend durch $\Phi^0(\lambda) = \Phi_0[(\lambda^2 - b)^2 + (4 a \lambda)^2]^{-1}$ genähert werden, wobei der Fehler

$$|\Phi^{Y^\circ}(\lambda) - \Phi^0(\lambda)| \leqq \begin{cases} \gamma\,\varepsilon: & |\lambda| \leqq \lambda_0 \\ [2\,a]^{-2}\,\lambda^{-2}\,\eta: & |\lambda| > \lambda_0 \end{cases}$$

mit $\gamma = \max\limits_{|\lambda| \leqq \lambda_0} |A(i\,\lambda)|^{-2}$ auftritt.

Für die gemeinsame Kovarianzfunktion $K^{Y^\circ Z}$ ergibt sich die Näherung

$$K^{Y^\circ Z}(t + \tau, t) \approx 2\,\pi\,\Phi_0 \int\limits_{-\infty}^{t+\tau} \varphi(t + \tau - \alpha)\,\delta(t - \alpha)\,d\alpha = \begin{cases} 2\,\pi\,\Phi_0\,\varphi(\tau)\,, & \tau > 0 \\ 0\,, & \tau < 0\,, \end{cases}$$

wobei $\varphi(\tau)$ jeweils aus den Fällen 1, 2 und 3 (vgl. Abschnitt 3.10) einzusetzen ist.

Analog zu diesem Beispiel kann auch die allgemeine stochastische Differentialgleichung

$$\frac{dX_t}{dt} = A(t)\,X_t + Z_t$$

behandelt werden, bei der Z_t als „weißes Rauschen" angesetzt ist. Es wird angenommen, daß die Voraussetzungen im Abschnitt 3.3 erfüllt sind und eine R-Lösung (13) oder eine q.M.-Lösung (14) mit der Kovarianzfunktion (18) existiert. In (18) wird an Stelle von K^Z die Näherung $K_0(\tau_1, \tau_2) = \delta(\tau_2 - \tau_1)\,M$ mit einer symmetrischen nichtnegativ definiten Matrix M eingesetzt, und man erhält die Näherung

$$K^0(t, t + \tau) = Q(t) \int\limits_{t_0}^{t} Q^{-1}(\alpha)\,M[Q^{-1}(\alpha)]'\,d\alpha\,[Q(t + \tau)]'\,, \qquad (\tau > 0)\,.$$

Die gemeinsame Kovarianzfunktion $K^{Y^\circ Z}$ kann für $t \geqq t_0$ durch

$$K(t + \tau, t) = \begin{cases} Q(t + \tau)\,Q^{-1}(t)\,M\,, & \tau > 0 \\ 0\,, & \tau < 0 \end{cases}$$

genähert werden.

Sind die Voraussetzungen des Satzes 3.7 oder des Satzes 3.9 erfüllt, dann kann die Korrelationsfunktion der stationären R-Lösung Y_t^0 bzw. q.M.-Lösung Y_t^* durch

$$K^0(t) = \int\limits_0^\infty e^{\alpha A}\,M[e^{(\alpha+t)A}]'\,d\alpha$$

genähert werden. Die gemeinsame Kovarianzfunktion $K^{Y^\circ Z}$ bzw. $K^{Y^* Z}$ kann durch

$$K(t + \tau, t) = \begin{cases} e^{\tau A}\,M\,, & \tau > 0 \\ 0\,, & \tau < 0 \end{cases}$$

genähert werden.

4. DIE LINEARE DIFFERENTIALGLEICHUNG MIT STOCHASTISCHEN KOEFFIZIENTEN

4.1. Wahrscheinlichkeitstheoretische Begriffe

T und T^* seien zwei Indexmengen. Eine Familie von zufälligen Variablen X_t, $t \in T$, heißt *Familie von unabhängigen zufälligen Variablen,* falls für zwei beliebige endliche disjunkte Teilmengen von T, $\{t_1, \ldots, t_m\}$ und $\{t_{m+1}, \ldots, t_n\}$ und beliebige $\mathfrak{B}^m$-meßbare bzw. $\mathfrak{B}^{n-m}$-meßbare reelle Funktionen g und f mit $E\{|g(X_{t_1}, \ldots, X_{t_m})|\} < \infty$ und $E\{|f(X_{t_{m+1}}, \ldots, X_{t_n})|\} < \infty$ gilt:

$$E\{g(X_{t_1}, \ldots, X_{t_m}) f(X_{t_{m+1}}, \ldots, X_{t_n})\} = E\{g(X_{t_1}, \ldots, X_{t_m})\} \times$$
$$\times E\{f(X_{t_{m+1}}, \ldots, X_{t_m})\} .$$

Zwei stochastische Prozesse X_{t^*}, $t^* \in T^*$, und Y_t, $t \in T$, heißen *unabhängig* voneinander, wenn für beliebige endliche Teilmengen $\{t_1^*, \ldots, t_n^*\} \subset T^*$ und $\{t_1, \ldots, t_m\} \subset T$ und $\mathfrak{B}^n$- bzw. $\mathfrak{B}^m$-meßbare reelle Funktionen g und f mit $E\{|g(X_{t_1^*}, \ldots, X_{t_n^*})|\} < \infty$ bzw. $E\{|f(Y_{t_1}, \ldots, Y_{t_m})|\} < \infty$ gilt:

$$E\{g(X_{t_1^*}, \ldots, X_{t_n^*}) \cdot f(Y_{t_1}, \ldots, Y_{t_m})\} = E\{g(X_{t_1^*}, \ldots, X_{t_n^*})\} \cdot E\{f(Y_{t_1}, \ldots, Y_{t_m})\} .$$

Ist T beispielsweise das Intervall $[t_0, \infty)$, sind X_{t^*}, $t^* \in T^*$, bzw. Y_t, $t \in T$, unabhängige Prozesse und existiert das R-Integral $\int_{t_0}^{t} Y_\tau \, d\tau$, $t \in T$, bzw. die R-Ableitung $\dot{Y}_t$, $t \in T$, so gibt es stochastische Prozesse U_t bzw. V_t mit

$$U_t \triangleq \int_{t_0}^{t} Y_\tau \, d\tau , \qquad t \in T ,$$

und

$$V_t \triangleq \dot{Y}_t , \qquad t \in T ,$$

und X_t und U_t bzw. X_t und V_t sind unabhängige stochastische Prozesse.

Ist bei einem stochastischen Prozeß X_t, $t \in T$, die Größe $\tau^X = \inf\{\tau > 0$: X_t und $X_{t'}$ sind unabhängig für alle $t, t' \in T$ mit $|t - t'| > \tau\}$ definiert, dann nennen wir sie Abhängigkeitszeit von X_t.

Wir nennen einen n-dimensionalen im engeren Sinne stationären R-stetigen Prozeß X_t, $t \in R^1$, *ergodisch,* wenn für jede $\mathfrak{B}^n$-meßbare Funktion g mit Werten im R^s und mit $E\{||g(X_t)||\} < \infty$ und für jedes $t_0 \in R^1$ gilt

$$\lim_{t \to \infty} \frac{1}{(t - t_0)} \int_{t_0}^{t} g(X_\tau) \, d\tau \triangleq E\{g(X_{t_0})\} .$$

Den LEBESGUEschen Konvergenzsatz für Integrale benutzen wir im weiteren in folgender Form: Es sei $X_n \in S_1$ mit $|X_n| \overset{\wedge}{\leqq} Y$, $n = 1, 2, \ldots$, und $Y \in L_1^1$, und es gelte $\lim_{n\to\infty_1} X_n \triangleq X$. Dann gilt auch: $\lim_{n\to\infty} E\{X_n\} = E\{X\}$.

4.2. Die allgemeine Gestalt der Lösungen

In diesem Kapitel sei im weiteren immer $T = [t_0, \infty)$, $t_0 \geqq 0$. Wir untersuchen nun die stochastische Differentialgleichung der Gestalt

$$\frac{dX_t}{dt} = A_t X_t + Z_t\,, \tag{1}$$

wobei Z_t ein n-dimensionaler stochastischer Vektorprozeß ist und A_t ein stochastischer $n\times n$-Matrixprozeß ist, d. h. eine $n\times n$-Matrix, deren Elemente stochastische Prozesse sind. Die Untersuchung der Lösung der Differentialgleichung (1) wird wesentlich komplizierter, als dies bei der Differentialgleichung (3.6) der Fall war. Es ist im allgemeinen nicht möglich, entsprechende einfache Formeln für die statistischen Charakteristiken der Lösungen in Abhängigkeit von den statistischen Charakteristiken der Koeffizienten aufzustellen. Vielmehr muß man versuchen, qualitative Aussagen zu erhalten, z. B. über das asymptotische Verhalten der Realisierungen oder der Momente der Lösungen. Ergebnisse in dieser Richtung sind beispielsweise in den Arbeiten von I. JA. KAC und N. N. KRASOVSKI [1], H. BUNKE [5], F. KOZIN [1], T. K. CAUGHEY und A. H. GRAY [1], E. F. INFANTE [1], T. MOROZAN [1], [4], [5] und R. Z. HAS'MINSKI [14] enthalten. JU. L. RABOTNIKOV versuchte in [2], das Verhalten beim Grenzübergang der Koeffizienten zu Prozessen vom Typ des „weißen Rauschen" zu klären. Für den Fall, daß die Koeffizienten näherungsweise „weißes Rauschen" darstellen, wird in einer großen Anzahl von Arbeiten dieser Differentialgleichungstyp mit Hilfe der Methode der FOKKER-PLANCK-Gleichung oder durch Übergang zur ITO-Differentialgleichung behandelt (vgl. dazu 7.1 und 7.2).

Sind A_t und Z_t R-stetig auf T, so existiert zu jeder Anfangsbedingung $(X_*, t_*) \in S_n\times T$ eine eindeutige R-Lösung in T (s. Beispiel bei Satz 1.2).

Ist Z_t auf T ein q.M.-stetiger Prozeß 2. Ordnung, ist A_t dort R-stetig und gilt $||A_t|| \overset{T}{\leqq} L(t)$ mit einer stetigen reellen Funktion $L(t)$, so existiert zu jeder Anfangsbedingung $(X_*, t_*) \in L_n^2\times T$ in T eine eindeutige q.M.-Lösung von (1) (s. Beispiel bei Satz 2.3).

Sind A_t und Z_t R-stetig auf T und gibt es auf T reelle stetige Funktionen $L(t)$ und $N(t)$ und ein $U \in L_1^2$ mit $||A_t|| \overset{T}{\leqq} L(t)$, $||Z_t|| \overset{T}{\leqq} U\,N(t)$, dann existieren auf T zu jeder Anfangsbedingung $(X_*, t_*) \in L_n^2\times T$ eindeutige R- und q.M.-Lösungen, und diese sind äquivalent (s. Beispiel bei Satz 2.4).

Sind A_t und Z_t R-stetig, so hat die R-Lösung zum Anfangswert (X_0, t_0) von (1) die allgemeine Gestalt

$$X_t \overset{T}{=} Q_t X_0 + \int_{t_0}^{t} Q_t\, Q_\tau^{-1} Z_\tau\, d\tau\,, \tag{2}$$

wobei für fast alle $\omega \in \Omega$ $Q_t(\omega)$ Fundamentalmatrix der Differentialgleichung $\dot{X}_t(\omega) = A_t(\omega)\, X_t(\omega)$ mit $Q_{t_0}(\omega) = I$ ist.

Mit $A_t = A + F_t$, wobei A eine konstante reelle Matrix ist, erweist sich oft folgende Darstellung der R-Lösung (2) als zweckmäßig:

$$X_t \overset{T}{=} e^{(t-t_0)A}\, X_0 + \int_{t_0}^{t} e^{(t-\tau)A}\, F_\tau\, X_\tau\, d\tau + \int_{t_0}^{t} e^{(t-\tau)A}\, Z_\tau\, d\tau\,. \tag{3}$$

Bekanntlich existieren Zahlen a und b mit $||e^{tA}|| \leqq b\, e^{at}$. Damit folgt aus (3) die Ungleichung

$$||X_t|| \overset{T}{\leqq} b\, e^{at}\left[||X_0||\, e^{-at_0} + \int_{t_0}^{t} e^{-a\tau}\, ||Z_\tau||\, d\tau + \int_{t_0}^{t} e^{-a\tau}\, ||F_\tau||\, ||X_\tau||\, d\tau\right],$$

woraus nach Lemma 1.3 folgt

$$||X_t|| \overset{T}{\leqq} ||X_0||\, b\, e^{a(t-t_0)} \exp\left[b\int_{t_0}^{t} ||F_\tau||\, d\tau\right]$$
$$+\, b\, e^{at}\int_{t_0}^{t} ||Z_\tau|| \exp\left[b\int_{\tau}^{t} ||F_\Theta||\, d\Theta - a\,\tau\right] d\tau\,. \tag{4}$$

Wir führen folgende Bezeichnungen ein:

$$U_t = ||X_0|| \exp\left[b\int_{t_0}^{t} ||F_\tau||\, d\tau\right], \qquad V_t = \int_{t_0}^{t} ||Z_\tau|| \exp\left[b\int_{\tau}^{t} ||F_\Theta||\, d\Theta - a\,\tau\right] d\tau\,.$$

Mit der Abschätzung (4) können wir leicht folgendes Resultat erhalten, welches etwas schwächere Bedingungen für die Äquivalenz von R- und q.M.-Lösungen von (1) ergibt als der Satz 2.4:

Satz 4.1. *Sind die Prozesse A_t und Z_t R-stetig und gibt es eine auf T definierte positive Funktion $H(t)$, so daß Z_t und mit $T_t = [t - H(t),\, t + H(t)]$ auch $U_t^* = \sup_{\tau\in T_t} U_\tau$, $V_t^* = \sup_{\tau\in T_t} V_\tau$, $S_t = \sup_{\tau\in T_t} ||F_\tau||\, U_\tau$, $Q_t = \sup_{\tau\in T_t} ||F_\tau||\, V_\tau$ Prozesse 2. Ordnung sind, dann ist die R-Lösung von (1) auch eine q.M.-Lösung.*

Beweis. X_t sei R-Lösung von (1). Mit den Voraussetzungen und (4) folgt, daß X_t, $t \in T$, und $A_t\, X_t + Z_t$, $t \in T$, Prozesse 2. Ordnung sind.

Wir müssen zeigen, daß für jedes $t \in T$ gilt

$$\lim_{h\to 0} E\left\{\left[\frac{X_{t+h} - X_t}{h} - \dot{X}_t\right]^2\right\} = 0\,. \tag{5}$$

Da X_t R-Lösung von (1) ist, gilt

$$\left[\frac{X_{t+h} - X_t}{h} - \dot{X}_t\right]^2 \overset{\wedge}{\leqq} 2 \sup_{\tau\in T_t} ||\dot{X}_\tau||^2 + 2\, ||\dot{X}_t||^2\,, \quad |h| < H(t)\,,\ t \in T\,. \tag{6}$$

Setzen wir für $\dot{X}_t$ in der rechten Seite von (6) die rechte Seite der Differentialgleichung (1) ein und berücksichtigen wir die Abschätzung (4) und die Voraussetzungen, so sehen wir, daß der Erwartungswert der rechten Seite von (6) endlich ist. Die rechte Seite von (6) bildet somit eine integrierbare Majorante für die linke Seite. Also kann man nach dem LEBESGUEschen Konvergenzsatz auf der linken Seite von (5) die Reihenfolge von Limes- und Erwartungswertoperation vertauschen und da X_t R-Lösung ist, erhalten wir die Gleichung (5).

Bemerkung 1. Sind beispielsweise A_t und Z_t auf T R-stetig, gilt $||A_t|| \overset{T}{\leqq} L(t)$ und $||Z_t|| \overset{T}{\leqq} U\,N(t)$ mit stetigen reellen Funktionen $L(t)$ und $N(t)$ und mit $U \in L_1^2$, und ist $X_0 \in L_n^2$, dann sind die Voraussetzungen des Satzes 4.1 erfüllt.

Bemerkung 2. Es sei $A_t \equiv A$, wobei A eine zufällige Matrix ist. Sind X_0 und A stochastisch unabhängig, gilt $X_0 \in L_n^2$, und sind $e^{||A||\,t}$ und $||A||\,e^{||A||\,t}$ stochastische Prozesse 2. Ordnung auf T, dann ist nach Satz 4.1 $e^{(t-t_0)A}\,X_0$ R- und auch q.M.-Lösung von $\frac{dX_t}{dt} = A\,X_t$ auf T zur Anfangsbedingung (X_0, t_0).
$e^{||A||\,t}$ und $||A||\,e^{||A||\,t}$ sind beispielsweise Prozesse 2. Ordnung, falls gilt

$$\sum_{\nu=0}^{\infty} \frac{E\{||A||^\nu\}\,t^\nu}{\nu!} < \infty \quad \text{und} \quad \sum_{\nu=0}^{\infty} \frac{E\{||A||^{\nu+2}\}\,t^\nu}{\nu!} < \infty, \qquad t \in T.$$

4.3. Das asymptotische Verhalten der Realisierungen der R-Lösungen

Sind für ein gewisses asymptotisches Verhalten von Lösungen gewöhnlicher linearer Differentialgleichungen bestimmte Voraussetzungen hinreichend (s. z. B. L. CESARI [1]) und erfüllen die Realisierungen von A_t und Z_t diese Voraussetzungen mit einer bekannten Wahrscheinlichkeit, dann besitzen natürlich die Realisierungen der R-Lösung von (1) dieses asymptotische Verhalten mit gleicher Wahrscheinlichkeit. Da aber die Eigenschaften der Realisierungen von A_t und Z_t nicht immer genügend bekannt sind, ist es wichtig, Eigenschaften der Realisierungen der R-Lösung von (1) aus Eigenschaften der Momente der Koeffizienten bzw. der Momente der Lösung zu folgern.

Es sei

$$\frac{dX_t}{dt} = [A + F_t]\,X_t \tag{7}$$

mit konstanter reeller $n \times n$-Matrix A und R-stetigem $n \times n$-Matrixprozeß F_t.

Der folgende Satz ergibt sich aus der Ungleichung (4).

Satz 4.2. *Folgende Voraussetzungen seien erfüllt:*

1. *Die charakteristischen Zahlen der Matrix A haben negative Realteile, so daß gilt* $||e^{At}|| \leqq b\,e^{-at}$, $b > 0$, $a > 0$.

2. *Es gilt $F_t = F_{1t} + F_{2t}$ mit R-stetigen F_{1t} und F_{2t} und mit* $\overline{\lim_{t\to\infty}}\,||F_{1t}|| \overset{\wedge}{<} \frac{a-\varepsilon}{b}$ *und* $\int_{t_0}^{\infty} E\{||F_{2\tau}||\}\,d\tau < \infty$ *mit* $\varepsilon > 0$.

Dann gilt für alle R-Lösungen von (7) *und für beliebiges* $\varrho < \varepsilon$:

$$\lim_{t\to\infty} e^{\varrho t}||X_\tau|| \mathrel{\hat{=}} 0 .$$

Beweis. Es ist nach (4)

$$||X_t|| \overset{T}{<} ||X_0||\, b \exp\left[-a(t-t_0) + b\int_{t_0}^{t} (||F_{1\tau}|| + ||F_{2\tau}||)\, d\tau\right].$$

Nach Lemma 3.6 gilt wegen Voraussetzung 2 $\gamma_1 = \int_{t_0}^{\infty} ||F_{2\tau}||\, d\tau \mathrel{\hat{<}} \infty$, und es gibt für fast alle $\omega \in \Omega$ ein $t(\omega)$, so daß $||F_{1t}|| < \frac{a-\varepsilon}{b}$ für $t > t(\omega)$ gilt. Weiterhin ist $\gamma_2 = \int_{t_0}^{t(\omega)} ||F_{1\tau}||\, d\tau \mathrel{\hat{<}} \infty$. Dann haben wir für fast alle $\omega \in \Omega$ und $t \geqq t(\omega)$:

$$||X_t|| \leqq ||X_0||\, b\, e^{b(\gamma_1+\gamma_2)}\, e^{-\varepsilon(t-t(\omega))},$$

woraus die Behauptung folgt.

Wir formulieren nun ein Resultat, das F. Kozin [2] (dort analog für R-Lösungen e. S.) gezeigt hat.

Satz 4.3. *Folgende Voraussetzungen seien erfüllt:*

1. F_t *ist R-stetig, und es gilt*

$$||A + F_t|| \overset{T}{<} K, \qquad K \in S_1 .$$

2. *Für die R-Lösung* X_t *von* (7) *gilt*

$$\int_{t_0}^{\infty} E\{||X_t||\}\, dt < \infty .$$

Dann gilt

$$\lim_{t\to\infty} ||X_t|| \mathrel{\hat{=}} 0 .$$

Beweis. Aus Voraussetzung 2 folgt nach Lemma 3.6

$$\int_{t_0}^{\infty} ||X_t||\, dt \mathrel{\hat{<}} \infty . \tag{8}$$

Aus (7) folgt mit Voraussetzung 1 für fast alle $\omega \in \Omega$

$$||X_{t_2} - X_{t_1}|| = \left\| \int_{t_1}^{t_2} [A + F_\tau]\, X_\tau\, d\tau \right\| \leqq \int_{t_1}^{t_2} ||A + F_\tau||\, ||X_\tau||\, d\tau$$
$$\leqq K \int_{t_1}^{t_2} ||X_\tau||\, d\tau\,, \quad \text{für} \quad t_1, t_2 \in T \text{ mit } t_2 > t_1 . \tag{9}$$

Aus (8) folgt

$$\lim_{\substack{t_1,t_2\to\infty\\ t_2>t_1}} \int_{t_1}^{t_2} ||X_\tau||\, d\tau \mathrel{\hat{=}} 0 . \tag{10}$$

Wegen (9) und (10) existiert für fast alle $\omega \in \Omega$ der Grenzwert $X_\infty = \lim_{t\to\infty} X_t$, wobei dann wegen (8) $X_\infty \mathrel{\hat{=}} 0$ ist.

Bemerkung. Das Resultat $\lim_{t\to\infty} \|X_t\| \triangleq 0$ erhalten wir auch unter folgenden Bedingungen:

1. F_t ist R-stetig, und es gilt $E\{\|F_t\|^2\} < \varkappa < \infty$, $t \in T$.
2. $\int_{t_0}^{\infty} (E\{\|X_t\|^2\})^{1/2}\, dt < \infty$.

Aus Voraussetzung 2 folgt wegen $E\{\|X_t\|\} \leqq (E\{\|X_t\|^2\})^{1/2}$ wieder $\int_{t_0}^{\infty} \|X_t\|\, dt \mathrel{\widehat{<}} \infty$, und es gilt nach Lemma 3.6

$$\lim_{\substack{t_2,t_1\to\infty\\ t_2>t_1}} \|X_{t_2} - X_{t_1}\| \mathrel{\widehat{\leqq}} \lim_{\substack{t_2,t_1\to\infty\\ t_2>t_1}} \int_{t_1}^{t_2} \|A + F_\tau\|\, \|X_\tau\|\, d\tau \triangleq 0$$

wegen

$$\int_{t_0}^{\infty} E\{\|A + F_\tau\|\, \|X_\tau\|\}\, d\tau \leqq \int_{t_0}^{\infty} (E\{\|A + F_\tau\|^2\})^{1/2} (E\{\|X_\tau\|^2\})^{1/2}\, d\tau$$

$$\leqq \varkappa_1 \int_{t_0}^{\infty} (E\{\|X_\tau\|^2\})^{1/2}\, d\tau < \infty .$$

Das folgende Resultat erhielt F. Kozin in [1] (dort analog mit $\|x\| = \sum_{i=1}^{n} |x_i|$ und $\|A\| = \sum |a_{ik}|$).

Satz 4.4. *Folgende Voraussetzungen seien erfüllt:*

1. *Die charakteristischen Zahlen der Matrix A besitzen alle negative Realteile, so daß $\|e^{At}\| < b\, e^{-at}$ $(a > 0)$ gilt.*
2. *Die Matrix F_t ist R-stetig, stationär im engeren Sinn und ergodisch.*
3. *Es gilt $E\{\|F_t\|\} \leqq c < \frac{a-\varepsilon}{b}$ $(\varepsilon > 0)$.*

Dann gilt für jede R-Lösung X_t von (7)

$$\lim_{t\to\infty} e^{\varepsilon t} \|X_t\| \triangleq 0 .$$

Beweis. Aus (4) folgt wieder

$$\|X_t\| \overset{T}{\leqq} \|X_0\|\, b \exp\left[- a(t - t_0) + b \int_{t_0}^{t} \|F_\tau\|\, d\tau\right]$$

und wegen $\lim_{t\to\infty} \frac{1}{t} \int_{t_0}^{t} \|F_\tau\|\, d\tau \triangleq E\{\|F_{t_0}\|\}$ gilt die Behauptung.

Durch Benutzung einer anderen quadratischen Norm im R^n erhielten T. K. Caughey und A. H. Gray [1] Bedingungen, die bei Beispielen schärfere Schranken für $E\{\|F_t\|\}$ als die Schranke von Kozin ergaben. Darüber hinaus jedoch ließen physikalische Erfahrungen eine weitere Verbesserung der Stabilitätsschranken als wünschenswert und möglich erscheinen (s. z. B. C. B. Mehr und P. K. C. Wang [1] und auch F. Weidenhammer [4]). Eine derartige Verbesserung erreichte E. F. Infante in [1], dessen Resultate wir im weiteren in verallgemeinerter Form darstellen werden.

Wir betrachten die stochastische Differentialgleichung

$$\frac{dX_t}{dt} = A\,X_t + F_t\,X_t + C(t)\,X_t\,, \tag{11}$$

wobei A eine konstante reelle $n \times n$-Matrix, F_t ein stochastischer $n \times n$-Matrixprozeß und $C(t)$ eine reelle $n \times n$-Matrixfunktion ist.

Wir bezeichnen im folgenden die größte bzw. die kleinste charakteristische Zahl der Matrix B mit $\lambda_{\max}[B]$ bzw. $\lambda_{\min}[B]$.

Satz 4.5. *Folgende Voraussetzungen seien erfüllt:*

1. *Der Matrixprozeß F_t ist streng stationär, R-stetig und ergodisch.*
2. *Die Matrixfunktion $C(t)$ ist auf T stetig.*
3. *Es gibt eine symmetrische positiv definite Matrix B mit*

$$E\,\{\varrho_1(t_0)\} + \lim_{t\to\infty} \frac{1}{(t-t_0)} \int_{t_0}^{t} \varrho_2(\tau)\,d\tau \leqq -\,\varepsilon\,, \qquad \varepsilon > 0\,, \tag{12}$$

wobei

$$\varrho_1(t) = \lambda_{\max}\,[A' + F_t' + B\,(A + F_t)\,B^{-1}]$$

und

$$\varrho_2(t) = \lambda_{\max}\,[C'(t) + B\,C(t)\,B^{-1}]$$

ist. Dann gilt für jede R-Lösung von (11) *und beliebiges $\alpha < \varepsilon$:*

$$\lim_{t\to\infty} e^{\alpha t}\,||X_t|| \triangleq 0\,.$$

Beweis. Sind D und B zwei reelle symmetrische $n \times n$-Matrizen und ist B positiv definit, so gilt für das Minimum bzw. das Maximum des Quotienten der quadratischen Formen $x'\,D\,x$ und $x'\,B\,x$

$$\min_{x\in R^n} \frac{x'\,D\,x}{x'\,B\,x} = \lambda_{\min}\,[D\,B^{-1}] \tag{13}$$

bzw.

$$\max_{x\in R^n} \frac{x'\,D\,x}{x'\,B\,x} = \lambda_{\max}[D\,B^{-1}] \tag{14}$$

(vgl. z. B. F. R. Gantmacher [1]).

Wir betrachten die Funktion

$$v(x) = x'\,B\,x\,. \tag{15}$$

Mit

$$\dot v_t(x) = x'\,[(A' + F_t' + C'(t))\,B + B\,(A + F_t + C(t))]\,x \tag{16}$$

folgt aus (14) und (15)

$$\frac{1}{v(X_t)}\,\frac{dv(X_t)}{dt} \overset{T}{=} \frac{\dot v_t(X_t)}{v(X_t)} \overset{T}{\leqq} \max_{x\in R^n} \frac{\dot v_t(x)}{v(x)} = \varrho(t) \tag{17}$$

mit

$$\varrho(t) = \lambda_{\max}\,[A' + F_t' + C'(t) + B\,(A + F_t + C(t))\,B^{-1}]\,. \tag{18}$$

Sind D_1, D_2 und B reelle symmetrische Matrizen und ist B positiv definit, so gilt wegen (14)

$$\lambda_{\max}[(D_1 + D_2) B^{-1}] \leqq \lambda_{\max}[D_1 B^{-1}] + \lambda_{\max}[D_2 B^{-1}] . \tag{19}$$

Wegen (19) folgt aus (18)

$$\varrho(t) \leqq \varrho_1(t) + \varrho_2(t) . \tag{20}$$

Aus (17) und (20) erhalten wir

$$v(X_t) \overset{T}{\leqq} v(X_0) \exp\left[(t - t_0)\left\{\frac{1}{(t - t_0)}\int_{t_0}^{t} \varrho_1(\tau)\, d\tau + \frac{1}{(t - t_0)}\int_{t_0}^{t} \varrho_2(\tau)\, d\tau\right\}\right]. \tag{21}$$

Wegen Voraussetzung 1 gilt

$$\lim_{t\to\infty} \frac{1}{t - t_0}\int_{t_0}^{t} \varrho_1(\tau)\, d\tau \triangleq E\,\{\varrho_1(t_0)\} . \tag{22}$$

Aus (21), (22) und Voraussetzung 3 folgt also $\lim\limits_{t\to\infty} e^{\alpha t}\, v(X_t) \triangleq 0$ und damit wegen $v(X_t) \overset{T}{\geqq} \lambda_{\min}[B]\, ||X_t||^2$ auch die Behauptung des Satzes.

Bei der Untersuchung spezieller Systeme kann man danach streben, durch optimale Wahl von B möglichst scharfe Stabilitätsgrenzen zu erhalten.

Folgerung 1. Ist $C(t)$ von der Gestalt $C(t) = C_1(t) + C_2(t)$, wobei $C_1(t)$ eine stetige periodische Funktion mit Periode Θ ist, so ist

$$\varrho_2(t) \leqq \lambda_{\max}[C_1'(t) + B\, C_1(t)\, B^{-1}] + \lambda_{\max}[C_2'(t) + B\, C_2(t)\, B^{-1}] ,$$

und es gilt z. B.

$$\lim_{t\to\infty} \frac{1}{(t - t_0)}\int_{t_0}^{t} \varrho_2(\tau)\, d\tau \leqq \frac{1}{\Theta}\int_{0}^{\Theta} \lambda_{\max}[C_1'(\tau) + B\, C_1(\tau)\, B^{-1}]\, d\tau$$
$$+ \sup_{\tau\in[t_0,\infty)} \lambda_{\max}[C_2'(\tau) + B\, C_2(\tau)\, B^{-1}] . \tag{23}$$

Wegen $\lambda_{\max}[D] \leqq ||D||$ erhalten wir aus (23) auch

$$\lim_{t\to\infty} \frac{1}{(t - t_0)}\int_{t_0}^{t} \varrho_2(\tau)\, d\tau \leqq \frac{1}{\Theta}\int_{0}^{\Theta} ||C_1'(\tau) + B\, C_1(\tau)\, B^{-1}||\, d\tau$$
$$+ \sup_{\tau\in[t_0,\infty)} ||C_2'(\tau) + B\, C_2(\tau)\, B^{-1}|| . \tag{24}$$

Ist $C(t)$ z. B. von der Gestalt

$$C(t) = \sum_{i=1}^{N} c_i(t)\, C_i ,$$

wobei die Funktionen $c_i(t)$ stetige periodische Funktionen mit Periode Θ_i und die C_i konstante reelle Matrizen sind, dann gilt

$$\lambda_{\max}[C'(t) + B\,C(t)\,B^{-1}] \leqq \sum_{i=1}^{N} \max_{x\in R^n} c_i(t)\frac{x'\,(C_i'B + B\,C_i)\,x}{x'\,B\,x}$$

$$\leqq \sum_{i=1}^{N} (c_i^+(t)\,\lambda_{\max}[C_i' + B\,C_i\,B^{-1}] + c_i^-(t)\,\lambda_{\min}[C_i' + B\,C_i\,B^{-1}]) \quad (25)$$

mit

$$c_i^+(t) = \begin{cases} c_i(t) & \text{falls } c_i(t) \geqq 0\,, \\ 0 & \text{falls } c_i(t) \leqq 0\,, \end{cases} \qquad c_i^-(t) = \begin{cases} c_i(t) & \text{falls } c_i(t) \leqq 0\,, \\ 0 & \text{falls } c_i(t) \geqq 0\,. \end{cases}$$

Es sei $\int\limits_0^{\Theta_i} c_i(\tau)\,d\tau = 0$, dann gilt

$$\int\limits_0^{\Theta_i} c_i^+(\tau)\,d\tau = -\int\limits_0^{\Theta_i} c_i^-(\tau)\,d\tau = \frac{1}{2}\int\limits_0^{\Theta_i} |c_i(\tau)|\,d\tau\,.$$

Also erhalten wir aus (25)

$$\lim_{t\to\infty}\frac{1}{(t-t_0)}\int\limits_{t_0}^{t} \varrho_2(\tau)\,d\tau$$

$$\leqq \sum_{i=1}^{N}\frac{1}{2\,\Theta_i}\int\limits_0^{\Theta_i} |c_i(\tau)|\,d\tau\,(\lambda_{\max}[C_i' + B\,C_i\,C^{-1}] - \lambda_{\min}[C_i' + B\,C_i\,C^{-1}])\,. \quad (26)$$

Indem man in (12) anstelle des Grenzwertes $\lim\limits_{t\to\infty}\frac{1}{(t-t_0)}\int\limits_{t_0}^{t}\varrho_2(\tau)\,d\tau$ seine Schranken aus (23), (24) bzw. (26) einsetzt, erhält man Folgerungen aus dem Satz 4.5, deren Voraussetzungen eventuell wesentlich leichter nachprüfbar sind.

Weitere Folgerungen aus dem Satz 4.5 erhält man auch durch obere Schranken für ϱ_1.

Folgerung 2. Es gilt wegen (19) auch

$$\varrho_1(t) \leqq \lambda_{\max}[A' + B\,A\,B^{-1}] + \lambda_{\max}[F_t' + B\,F_t\,B^{-1}]\,. \quad (27)$$

Ist A eine stabile Matrix, d. h., sind die Realteile der charakteristischen Zahlen der Matrix A alle negativ, dann kann B beispielsweise als Lösung der Matrixgleichung $A'\,B + B\,A = -E$ gewählt werden (vgl. z. B. J. G. Malkin [1]). Wegen

$$\lambda_{\max}[A' + B\,A\,B^{-1}] = -\frac{1}{\lambda_{\max}[B]} \quad (28)$$

folgt aus (27) auch

$$\varrho_1(t) \leqq -\frac{1}{\lambda_{\max}[B]} + \lambda_{\max}[F_t' + B\,F_t\,B^{-1}] \quad (29)$$

oder

$$\varrho_1(t) \leqq -\frac{1}{\lambda_{\max}[B]} + ||F_t' + B\,F_t\,B^{-1}||\,. \tag{30}$$

Wegen der mit der Transformation $x = B^{-1/2}\,y$ erhaltenen Gleichung

$$\max_{x\in R^n} \frac{x'\,[F_t'\,B + B\,F_t]\,x}{x'\,B\,x} = \max_{y\in R^n} \frac{y'\,[B^{-1/2}\,F_t'\,B^{1/2} + B^{1/2}\,F_t\,B^{-1/2}]\,y}{y'\,y}$$

ist

$$\lambda_{\max}[F_t' + B\,F_t\,B^{-1}] = \lambda_{\max}[B^{-1/2}\,F'\,B^{1/2} + B^{1/2}\,F\,B^{-1/2}]\,. \tag{31}$$

Aus (29) und (31) folgt aber auch

$$\varrho_1(t) \leqq -\frac{1}{\lambda_{\max}[B]} + ||B^{-1/2}\,F_t'\,B^{1/2} + B^{1/2}\,F_t\,B^{-1/2}||\,. \tag{32}$$

Die Bedingung

$$E\,\{||B^{-1/2}\,F_t'\,B^{1/2} + B^{1/2}\,F_t\,B^{-1/2}||\} < \frac{1}{\lambda_{\max}[B]} - \varepsilon$$

ist im Falle $C(t) \equiv 0$ für (12) hinreichend.

Folgerung 3. Ist F_t von der Gestalt $F_t = \sum_{i=1}^{N} Z_{(i)t}\,F_i$, wobei die F_i konstante reelle Matrizen und die $Z_{(i)t}$ eindimensionale, R-stetige, im engeren Sinn stationäre und ergodische Prozesse sind, dann ist

$$\lambda_{\max}[F_t' + B\,F_t\,B^{-1}] \leqq \sum_{i=1}^{N} |Z_{(i)t}|\,|\lambda_{\max}[F_i' + B\,F_i\,B^{-1}]|\,. \tag{33}$$

Mit (29) und

$$\lambda_{\max}[F_i' + B\,F_i\,B^{-1}] = \lambda_{\max}[B^{-1/2}\,F_i'\,B^{1/2} + B^{1/2}\,F_i\,B^{-1/2}] = \mu_i$$

ergibt sich

$$E\,\{\varrho_1(t)\} \leqq -\frac{1}{\lambda_{\max}[B]} + \sum_{i=1}^{N} E\,\{|Z_{(i)t}|\}\,|\mu_i|\,. \tag{34}$$

Gilt außerdem $E\,\{Z_{(i)t}\} = 0$, dann kann man die Abschätzung für $E\,\{\varrho_1\}$ verschärfen: Es gilt wegen (13) und (14)

$$\begin{aligned}\lambda_{\max}[F_t' + B\,F_t\,B^{-1}] &= \max_{x\in R^n} \sum_{i=1}^{N} Z_{(i)t} \frac{x'\,(F_i'\,B + B\,F_i)\,x}{x'\,B\,x}\\ &\leqq \sum_{i=1}^{N} (Z_{(i)t}^{+}\,\lambda_{\max}[F_i' + B\,F_i\,B^{-1}] + Z_{(i)t}^{-}\,\lambda_{\min}[F_i' + B\,F_i\,B^{-1}])\end{aligned} \tag{35}$$

mit

$$Z_{(i)t}^{+} = \begin{cases} Z_{(i)t} & \text{falls } Z_{(i)t} \geqq 0\,,\\ 0 & \text{falls } Z_{(i)t} < 0\,,\end{cases} \qquad Z_{(i)t}^{-} = \begin{cases} Z_{(i)t} & \text{falls } Z_{(i)t} < 0\,,\\ 0 & \text{falls } Z_{(i)t} \geqq 0\,.\end{cases}$$

Wegen $E\,\{Z_{(i)t}^{+}\} = -E\,\{Z_{(i)t}^{-}\} = \frac{1}{2}\,E\,\{|Z_{(i)t}|\}$ erhalten wir aus (27) und (35) auch

$$\begin{aligned}E\,\{\varrho_1(t)\} \leqq \lambda_{\max}[A' + B\,A\,B^{-1}] &+ \sum_{i=1}^{N} \frac{1}{2}\,E\,\{|Z_{(i)t}|\}\\ &\times (\lambda_{\max}[F_i' + B\,F_i\,B^{-1}] - \lambda_{\min}[F_i' + B\,F_i\,B^{-1}])\,.\end{aligned} \tag{36}$$

Bei der Behandlung der nächsten beiden Beispiele benutzen wir die Methoden von E. F. INFANTE in [1].

Beispiel 1. Wir betrachten die Differentialgleichung

$$\ddot{Y}_t + 2\,b\,\dot{Y}_t + [1 + Z_t + a \sin \omega\, t]\, Y_t = 0 \tag{37}$$

($a \geqq 0$, $b > 0$), die für $a = 0$ beispielsweise von F. KOZIN in [1], von T. K. CAUGHEY und A. H. GRAY in [1] und von E. F. INFANTE in [1] untersucht wurde. Z_t sei ein im engeren Sinn stationärer ergodischer R-stetiger Prozeß. Gleichung (37) läßt sich in der Form (11) schreiben mit

$$X_t' = (Y_t, \dot{Y}_t)\,, \qquad A = \begin{bmatrix} 0 & 1 \\ -1 & -2\,b \end{bmatrix},$$

$$F_t = Z_t \begin{bmatrix} 0 & 0 \\ -1 & 0 \end{bmatrix} \quad \text{und} \quad C(t) = a \sin \omega\, t \begin{bmatrix} 0 & 0 \\ -1 & 0 \end{bmatrix}.$$

Die Matrix B schreiben wir in allgemeiner Form:

$$B = \begin{bmatrix} \alpha_1^2 + \alpha_2 & \alpha_1 \\ \alpha_1 & 1 \end{bmatrix}, \qquad \alpha_2 > 0\,,$$

und berechnen

$$\varrho_1(t) = -\,2\,b + \sqrt{4\,(b - \alpha_1)^2 + \frac{1}{\alpha_2}\,[\alpha_2 + \alpha_1^2 - 1 - Z_t + 2\,\alpha_1\,(b - \alpha_1)]^2} \tag{38}$$

und

$$\lambda_{\max}\,[C' + B\,C\,B^{-1}] = \frac{1}{\sqrt{\alpha_2}}\,a\,|\sin \omega\, t|\,,$$

$$\lambda_{\min}\,[C' + B\,C\,B^{-1}] = -\,\frac{1}{\sqrt{\alpha_2}}\,a\,|\sin \omega\, t|\,.$$

Aus (23) erhalten wir

$$\lim_{t\to\infty} \frac{1}{(t - t_0)} \int_{t_0}^{t} \varrho_2(\tau)\, d\tau \leqq \frac{a\,\omega}{2\,\pi\sqrt{\alpha_2}} \int_0^{2\pi/\omega} |\sin \omega\, t|\, dt = \frac{2\,a}{\pi\sqrt{\alpha_2}}\,. \tag{39}$$

$\varrho_1(t)$ wird minimal für

$$\left.\begin{aligned} \alpha_1 &= b\,, & \alpha_2 &= 1 - b^2\,, & &\text{falls} \quad b \leqq \frac{\sqrt{2}}{2}\,, \\ \alpha_1 &= b\,, & \alpha_2 &= b^2\,, & &\text{falls} \quad b \geqq \frac{\sqrt{2}}{2}\,. \end{aligned}\right\} \tag{40}$$

Setzen wir (40) in (38) und (39) ein, so erhalten wir aus (12) folgende Bedingung:

$$\left.\begin{aligned} E\,\{|Z_t|\} &\leqq (2\,b - \varepsilon)\sqrt{1 - b^2} - \frac{2\,a}{\pi}\,, & &\text{falls} \quad b \leqq \frac{\sqrt{2}}{2}\,, \\ E\,\{|Z_t + 1 - 2\,b^2|\} &\leqq (2\,b - \varepsilon)\,b - \frac{2\,a}{\pi}\,, & &\text{falls} \quad b \geqq \frac{\sqrt{2}}{2}\,. \end{aligned}\right\} \tag{41}$$

Mit $\alpha_1 = b$ und $\alpha_2 = b^2 + 1$ erhalten wir bei $E\{Z_t\} = 0$ mit (38) und (39) aus (12) mit Hilfe der SCHWARZschen Ungleichung auch die Bedingung

$$E\{Z_t^2\} \leqq \left[(2b - \varepsilon)\sqrt{1 + b^2} - \frac{2a}{\pi}\right]^2 - 4b^4 \tag{42}$$

bzw. im Falle $a = 0$

$$E\{Z_t^2\} \leqq 4b^2 - \varepsilon^* .$$

Beispiel 2. Wir betrachten jetzt die Differentialgleichung

$$\ddot{Y}_t + (2b + Z_t + c(t))\,\dot{Y}_t + Y_t = 0\,, \tag{43}$$

wobei Z_t wieder ein im engeren Sinn stationärer ergodischer R-stetiger Prozeß auf T mit $E\{Z_t\} = 0$ ist. $c(t)$ sei eine stetige periodische Funktion mit der Periode Θ und mit

$$\frac{1}{\Theta}\int_0^\Theta c(\tau)\,d\tau = 0 \quad \text{und} \quad \frac{1}{\Theta}\int_0^\Theta |c(\tau)|\,d\tau = \bar{c}\,.$$

Die Gleichung (43) schreiben wir in der Form (12) mit $X_t' = (Y_t, \dot{Y}_t)$,

$$A = \begin{bmatrix} 0 & 1 \\ -1 & -2b \end{bmatrix}, \qquad F_t = Z_t \begin{bmatrix} 0 & 0 \\ 0 & -1 \end{bmatrix} \quad \text{und} \quad C_t = c(t) \begin{bmatrix} 0 & 0 \\ 0 & -1 \end{bmatrix} = c(t)\,C\,.$$

Mit der gleichen Matrix B wie beim Beispiel 1 erhalten wir

$$\varrho_1(t) = -2b - Z_t + \sqrt{(Z_t + 2b - 2\alpha_1)^2 + \frac{1}{\alpha_2}[\alpha_2 + \alpha_1^2 - 1 + \alpha_1 Z_t + 2\alpha_1(b - \alpha_1)]^2} \tag{44}$$

und

$$\lambda_{\max}[C' + B\,C\,B^{-1}] - \lambda_{\min}[C' + B\,C\,B^{-1}] = \sqrt{1 + \frac{\alpha_1^2}{\alpha_2}}\,. \tag{45}$$

Aus (26) und (45) folgt

$$\lim_{t\to\infty} \frac{1}{(t - t_0)} \varrho_2(\tau)\,d\tau \leqq \frac{\bar{c}}{2}\sqrt{1 + \frac{\alpha_1^2}{\alpha_2}}\,. \tag{46}$$

$\varrho_1(t)$ wird minimal für

$$\alpha_1 = b\,, \qquad \alpha_2 = 1 - b^2\,, \quad \text{falls} \quad b^2 \leqq \frac{\sqrt{5} - 1}{2}\,,$$

$$\alpha_1 = \frac{1}{\sqrt{b^2 + 1}}\,, \qquad \alpha_2 = \frac{b^2}{b^2 + 1}\,, \quad \text{falls} \quad b^2 \geqq \frac{\sqrt{5} - 1}{2}\,.$$

Damit erhalten wir aus (12) mit (44) und (46) die Bedingung

$$E\{|Z_t|\} \leqq (2b - \varepsilon)\sqrt{1 - b^2} - \frac{\bar{c}}{2}\,, \qquad \text{falls} \quad b^2 \leqq \frac{\sqrt{5} - 1}{2}\,,$$

$$E\{|Z_t + 2b - 2[1 + b^2]^{-1/2}|\} \leqq (2b - \varepsilon)\,b\,[1 + b^2]^{-1/2} - \frac{\bar{c}}{2}\,, \quad \text{falls} \quad b^2 \geqq \frac{\sqrt{5} - 1}{2}\,.$$

Mit der SCHWARZschen Ungleichung und den Werten

$$\alpha_1 = \frac{b}{1 + b^2}, \qquad \alpha_2 = 1 - \frac{b^2}{(1 + b^2)^2}$$

erhalten wir aus (12) mit (43) und (45) auch die Bedingung

$$E\{Z_t^2\} \leqq [(2\,b - \varepsilon)(1 + b^2)^{-1}(1 + b^2 + b^4)^{1/2} - 2^{-1}\,\bar{c}]^2 - (1 + b^2)^{-2}\,4\,b^6$$

oder im Falle $\bar{c} = 0$ auch

$$E\{Z_t^2\} \leqq 4\,b^4\,(1 + b^4)\,(1 + b^2)^{-2} - \varepsilon^* .$$

4.4. Die Beschränktheit der Realisierungen der R-Lösungen

Wir betrachten nun die stochastische Differentialgleichung

$$\frac{dX_t}{dt} = A\,X_t + F_t\,X_t + C(t)\,X_t + Z_t\,, \tag{47}$$

wobei A, F_t und $C(t)$ wie bei Gleichung (11) definiert sind und Z_t ein n-dimensionaler R-stetiger stochastischer Prozeß ist. Wir suchen Bedingungen, unter denen die Realisierungen der R-Lösungen von (47) beschränkt sind.

Satz 4.6. *Sind die Voraussetzungen* 1 *und* 2 *des Satzes* 4.5 *erfüllt, und gibt es eine symmetrische positiv definite Matrix B, so daß* $\varrho(t) \overset{T}{\leqq} -\varepsilon < 0$ *gilt* (zur Definition von $\varrho(t)$ vgl. (18)), *und existiert eine auf Ω definierte endliche Funktion* $M(\omega)$ *mit* $||Z_t|| \overset{T}{\leqq} M$, *dann gibt es zu jeder R-Lösung X_t von* (47) *positive Zahlen* h, k *mit* $||X_t|| \overset{T}{\leqq} h||X_0|| + k\,M$.

Beweis. Zunächst bemerken wir, daß nach (17) für jede R-Lösung Y_t der homogenen Differentialgleichung

$$\dot{Y}_t = [A + F_t + C(t)]\,Y_t$$

eine Abschätzung

$$||Y_t|| \overset{T}{\leqq} (\lambda_{\min}[B])^{-1}\,\lambda_{\max}[B]\,||Y_\tau||\,e^{-\varepsilon(t-\tau)}\,, \qquad t \in T\,, \quad \tau \in [t_0, t]\,,$$

gilt. Demnach gelten für die Fundamentalmatrix Q_t der homogenen Differentialgleichung (mit $Q_{t_0} = I$) Abschätzungen der Form

$$||Q_t\,Q_\tau^{-1}|| \overset{T}{\leqq} h\,e^{-\varepsilon(t-\tau)}\,, \qquad ||Q_t|| \overset{T}{\leqq} h\,e^{-\varepsilon(t-t_0)}\,.$$

Jede R-Lösung X_t von (47) hat nun die Darstellung (2), woraus

$$||X_t|| \overset{T}{\leqq} ||X_0||\,h\,e^{-\varepsilon(t-t_0)} + C\,h\,\varepsilon^{-1}\,(1 - e^{-\varepsilon(t-t_0)}) \overset{T}{\leqq} h\,||X_0|| + M\,h\,\varepsilon^{-1}$$

folgt.

Bemerkung. Hinreichende Bedingungen für $\varrho(t) \overset{T}{\leqq} -\varepsilon$ erhält man mit den Abschätzungen aus 4.3. Beispielsweise ist unter der Voraussetzung, daß die

Realteile der charakteristischen Zahlen von A negativ sind, $C(t) \equiv 0$ ist und B die Lösung der Matrixgleichung $A' B + B A = -I$ ist, durch

$$\lambda_{\max}[F_t' + B F_t B^{-1}] \overset{T}{\leqq} (\lambda_{\max}[B])^{-1} - \varepsilon$$

eine derartige hinreichende Bedingung gegeben.

Dafür ist wiederum

$$||F_t' + B F_t B^{-1}|| \overset{T}{\leqq} (\lambda_{\max}[B])^{-1} - \varepsilon$$

oder

$$||B^{-1/2} F_t' B^{1/2} + B^{1/2} F_t B^{-1/2}|| \overset{T}{\leqq} (\lambda_{\max}[B])^{-1} - \varepsilon$$

hinreichend.

4.5. Das asymptotische Verhalten der Momente von R-Lösungen

Umgekehrt wie in Abschnitt 4.3 kann man auch aus Eigenschaften der Realisierungen der Koeffizienten auf das asymptotische Verhalten der Momente schließen, falls gewisse Integrierbarkeitseigenschaften erfüllt sind.

Wir betrachten zunächst die Differentialgleichung

$$\dot{X}_t = A X_t \tag{48}$$

mit einer von t unabhängigen zufälligen $n \times n$-Matrix. Bedingungen dafür, daß die Momente der R-Lösungen von (48) asymptotisch gegen Null konvergieren, wurden von H. Bunke in [5] angegeben und von T. Morozan in [1] verschärft (s. auch H. Bunke [7]).

Satz 4.7. *Die zufällige Matrix erfülle folgende Voraussetzungen:*

1. *Die Realteile der charakteristischen Zahlen* $\lambda_i[A]$ *sind fast sicher negativ:* $\max_i \operatorname{Re} \lambda_i[A] = -\lambda \overset{\frown}{<} 0.$

2. *Es sei* $[||A||\,\lambda^{-1}]^{n-1}\,||X_0|| \in L_1^r$ *für ein* $X_0 \in S_n$ *und für ein* $r > 0$.

Dann gilt $\lim_{t\to\infty} E\{||X_t||^r\} = 0$ *für die R-Lösung* X_t *von* (48) *zur Anfangsbedingung* (X_0, t_0).

Ist darüber hinaus $\lambda \overset{\frown}{\geqq} \varrho$ *mit einer positiven reellen Konstanten* ϱ, *dann gilt für beliebiges* $\alpha < \varrho$ *sogar*

$$\lim_{t\to\infty} e^{r\alpha t} E\{||X_t||^r\} = 0\,.$$

Beweis. Es ist

$$||e^{At}|| \leqq c_n(||A||\,\varepsilon^{-1})^{n-1} e^{-(\lambda-\varepsilon)t}\,, \qquad 0 < \varepsilon < \lambda\,, \tag{49}$$

bzw.

$$||e^{At}|| \leqq c_n'(||A||\,\lambda^{-1})^{n-1} e^{-\lambda t/2}$$

mit nur von n abhängigen Konstanten c_n und c_n'. Also gilt wegen Voraussetzung 2

$$E\left\{\sup_{t\in T} ||X_t||^r\right\} = E\left\{\sup_{t\in T} ||e^{At} X_0||^r\right\} < \infty\,. \tag{50}$$

Wegen Voraussetzung 1 gilt

$$\lim_{t\to\infty} ||X_t|| \triangleq 0 . \tag{51}$$

Aus (50) und (51) folgt nach dem LEBESGUEschen Konvergenzsatz die erste Behauptung. Die zweite Behauptung folgt unmittelbar aus der ersten, da $Y_t = e^{\alpha(t-t_0)} X_t$ R-Lösung von

$$\dot{Y}_t = \bar{A}\, Y_t \quad \text{mit} \quad \bar{A} = A + \alpha I \tag{52}$$

zur Anfangsbedingung (X_0, t_0) ist und für die Differentialgleichung (52) die Voraussetzungen 1 und 2 erfüllt sind:

$$\max_i \operatorname{Re} \lambda_i [\bar{A}] = \max_i \{\lambda_i [A] + \alpha\} = \alpha - \lambda \mathrel{\widehat{\leqq}} \alpha - \varrho < 0 ,$$

$$\begin{aligned} E\{([||\bar{A}|| (\min_i |\operatorname{Re} \lambda_i [\bar{A}]|)^{-1}]^{n-1} ||X_0||)^r\} & \\ \leqq E\{([(||A|| + \sqrt{n}\,\alpha)(\lambda - \alpha)^{-1}]^{n-1} ||X_0||)^r\} & \\ \leqq (1 - \varrho^{-1}\alpha)^{(1-n)r} E\{([\lambda^{-1} ||A|| + \sqrt{n}]^{n-1} ||X_0||)^r\} & \\ \leqq (1 - \varrho^{-1}\alpha)^{(1-n)r} \varkappa [E\{([\lambda^{-1} ||A||]^{n-1} ||X_0||)^r\} + E\{||X_0||^r\}] & \\ \leqq (1 - \varrho^{-1}\alpha)^{(1-n)r}\, 2\varkappa\, E\{([\lambda^{-1} ||A||]^{n-1} ||X_0||)^r\} < \infty . & \end{aligned}$$

Wir betrachten nun die Differentialgleichung

$$\dot{X}_t = A\, X_t + Z_t , \tag{53}$$

wobei A wieder eine zufällige $n \times n$-Matrix und Z_t ein R-stetiger n-dimensionaler stochastischer Prozeß ist.

Satz 4.8. *Folgende Voraussetzungen seien erfüllt:*

1. *A genügt den Voraussetzungen* 1 *und* 2 *des Satzes* 4.7.
2. *Es gilt* $||Z_t|| \overset{T}{\leqq} \beta e^{-bt}$ *mit* $\beta \in S_1$, $b \in S_1$ *und* $b \mathrel{\widehat{\geqq}} 0$.
3. $[||A||\, \lambda^{-1}]^{n-1} \beta\, b^{-1} e^{-bt_0} \in L_1^r$.

Dann gilt $\lim_{t\to\infty} E\{||X_t||^r\} = 0$, *falls X_t die R-Lösung von* (53) *zur Anfangsbedingung* (X_0, t_0) *ist. Gilt darüber hinaus* $\lambda = -\max_i \operatorname{Re} \lambda [A] \mathrel{\widehat{\geqq}} \varrho$ *und* $b \mathrel{\widehat{\geqq}} \varrho$ *mit einer positiven Konstanten ϱ, dann gilt für beliebiges* $\alpha < \varrho$

$$\lim_{t\to\infty} e^{\alpha t} E\{||X_t||^r\} = 0 .$$

Beweis. Es gilt die Darstellung (2), und es ist

$$Q_t = e^{(t-t_0)A} \qquad \text{und} \qquad Q_t\, Q_\tau^{-1} = e^{(t-\tau)A} .$$

Also haben wir

$$||X_t|| \overset{T}{\leqq} \varkappa\, [||A||\, \lambda^{-1}]^{n-1} \left(||X_0|| + \frac{\beta}{b} e^{-bt_0}\right)$$

und damit

$$E\left\{\sup_{t\in T} ||X_t||^r\right\} < \infty . \tag{54}$$

Wegen Voraussetzung 1 und 2 gilt auch

$$\lim_{t\to\infty} ||X_t|| \triangleq 0 \,. \tag{55}$$

Aus (54) und (55) folgt nach dem LEBESGUEschen Konvergenzsatz die erste Behauptung. Die zweite Behauptung kann man wie die zweite Behauptung beim Satz 4.7 zeigen.

Wir betrachten nun die Differentialgleichung

$$\dot{X}_t = A\, X_t + F_t\, X_t + C(t)\, X_t \tag{56}$$

mit zufälliger Matrix A, mit R-stetiger stochastischer Matrixfunktion F_t und mit stetiger reeller Matrixfunktion $C(t)$.

Satz 4.9. *Folgende Voraussetzungen seien erfüllt:*

1. *Es sei* $\max \operatorname{Re} \lambda_i [A] \mathrel{\widehat{<}} -\varrho$ *und* $||A|| \mathrel{\widehat{<}} a$, *mit positiven Konstanten* ϱ *und* a.
2. *Es gelte* $\lim\limits_{t\to\infty} ||C(t)|| = 0$.
3. *Es sei* $||F_t|| \overset{T}{\leqq} c$, *wobei* c *eine hinreichend kleine positive Konstante ist.*

Dann gilt für jede R-Lösung X_t *von* (56) *mit* $X_{t_0} \in L_n^r$ *und beliebiges* $r > 0$

$$\lim_{t\to\infty} E\{||X_t||^r\} = 0 \,.$$

Beweis. Aus (4) folgt mit (49)

$$||X_t|| \overset{T}{\leqq} ||X_{t_0}||\, \varkappa \exp\left[-\frac{\varrho}{2}(t-t_0) + \varkappa \int\limits_{t_0}^{t} ||F_\tau + C(\tau)||\, d\tau\right] \tag{57}$$

mit $\varkappa = c_n' \dfrac{a^{n-1}}{\varrho^{n-1}}$.

Es sei $c < \dfrac{\varrho}{2\varkappa}$. Wegen Voraussetzung 2 und 3 gibt es ein $\varepsilon > 0$ und ein $t^* > t_0$ mit

$$||F_t + C(t)|| \overset{[t^*,\infty)}{<} \frac{\varrho}{2\varkappa} - \varepsilon \,,$$

so daß

$$E\left\{\sup_{t\geqq t_0} ||X_t||^r\right\} < \infty \tag{58}$$

und

$$\lim_{t\to\infty} ||X_t|| \triangleq 0 \tag{59}$$

gilt.

Aus (58) und (59) folgt wieder nach dem LEBESGUEschen Konvergenzsatz die Behauptung.

Bemerkung. Schärfere Schranken für $||F_t||$ kann man eventuell mit den Methoden beim Satz 4.5 erhalten.

4.6 Periodische und stationäre Lösungen

Als Folgerung aus dem Satz 5.15 in Abschnitt 5.12 erhalten wir auch für die lineare Differentialgleichung mit stochastischen streng periodischen Koeffizienten und streng periodischer Inhomogenität die Existenz einer streng periodischen Lösung (in diesem Abschnitt sei $T = R^1$):

Satz 4.10. *Es seien folgende Voraussetzungen erfüllt:*

1. *A_t sei auf T ein R-stetiger Matrixprozeß, wobei eine reelle stetige periodische Matrixfunktion $A_0(t)$ existiert, deren charakteristische Exponenten negative Realteile haben:* $\max_k \operatorname{Re} \lambda_k < -\varrho < 0$, *so daß* $||A_t - A_0(t)|| \overset{T}{\leqq} c$ *mit hinreichend kleinem c gilt.*
2. *Z_t ist auf T ein R-stetiger Vektorprozeß mit* $\int_0^\Theta E\{||Z_\tau||\}\, d\tau = K < \infty$.
3. *(A_t, Z_t) sei streng Θ-periodisch.*

Dann existiert eine R-Lösung X_t^0 von (1), für die (X_t^0, A_t, Z_t) streng Θ-periodisch ist, und jede R-Lösung von (1) konvergiert fast sicher exponentiell gegen diese streng periodische Lösung.

Bemerkung. Ist $A_0(t) = A_0$ eine konstante Matrix und (A_t, Z_t) streng stationär, dann ist X_t^0 eine streng stationäre Lösung von (1).

Wir betrachten nun die Differentialgleichung

$$\frac{dX_t}{dt} = A_t X_t + Z_t\,, \tag{60}$$

wobei A_t ein streng Θ-periodischer Matrixprozeß und Z_t ein von A_t unabhängiger streng Θ-periodischer Vektorprozeß 2. Ordnung mit

$$\sup_{t \in [t_0, t_0 + \Theta]} E\{||Z_t||^2\} < \varkappa$$

ist. Wir nennen die R-Lösung von (60) asymptotisch Θ-periodisch, falls

$$\lim_{t \to \infty} [m^X(t + \Theta) - m^X(t)] = 0 \tag{61}$$

und

$$\lim_{t, s \to \infty} [K^X(t + \Theta, s + \Theta) - K^X(t, s)] = 0 \tag{62}$$

gilt. Zum Vergleich betrachten wir die Differentialgleichung

$$\frac{dY_t}{dt} = A_t\, Y_t\,. \tag{63}$$

Satz 4.11. *Gilt für jede R-Lösung von (63) zu jeder Anfangsbedingung* $(Y_0, \tau) \in L_n^2 \times T$

$$E\{||Y_t||^2\} \leqq \alpha\, E\{||Y_0||^2\}\, e^{-\varrho(t-\tau)} \tag{64}$$

mit positiven Konstanten α und ϱ, dann ist jede R-Lösung von (60) *zu einer Anfangsbedingung* $(X_0, t_0) \in L_n^2 \times T$, *wobei X_0 vom Prozeß (A_t, Z_t) unabhängig ist, asymptotisch Θ-periodisch.*

Beweis. Zum Beweis zeigen wir zunächst folgende Eigenschaft: Es existiert eine positive Konstante c mit

$$E\{||X_t||^2\} \leqq c\,, \qquad t \in T\,. \tag{65}$$

Es gilt

$$X_t \overset{T}{=} Y_t^0 + \int_{t_0}^{t} Q_{t,\tau}\, Z_\tau\, d\tau\,, \tag{66}$$

wobei Y_t^0 R-Lösung von (63) zur Anfangsbedingung (X_0, t_0) ist und $Q_{t,\tau}$ wie in (2) durch $Q_{t,\tau} = Q_t\, Q_\tau^{-1}$ definiert ist. Wegen (64) gibt es Konstanten β und ϱ, so daß

$$E\{||Q_{t,\tau}||^2\} \leqq \beta\, e^{-\varrho(t-\tau)} \tag{67}$$

gilt.

Mit (64) und (67) ergibt sich aus (66)

$$\begin{aligned} E\{||X_t||^2\} &\leqq 2\,\alpha\, E\{||X_0||^2\}\, e^{-\varrho(t-t_0)} + 2\, E\left\{\left\|\int_{t_0}^{t} Q_{t,\tau}\, Z_\tau\, d\tau\right\|^2\right\} \\ &\leqq 2\,\alpha\, E\{||X_0||^2\} + 2\,\varkappa \int_{t_0}^{t}\int_{t_0}^{t} E\{||Q_{t,\tau}||\;||Q_{t,s}||\}\, d\tau\, ds \\ &\leqq 2\,\alpha\, E\{||X_0||^2\} + 2\,\varkappa\,\beta \int_{t_0}^{t}\int_{t_0}^{t} e^{-\frac{1}{2}\varrho(2t-\tau-s)}\, d\tau\, ds \\ &\leqq 2\,\alpha\, E\{||X_0||^2\} + 8\,\varkappa\,\beta\,\varrho^{-2}\,. \end{aligned}$$

Damit ist (65) gezeigt.

Wir bemerken nun, daß auf Grund der Voraussetzungen der Prozeß (X_0, A_t, Z_t) die gleiche zugeordnete Verteilung wie der Prozeß $(X_0, A_{t+\Theta}, Z_{t+\Theta})$ hat. Demnach hat der Prozeß X_t dieselbe zugeordnete Verteilung wie die R-Lösung U_t der stochastischen Differentialgleichung

$$\frac{dU_t}{dt} = A_{t+\Theta}\, U_t + Z_{t+\Theta} \tag{68}$$

zum Anfangswert $U_{t_0} = X_0$.

Mit der Bezeichnung $W_t = U_{t-\Theta} - X_t$ erhalten wir

$$\frac{dW_t}{dt} = A_t\, W_t\,, \qquad W_{t_0+\Theta} = X_0 - X_{t_0+\Theta}\,.$$

Wegen (64) und (65) gilt

$$\begin{aligned} ||E\{X_{t+\Theta}\} - E\{X_t\}|| = ||E\{W_{t+\Theta}\}|| &\leqq (E\{||W_{t+\Theta}||^2\})^{1/2} \\ &\leqq (\alpha\, E\{||X_{t_0+\Theta} - X_0||^2\}\, e^{-\varrho(t-t_0-\Theta)})^{1/2}\,, \end{aligned} \tag{69}$$

woraus (61) folgt.

Ebenso gilt

$$\begin{aligned} &\lim_{t,s\to\infty} ||K^X(t+\Theta, s+\Theta) - K^X(t,s)|| \\ &= \lim_{t,s\to\infty} ||E\{X_{t+\Theta} X'_{s+\Theta}\} - E\{X_t X'_s\} + m^X(t)\,[m^X(s)]' - m^X(t+\Theta)\,[m^X(s+\Theta)]'|| \\ &\leqq \lim_{t,s\to\infty} [E\{||X_{t+\Theta}||\;||X_{s+\Theta} - U_s||\} + E\{||X_{t+\Theta} - U_t||\;||U'_s||\} \\ &\quad + ||m^X(t)||\;||m^X(s) - m^X(s+\Theta)|| + ||m^X(s+\Theta)||\;||m^X(t) - m^X(t+\Theta)||]\,. \end{aligned} \tag{70}$$

Wegen $||m^X(t)|| \leqq c^{1/2}$, $t \in T$, und wegen (61) streben die beiden letzten Summanden in (70) mit wachsendem t gegen Null. Nach Anwendung der SCHWARZschen Ungleichung erhalten wir aus (70) unter Berücksichtigung von (65) und (69)

$$\lim_{t, s \to \infty} ||K^X(t + \Theta, s + \Theta) - K^X(t, s)||$$
$$\leqq c^{1/2} \lim_{s \to \infty} (E\{||W_{s+\Theta}||^2\})^{1/2} + c^{1/2} \lim_{t \to \infty} (E\{||W_{t+\Theta}||^2\})^{1/2} = 0\,,$$

womit die Behauptung bewiesen ist.

4.7. „Weißes Rauschen“ als Koeffizienten

Wie in 3. bedeutet auch hier „weißes Rauschen“, daß man sich durch gewisse Idealisierungen im physikalischen Sinn mathematisch Näherungen verschafft, die eine wesentliche Rechenerleichterung mit sich bringen.

Wir betrachten eine lineare Differentialgleichung mit R-stetigen stochastischen Prozessen als Koeffizienten. Aus physikalischen Betrachtungen sei bekannt, daß diese Prozesse eine sehr kleine Abhängigkeitszeit Δ besitzen. Für gewisse statistische Charakteristiken der R-Lösung gewinnt man Darstellungen, die sich beim Grenzübergang $\Delta \to 0$ wesentlich vereinfachen. Der Grenzwert ist wiederum im allgemeinen nicht selbst eine entsprechende statistische Charakteristik einer R-Lösung, da der Grenzwert der Koeffizientenprozesse zu irregulär ist und keine R-Lösung existiert. Er kann aber eventuell als Näherung für die statistische Charakteristik der R-Lösung des Ausgangssystems Verwendung finden. Die Güte der Näherung muß im Spezialfall diskutiert werden (s. auch 3.11).

Untersuchungen dieser Art findet man beispielsweise bei A. ROSENBLOOM [1] bis [3], J. C. SAMUELS [1] bis [4], J. C. SAMUELS und A. C. ERINGEN [1], G. J. LJUBARSKIĬ und JU. L. RABOTNIKOV [1]. Die Voraussetzungen betreffen dabei teilweise Eigenschaften der Lösungen selbst und sind schwer nachprüfbar. Die Untersuchungen in dieser Richtung sind kompliziert und haben nicht zu völlig befriedigenden Ergebnissen geführt. Erfolgreicher ist die Näherung der Lösung durch die Lösung einer ITO-Differentialgleichung (vgl. Kapitel 7).

Wir wollen hier als Beispiel nur ein Ergebnis von JU. L. RABOTNIKOV [2] referieren.

$X_t^{(n)}$ bezeichne im weiteren die R-Ableitung n-ter Ordnung von X_t. Wir betrachten die Differentialgleichung

$$X_t^{(n)} + a_{n-1} X_t^{(n-1)} + \cdots + a_0 X_t = f(t) + Z_t X_t^{(j)} \tag{71}$$

in $T = [0, \infty)$, wobei j eine beliebige feste Zahl aus $\{0, 1, \ldots, n-2\}$ ist. Die a_k, $k = 0, \ldots, n-1$, sind reelle Konstanten, $f(t)$ ist eine reelle stetige Funktion mit

$$|f(t)| < \frac{N}{(1 + \varkappa t)^\varrho} \qquad (N \geqq 0,\ \varrho > 0,\ \varkappa \geqq 0)\,.$$

Z_t sei ein R-stetiger stochastischer Prozeß 2. Ordnung mit Abhängigkeitszeit Δ.

Es gelte $E\{Z_t\} = 0$, $\int_{-\Delta}^{\Delta} E\{Z_t Z_{t+\tau}\}\, d\tau = S > 0$, $|Z_t| \overset{\frown}{<} \frac{\gamma}{\sqrt{\Delta}}$, $t \in T$. Durch LAPLACE-Transformation erhält man folgende Darstellung für die R-Lösung X_t von (71) zu einer nichtzufälligen Anfangsbedingung

$$X_t = x(t) + \int_0^t W(t-\tau)\, Z_\tau\, X_\tau^{(j)}\, d\tau \tag{72}$$

mit $W(t-\tau) = \frac{1}{2\pi i} \int_{\beta - i\infty}^{\beta + i\infty} \frac{e^{p(t-\tau)}}{L_n(p)}\, dp$.

Dabei ist $x(t)$ Lösung der gewöhnlichen Differentialgleichung $x^{(n)}(t) + a_{n-1}\, x^{(n-1)}(t) + \cdots + a_0\, x(t) = f(t)$, $L_n(p)$ ist das charakteristische Polynom dieser Gleichung, und β ist eine reelle Zahl, die größer als der größte Realteil ϱ der Wurzeln des charakteristischen Polynoms ist. Aus (72) erhält man durch Differentiation und unter Beachtung der Eigenschaften von $W(t-\tau)$

$$X_t^{(j)} = x^{(j)}(t) + \int_0^t W^{(j)}(t-\tau)\, Z_\tau\, X_\tau^{(j)}\, d\tau .$$

Die Lösung dieser Gleichung kann man bekanntlich folgendermaßen darstellen:

$$\left.\begin{aligned} X_t^{(j)} &= \sum_{k=0}^{\infty} U_{(k)t}, \qquad U_{(0)t} = x^{(j)}(t), \\ U_{(k)t} &= \int_{\Gamma_k} W_k(\Theta)\, H_k(\Theta)\, x^{(j)}(\Theta_k)\, d\Theta, \qquad k = 1, 2, \ldots, \end{aligned}\right\} \tag{73}$$

mit

$$\Theta^{(k)} = (\Theta_1, \ldots, \Theta_k), \quad \Gamma_k = \{\Theta^{(k)} \in R^k\colon t \geqq \Theta_1 \geqq \Theta_2 \cdots \geqq \Theta_k \geqq 0\},$$

$$H_k(\Theta^{(k)}) = Z_{\Theta_1} \cdots Z_{\Theta_k},$$

$$W_k(\Theta^{(k)}) = W^{(j)}(t-\Theta_1)\, W^{(j)}(\Theta_1 - \Theta_2) \cdots W^{(j)}(\Theta_{k-1} - \Theta_k).$$

Aus (71) und (73) erhält man

$$X_t = \sum_{k=0}^{\infty} V_{(k)t}$$

mit

$$V_{(0)t} = x(t), \quad V_{(k)t} = \int_{\Gamma_k} G_k(\Theta^{(k)})\, H_k(\Theta^{(k)})\, X_{\Theta_k}^{(j)}\, d\Theta^{(k)}, \quad k = 1, 2, \ldots,$$

mit $G_1(\Theta^{(k)}) = W(t - \Theta_1)$ und

$$G_k(\Theta^{(k)}) = W(t-\Theta_1)\, W^{(j)}(\Theta_1 - \Theta_2) \cdots W^{(j)}(\Theta_{k-1} - \Theta_k), \qquad k = 2, 3, \ldots .$$

Daraus erhält man

$$E\{X_t^2\} = x^2(t) + \sum_{\substack{k,l=0\\ k+l\geqq 2}}^{\infty} E\{V_{(k)t}\, V_{(l)t}\}. \tag{74}$$

Strebt nun Δ gegen Null, so kann man durch geeignete Abschätzungen zeigen, daß der Grenzwert und die Summation in (74) vertauschbar sind und die Glieder $E\{V_{(k)t} V_{(l)t}\}$ für $k \neq l$ gegen Null streben.

Man erhält

$$\xi(t) = \lim_{\Delta \to 0} E\{X_t^2\} = x^2(t) + \sum_{k=1}^{\infty} S^k \int_{\Gamma_k} [G_k(\Theta) X_{\Theta_k}^{(j)}]^2 \, d\Theta . \tag{75}$$

Mit LAPLACE-Transformation $\mathfrak{L}\{y\} = \int_{-\infty}^{\infty} e^{pt} y(t) \, dt$ erhält man aus (75)

$$\xi(t) = \frac{1}{2\pi i} \int_{p_0 - i\infty}^{p_0 + i\infty} (1 - S\,\mathfrak{L}\{[W^{(j)}]^2\})^{-1}$$

$$\times (\mathfrak{L}\{x^2\} + S[\mathfrak{L}\{W^2\}\,\mathfrak{L}\{[X^{(j)}]^2\} - \mathfrak{L}\{[W^{(j)}]^2\}\,\mathfrak{L}\{x^2\}]) \cdot e^{pt} \, dp , \tag{76}$$

wobei p_0 größer als der größte Realteil der Pole des Integranden ist.

Durch Diskussion von (76) kann man zeigen, daß in Fall $\varrho > 0$ $\lim_{t \to \infty} \xi(t) = \infty$ gilt, während diese Eigenschaft im Fall $\varrho < 0$ bei

$$S > \left[\frac{(-i)^j}{2\pi i} \int_{-i\infty}^{i\infty} \frac{z^{2j}}{L_n(z) \cdot L_n(-z)} \, dz \right]^{-1} = S^*$$

gilt. Unter den Voraussetzungen $\varrho < 0$ und $S < S^*$ gilt $\sup_{t \in T} \xi(t) < \infty$ sowie bei $\varkappa > 0$ auch $\lim_{t \to \infty} \xi(t) = 0$.

Eine entsprechende Verallgemeinerung der Ergebnisse auf eine Gleichung der Gestalt

$$X_t^{(n)} + a_{n-1} X_t^{(n-1)} + \cdots + a_0 X_t = f_t + \sum_{k=0}^{n-2} Z_{(k)t} X_t^{(k)}$$

wurde von J. BELLACH in [1] durchgeführt. Die beschriebene Problematik wird für den Fall, daß die Koeffizienten $a_{n-1}, \ldots, a_0$ stückweise stetige Funktionen sind, von JU. L. RABOTNIKOV in [3] behandelt.

Die in der technischen Literatur häufig angeschnittene Frage (vgl. z. B. J. C. SAMUELS [2] und M. A. LEIBOWITZ [1]), ob deterministische lineare instabile Systeme durch Überlagerung ihrer Parameter mit „weißem Rauschen" stabilisiert werden können, wird also negativ beantwortet. Ein entsprechendes Resultat erhielt auch R. Z. HAS'MINSKIĬ in [14]. (Beim physikalischen System ist allerdings die Abhängigkeitszeit von Z_t möglicherweise sehr klein aber immer positiv. Deshalb ist es für Anwendungen wichtig zu klären, ob $\xi(t)$ in ganz T eine gute Näherung für $E\{X_t^2\}$ darstellt. Da in (75) nicht die gleichmäßige Konvergenz bezüglich $t \in T$ gezeigt wurde, ist nicht ausgeschlossen, daß $E\{X_t^2\}$ beschränkt bzw. unbeschränkt ist, während $\xi(t)$ unbeschränkt bzw. beschränkt ist.)

5. STABILITÄT VON R-LÖSUNGEN

5.1. Weitere wahrscheinlichkeitstheoretische Grundlagen

Es sei $X \in L_n^1$ und $\mathfrak{A}_0$ eine σ-Algebra mit $\mathfrak{A}_0 \subset \mathfrak{A}$. Eine $\mathfrak{A}_0$-meßbare Vektorfunktion heißt *bedingter Erwartungswert* von X unter der Bedingung $\mathfrak{A}_0$, und wir bezeichnen sie mit $E\{X|\mathfrak{A}_0\}$, falls

$$\int_A X\, d\, P = \int_A E\{X|\mathfrak{A}_0\}\, dP\,, \qquad A \in \mathfrak{A}_0$$

gilt. Nach dem Satz von RADON-NIKODYM existiert eine derartige Funktion und ist fast sicher eindeutig bestimmt, d. h., für zwei derartige Funktionen E und E' gilt $E \triangleq E'$. Ist $C \in \mathfrak{A}$ und $I_C(\omega) = \begin{cases} 1 & \omega \in C \\ 0 & \omega \notin C \end{cases}$, dann heißt $E\{I_C|\mathfrak{A}_0\}$ *bedingte Wahrscheinlichkeit* von C unter der Bedingung $\mathfrak{A}_0$ und wird mit $P\{C|\mathfrak{A}_0\}$ bezeichnet. Es sei $\{Y_t, t \in T\}$ eine Familie von zufälligen Vektoren, $\sigma(Y_t, t \in T)$ bezeichne die kleinste σ-Algebra, die in $\mathfrak{A}$ enthalten ist und bezüglich der alle Y_t, $t \in T$, meßbar sind. Dann verwendet man folgende Bezeichnungen:

$$E\{X|Y_t, t \in T\} = E\{X|\sigma(Y_t, t \in T)\}$$

und entsprechend

$$P\{C|Y_t, t \in T\} = E\{C|\sigma(Y_t, t \in T)\}\,.$$

Die Funktion $E\{X|Y_1, \ldots, Y_m\}$ ist für festes $y = (y_1, \ldots, y_m)$ auf der Menge $\Omega_y = \{\omega \in \Omega\colon Y_1(\omega) = y_1, \ldots, Y_m(\omega) = y_m\}$ konstant, wobei man ihren Wert mit $E\{X|Y_1 = y_1, \ldots, Y_m = y_m\}$ bezeichnet. Die bedingte Wahrscheinlichkeit $P\{C|Y_1 = y_1, \ldots, Y_m = y_m\}$ ist analog definiert.

Wir stellen nun einige Eigenschaften des bedingten Erwartungswertes zusammen. Es sei immer $X \in L_n^1$ und $\mathfrak{A}_0$ eine σ-Algebra mit $\mathfrak{A}_0 \subset \mathfrak{A}$.

1. Ist Y eine $\mathfrak{A}_0$-meßbare reelle Funktion mit $X \cdot Y \in L_n^1$, dann gilt $E\{X \cdot Y|\mathfrak{A}_0\} \triangleq Y\, E\{X|\mathfrak{A}_0\}$.
2. Ist $Y \in S_m$ und Φ eine $\mathfrak{B}^m$-meßbare reelle Funktion mit $\Phi(Y)\, X \in L_n^1$, dann gilt
$$E\{\Phi(Y) \cdot X|Y\} \triangleq \Phi(Y)\, E\{X|Y\}\,.$$
3. $E\{1|\mathfrak{A}_0\} \triangleq 1$.
4. Ist $X \mathrel{\widehat{\geqq}} 0$, dann gilt $E\{X|\mathfrak{A}_0\} \mathrel{\widehat{\geqq}} 0$.
5. Sind c_i reelle Zahlen und $X_i \in L_n^1$, $i = 1, \ldots, m$, dann gilt
$$E\left\{\sum_{i=1}^m c_i\, X_i|\mathfrak{A}_0\right\} \triangleq \sum_{i=1}^m c_i\, E\{X_i|\mathfrak{A}_0\}\,.$$

6. Gilt $X_i \in L_n^1$, $i = 1, 2, \ldots$, $Y \in L_1^1$, $\lim_{n\to\infty} X_n \stackrel{\wedge}{=} X$ und $||X_n|| \stackrel{\wedge}{\leqq} Y$, $n = 1,2,\ldots$, dann gilt
$$\lim_{n\to\infty} E\{X_n|\mathfrak{A}_0\} \stackrel{\wedge}{=} E\{X|\mathfrak{A}_0\}\ .$$
7. $E\{E\{X|\mathfrak{A}_0\}\} = E\{X\}$.
8. Bei $\mathfrak{A}_0 \subset \mathfrak{A}_1 \subset \mathfrak{A}$ gilt
$$E\{E\{X|\mathfrak{A}_1\}|\mathfrak{A}_0\} = E\{X|\mathfrak{A}_0\} = E\{E\{X|\mathfrak{A}_0\}|\mathfrak{A}_1\}\ ,$$
woraus insbesondere folgt
$$E\{E\{X|Y, Z\}|Y\} = E\{X|Y\} = E\{E\{X|Y\}|Y, Z\}\ .$$
9. Sind X und $Y \in S_m$ stochastisch unabhängig, dann gilt
$$E\{X|Y\} = E\{X\}\ .$$
10. Ist $Y \in S_m$, dann kann man die oben definierte Funktion $P\{C|Y = y\}$ auf $\mathfrak{A} \times R^m$ derart wählen, daß sie für jedes feste $y \in R^m$ ein Wahrscheinlichkeitsmaß auf $\mathfrak{A}$ darstellt und für jedes feste $C \in \mathfrak{A}$ eine $\mathfrak{B}^m$-meßbare Funktion ist. Man nennt $P\{C|Y = y\}$ bedingte Wahrscheinlichkeitsverteilung. Man kann den bedingten Erwartungswert des zufälligen Vektors $X \in L_n^1$ als Integral bezüglich der bedingten Wahrscheinlichkeitsverteilung darstellen:
$$E\{X|Y\} \stackrel{\wedge}{=} \int_\Omega X(\omega)\, dP\{\omega|Y\}\ .$$
Im Kapitel 6 verwenden wir für Integrale der Gestalt $\int_\Omega X(\omega)\, dP\{\omega|Y = y\}$, falls sie definiert sind, auch ohne die Voraussetzung $X \in L_n^1$ die Bezeichnung $E\{X|Y = y\}$.

Es sei Y_t, $t \in T_0$, mit $T_0 = [t_0, \infty)$ ein separabler eindimensionaler stochastischer Prozeß mit $Y_t \stackrel{\wedge}{\geqq} 0$, $t \in T_0$. Ist $\{\mathfrak{F}_t, t \in T_0\}$ eine Familie von σ-Algebren mit $\mathfrak{F}_s \subset \mathfrak{F}_t \subset \mathfrak{A}$, $t_0 \leqq s \leqq t$, ist Y_t $\mathfrak{F}_t$-meßbar für jedes $t \in T_0$, und gilt $E\{Y_t|\mathfrak{F}_s\} \stackrel{\wedge}{\leqq} Y_s$, $t_0 \leqq s \leqq t$, dann heißt $\{(Y_t, \mathfrak{F}_t), t \in T_0\}$ *nichtnegatives Supermartingal.* Für beliebiges $\lambda > 0$ gilt die Martingalungleichung
$$P\left\{\sup_{t\in T_0} Y_t \geqq \lambda\right\} \leqq \frac{1}{\lambda} E\{Y_{t_0}\}\ ,$$
und es gibt ein $Y_\infty \in S_1$ mit
$$\lim_{t\to\infty} Y_t \stackrel{\wedge}{=} Y_\infty \qquad \text{und} \qquad \lim_{t\to\infty} E\{Y_t\} = E\{Y_\infty\}\ .$$
Die bisher in diesem Abschnitt angegebenen Resultate findet man beispielsweise in J. L. Doob [1] oder in M. Loève [1]. Außerdem werden wir noch folgende Abschätzung aus R. Z. Has'minskiĭ [14] verwenden:

Lemma 5.1. *Ist Z_t, $t \in T_0$, ein R-stetiger und q.M.-stetiger* Gaussscher *Vektorprozeß* (vgl. Beispiel zu Lemma 1.1 und A) in Abschnitt 2.2), *der die Bedingungen*
$$||E\{Z_t\}|| \leqq \alpha, \quad ||K^Z(t, t)|| = \sigma_Z^2(t) \leqq \beta^2 \quad \text{und} \quad \int_0^\infty ||K^Z(t, \tau)||\, d\tau \leqq \gamma \quad \text{für alle } t \in T_0$$

erfüllt, dann gilt für $t \geqq t_0$ die Abschätzung

$$E\left\{\exp\left[k\int_{t_0}^{t}|Z_\tau|\,d\tau\right]\right\} \leqq \exp\left[k\left(\alpha+\beta+\frac{k\gamma}{2}\right)(t-t_0)\right]$$

für beliebige $k > 0$ und $t \geqq t_0$.

Im weiteren verwenden wir einige abkürzende Bezeichnungen: Gilt für eindimensionale stochastische Prozesse U_t und V_t

$$P\{U_t < V_t\} > p\,, \qquad t \in T\,,$$

dann schreiben wir hierfür

$$U_t \overset{(p)}{<} V_t\,, \qquad t \in T\,.$$

Gilt

$$P\{U_t < V_t, t \in T\} > p\,,$$

so schreiben wir hierfür

$$U_t \overset{(T,p)}{<} V_t\,.$$

Ist X_0 der Grenzwert in Wahrscheinlichkeit einer Folge $\{X_i, i = 1, 2, \ldots\}$ von n-dimensionalen zufälligen Vektoren, d. h., gilt für alle $\varepsilon > 0$

$$\lim_{i\to\infty} P\{\|X_0 - X_i\| > \varepsilon\} = 0\,,$$

dann schreiben wir hierfür

$$p\text{-}\lim_{i\to\infty} X_i = X_0\,.$$

Bekanntlich folgt aus $\lim\limits_{i\to\infty} X_i \triangleq X_0$ oder aus $\lim\limits_{i\to\infty}$ q.M. $X_i = X_0$ die schwächere Konvergenz $p\text{-}\lim\limits_{i\to\infty} X_i = X_0$.

Ist X_k, $k = 0, 1, 2, \ldots$, eine Folge von m-dimensionalen zufälligen Vektoren mit $p\text{-}\lim\limits_{k\to\infty} X_k = X_0$ und φ eine stetige Vektorfunktion auf R^m, dann gilt $p\text{-}\lim\limits_{k\to\infty}$ $\varphi(X_k) = \varphi(X_0)$. Ist φ beschränkt, dann folgt hieraus

$$\lim_{k\to\infty} E\{\varphi(X_k)\} = E\{\varphi(X_0)\}\,.$$

Eine Folge von stochastischen Prozessen $\{X_t^k, t \in T_0; k = 1, 2, \ldots\}$ heißt *gleichmäßig stochastisch beschränkt*, falls

$$\lim_{r\to\infty} \sup_{t\in T_0} \sup_{k=1,2,\ldots} P\{\|X_t^k\| > r\} = 0$$

gilt und gleichmäßig stochastisch stetig, falls für jedes $\varrho > 0$

$$\lim_{h\to 0} \sup_{t_1 t_2 \in T_0 : |t_2 - t_1| < h} \sup_k P\{\|X_{t_1}^k - X_{t_2}^k\| > \varrho\} = 0$$

gilt.

Es gilt der folgende Satz von Skorochod (vgl. z. B. R. Z. Has'minskiĭ [14]).

Lemma 5.2. *Ist $\{X_t^k, t \in T_0 : k = 1, 2, \ldots\}$ eine Folge gleichmäßig stochastisch beschränkter und gleichmäßig stochastisch stetiger Vektorprozesse, dann kann man* *auf einem gewissen Wahrscheinlichkeitsraum* $(\widetilde{\Omega}, \widetilde{\mathfrak{A}}, \widetilde{P})$ *eine Folge* $\{\widetilde{X}_t^j, t \in T_0: j = 0, 1, \ldots\}$ *stochastischer Vektorprozesse konstruieren und eine Teilfolge* $\{k_j: j = 1, 2, \ldots\}$ *von* $\{k: k = 1, 2, \ldots\}$ *finden, so daß die Vektorprozesse* $\widetilde{X}_t^j$ *und* $X_t^{k_j}$ *für jedes* $j = 1, 2, \ldots$ *dieselbe zugeordnete Verteilung haben und für jedes* $t \in T_0$

$$p\text{-}\lim_{j\to\infty} \widetilde{X}_t^j = \widetilde{X}_t^0$$

gilt.

5.2. Stabilitätsdefinitionen in der Theorie der gewöhnlichen Differentialgleichungen

Eine Bewegung, die durch die Lösung einer gewöhnlichen Differentialgleichung beschrieben wird, heißt *stabil*, wenn kleine Veränderungen der Anfangswerte oder anderer Parameter des Systems nur kleine Änderungen der Bewegung hervorrufen. Wir stellen nun zunächst einige Stabilitätsdefinitionen aus der Theorie der gewöhnlichen Differentialgleichungen zusammen (vgl. W. Hahn [1]). Es sei, falls wir es nicht anders vereinbaren, im weiteren $T = [0, \infty)$ und $T_0 = [t_0, \infty)$, $t_0 \geqq 0$. Soll die Stabilität einer speziellen Lösung $y(t)$ der Differentialgleichung $\dot{z} = \varphi(z, t)$ untersucht werden, so kann dieses Problem durch die Transformation $x = z - y(t)$ auf die Frage nach der Stabilität der Nullösung der Differentialgleichung

$$\dot{x} = \varphi(x + y(t), t) - \varphi(y(t), t) = f(x, t)$$

zurückgeführt werden.

Wir betrachten also die Stabilität der Nullösung der Differentialgleichung

$$\frac{dx}{dt} = f(x, t)\,, \tag{1}$$

wobei $f(x, t)$ eine auf $R^n \times T$ stetige n-dimensionale Vektorfunktion mit $f(0, t) \equiv 0$ ist, die folgenden Bedingungen genügt: Zu allen betrachteten Anfangsbedingungen (x_0, t_0) existiert in T eine eindeutige Lösung von (1), die stetig von den Anfangswerten abhängt. Die Nullösung ist eine isolierte singuläre Stelle der Differentialgleichung (1), d. h., in einer genügend kleinen Umgebung von $x = 0$ gibt es außer $x = 0$ keinen weiteren Punkt x mit $f(x, t) = 0$, $t \in T$.

Wir bezeichnen die Lösung von (1) zur Anfangsbedingung (x_0, t_0) mit $x(t, x_0, t_0)$. t_0 sei zunächst ein beliebiger fester Punkt aus T. Die Nullösung der Differentialgleichung (1) heißt stabil (bezüglich t_0), falls es zu jedem $\varepsilon > 0$ ein $\delta > 0$ gibt, so daß

$$||x(t, x_0, t_0)|| < \varepsilon \qquad (t \geqq t_0, ||x_0|| < \delta)$$

gilt. Gibt es darüber hinaus ein $\eta > 0$, so daß

$$\lim_{t\to\infty} ||x(t, x_0, t_0)|| = 0 \qquad (||x_0|| < \eta)$$

gilt, dann heißt die Nullösung von (1) *asymptotisch stabil* (bezüglich t_0). Gilt sogar

$$\lim_{t\to\infty} ||x(t, x_0, t_0)|| = 0 \qquad (x_0 \in R^n),$$

dann heißt die Nullösung von (1) *asymptotisch stabil im Ganzen* (bezüglich t_0). Die Nullösung von (1) heißt *gleichmäßig stabil*, falls es zu jedem $\varepsilon > 0$ ein $\delta > 0$ gibt, so daß

$$||x(t, x_0, t_0)|| < \varepsilon \qquad (t_0 \geqq 0,\, t \geqq t_0,\, ||x_0|| < \delta)$$

gilt. Gibt es ein $\eta > 0$, so daß darüber hinaus zu jedem $\varepsilon > 0$ ein $\tau > 0$ mit

$$||x(t, x_0, t_0)|| < \varepsilon \qquad (t_0 \geqq 0,\, t \geqq t_0 + \tau,\, ||x_0|| < \eta)$$

existiert, dann heißt die Nullösung von (1) gleichmäßig asymptotisch stabil.

Bemerkung. Ist die Nullösung einer autonomen ($f(x, t)$ ist unabhängig von t) oder periodischen Differentialgleichung stabil bzw. asymptotisch stabil, so ist sie auch gleichmäßig stabil bzw. gleichmäßig asymptotisch stabil (vgl. z. B. W. Hahn [1]).

Die Nullösung von (1) heißt *exponentiell stabil*, falls es positive Konstanten a, b und η gibt, so daß

$$||x(t, x_0, t_0)|| \leqq b\, ||x_0||\, e^{-a(t-t_0)} \qquad (t_0 \geqq 0,\, t \geqq t_0,\, ||x_0|| < \eta)$$

gilt.

Es sei G die Klasse aller auf $R^n \times T$ definierten stetigen n-dimensionalen Vektorfunktionen $g(x, t)$, für die die Differentialgleichung

$$\frac{dx}{dt} = f(x, t) + g(x, t) \tag{1'}$$

für alle betrachteten Anfangsbedingungen in T eine eindeutige von den Anfangswerten stetig abhängige Lösung besitzt.

Die Nullösung von (1) heißt *stabil* bei ständig wirkenden Störungen (bezüglich t_0), falls zu jedem $\varepsilon > 0$ Zahlen $\delta_1 > 0$ und $\delta_2 > 0$ existieren, so daß für die Lösung $x_g(t, x_0, t_0)$ von (1') zur Anfangsbedingung (x_0, t_0)

$$||x_g(t, x_0, t_0)|| < \varepsilon$$

$$\Big(t \geqq t_0,\, ||x_0|| < \delta_1,\, g(x, t) \in G, \sup_{(x,t)\in R^n\times T_0} ||g(x, t)|| < \delta_2\Big)$$

gilt.

Bemerkung. Ist die Nullösung von (1) gleichmäßig asymptotisch stabil, so ist sie auch stabil bei ständig wirkenden Störungen.

Es gilt der folgende Satz von N. N. Krasovskiĭ [1]: Haben die charakteristischen Exponenten der periodischen Matrixfunktion $A(t)$ negative Realteile und gilt die Abschätzung

$$||f(x, t)|| < b||x|| \qquad (t \in T,\, x \in T,\, x \in K_\alpha = \{x \in R^n\colon ||x|| \leqq \alpha\})$$

für ein positives α und hinreichend kleines b, dann ist die Nullösung von

$$\dot{x} = A(t)\, x + f(x, t)$$

exponentiell stabil.

Hieraus und aus der Stabilität bezüglich ständig wirkender Störungen der Nullösung von $\dot{x} = A(t)\, x$ ergibt sich der folgende Stabilitätssatz für die Differentialgleichung (1′), falls $f(x, t)$ für festes $x \in R^n$ eine periodische Funktion auf T_0 ist.

Haben die charakteristischen Exponenten der periodischen Matrixfunktion $\dfrac{\partial f}{\partial x}(0, t)$,

$$\frac{\partial f}{\partial x}(x, t) = \left(\frac{\partial f_i}{\partial x_k}(x, t)\right), \qquad i = 1, \ldots, n, \quad k = 1, \ldots, n,$$

negative Realteile und gilt

$$\|g(x, t)\| < \delta, \qquad (x, t) \in K_\alpha \times T,$$
$$\left\|\frac{\partial g(x, t)}{\partial x}\right\| < \delta\,\varkappa, \qquad (x, t) \in K_\alpha \times T,$$

für positive Zahlen $\varkappa, \alpha$ und für hinreichend kleines δ, dann existieren positive Zahlen ε, η, c und b, so daß für Lösungen $x_1(t)$ bzw. $x_2(t)$ von (1′) mit $\|x_1(t_0)\| < \varepsilon$ und $\|x_1(t_0) - x_2(t_0)\| < \eta$ folgende exponentielle Stabilitätseigenschaft gilt:

$$\|x_1(t) - x_2(t)\| \leqq b\, e^{-c(t-t_0)}, \qquad t \geqq t_0.$$

Zur Untersuchung der Stabilität von Lösungen gewöhnlicher Differentialgleichungen gibt es eine weitentwickelte Theorie. Eine besondere Bedeutung kommt der zweiten LJAPUNOVschen Methode zu, bei der Aussagen über die Stabilität der Nullösung ohne Kenntnis der Lösungen der Differentialgleichung nur unter Benutzung der Gestalt von $f(x, t)$ durch Betrachtung geeigneter Hilfsfunktionen, sogenannter LJAPUNOVscher Funktionen, gewonnen werden.

Über die Existenz einer LJAPUNOVschen Funktion gibt beispielsweise der folgende Satz von N. N. KRASOVSKIĬ [1] Auskunft:

Es sei f auf $R^n \times T$ stetig ($R^n_K = \{x \in R^n : \|x\| < K\}$) und besitze dort eine beschränkte partielle Ableitung $\dfrac{\partial f}{\partial x}$. Gilt für ein $H \leqq b^{-1} K$ mit $b > 0$ und $a > 0$ die Abschätzung

$$\|x(t, x_0, t_0)\| \leqq b\, \|x_0\|\, e^{-a(t-t_0)}, \qquad (t_0 \in T, t \geqq t_0, \|x_0\| < H),$$

dann existiert eine auf $R^n_H \times T$ definierte stetige reelle Funktion $v(x, t)$, die dort stetige partielle Ableitungen besitzt und dort Ungleichungen

$$\left.\begin{aligned} c_1 \|x\|^2 \leqq v(x, t) &\leqq c_2 \|x\|^2, \\ \frac{\partial v(x, t)}{\partial t} + \left[\frac{\partial v(x, t)}{\partial x}\right]' f(x, t) &\leqq - c_3 \|x\|^2, \\ \left\|\frac{\partial v(x, t)}{\partial x}\right\| &\leqq c_4 \|x\| \end{aligned}\right\} \tag{2}$$

mit positiven Konstanten c_i genügt. Hierbei kann auch $K = H = \infty$ gelten.

5.3. Stabilitätsdefinitionen für R-Lösungen stochastischer Differentialgleichungen

Zu Stabilitätsproblemen bei stochastischen Differentialgleichungen gibt es eine umfangreiche Literatur. Erste Resultate sind in den Arbeiten von J. Ja. Kac und N. N. Krasovskiĭ [1], J. E. Bertram und P. E. Sarachik [1] und H. Bunke [2] enthalten. Von der neuen Literatur sind vor allem die entsprechenden Kapitel in den Monographien von H. J. Kushner [13], R. Z. Has'minskiĭ [14] und T. Morozan [10] erwähnenswert.

Die Anzahl der Stabilitätsdefinitionen, die sich im deterministischen Fall für eine möglichst genaue Beschreibung des Stabilitätsverhaltens als nützlich erweisen, vergrößert sich natürlich im stochastischen Fall beispielsweise entsprechend den verschiedenen Konvergenztypen. Wie im deterministischen Fall wird das Problem der Stabilität einer speziellen R-Lösung auf die Frage nach der Stabilität der Nullösung einer transformierten Gleichung zurückgeführt.

Es seien $f(x, t, \omega)$ und $g(x, t, \omega)$ auf $R^n \times T \times \Omega$ definierte Funktionen mit Werten im R^n. Für fast alle $\omega \in \Omega$ erfülle die Differentialgleichung $\dot{x} = f(x, t, \omega)$ die im vorigen Abschnitt genannten Voraussetzungen:

1. Zu jeder Anfangsbedingung $(x_0, t_0) \in R^n \times T$ existiere auf T eine eindeutige Lösung $x(t, x_0, t_0, \omega)$.
2. $x(t, x_0, t_0, \omega)$ ist für feste (t, ω) eine stetige Vektorfunktion auf $R^n \times T$.
3. Es existiert eine Umgebung U_ω um $x = 0$, so daß $f(x, t, \omega) = 0$, $t \in T$, außer für $x = 0$ für keinen weiteren Punkt aus U_ω gilt.

Wir setzen voraus, daß es zu jeder Anfangsbedingung $(X_0, t_0) \in S_n \times T$ eine eindeutige R-Lösung $X_t(X_0, t_0)$ der stochastischen Differentialgleichung

$$\frac{dX_t}{dt} = f(X_t, t, \omega) \tag{3}$$

gibt. Es gilt dann $X_t(X_0, t_0) \stackrel{T}{=} x(t, X_0(\omega), t_0, \omega)$. Die R-Lösung $X_t(0, t_0) \stackrel{T}{=} 0$ zur Anfangsbedingung $(0, t_0)$ nennen wir Nullösung von (3).

Analog zum deterministischen Fall betrachten wir hier auch stochastische Differentialgleichungen der Form

$$\frac{dX_t}{dt} = f(X_t, t, \omega) + g(X_t, t, \omega)\,. \tag{4}$$

Für fast alle $\omega \in \Omega$ sollen die Differentialgleichungen $\dot{x} = f(x, t, \omega) + g(x, t, \omega)$ die Voraussetzungen 1 und 2 erfüllen, wobei wir jetzt die Lösung zum Anfangswert (x_0, t_0) mit $x_g(t, x_0, t_0, \omega)$ bezeichnen. Zu jeder Anfangsbedingung $(X_0, t_0) \in S_n \times T$ existiere eine eindeutige R-Lösung $X_t^g(X_0, t_0)$ von (4) mit

$$X_t^g(X_0, t_0) \stackrel{T}{=} x_g(t, X_0(\omega), t_0, \omega)\,.$$

Definition 5.1. Die Nullösung von (3) heißt

a) R-stabil;

b) asymptotisch R-stabil;

c) asymptotisch R-stabil im Ganzen;
d) gleichmäßig R-stabil;
e) gleichmäßig asymptotisch R-stabil;
f) exponentiell R-stabil;
g) R-stabil bei ständig wirkenden Störungen,
falls für fast alle $\omega \in \Omega$ die Nullösung der nichtstochastischen Differentialgleichung $\dot{x} = f(x, t, \omega)$
a) stabil;
b) asymptotisch stabil;
c) asymptotisch stabil im Ganzen;
d) gleichmäßig stabil;
e) gleichmäßig asymptotisch stabil;
f) exponentiell stabil;
g) stabil bei ständig wirkenden Störungen
ist.

Man erhält sehr starke Stabilitätseigenschaften, wenn man die Konstanten δ_1, δ_2 usw. unabhängig von ω wählen kann.

Definition 5.2. Die Nullösung von (3) heißt *gleichgradig R-stabil*, falls es zu jedem $\varepsilon > 0$ ein $\delta > 0$ gibt, so daß

$$||X_t(X_0, t_0)|| \overset{T_0}{<} \varepsilon, \qquad (X_0 \in S_n, ||X_0|| \mathrel{\widehat{<}} \delta)$$

gilt. Gibt es darüber hinaus ein $\eta > 0$, so daß

$$\lim_{t\to 0} ||X_t(X_0, t_0)|| \triangleq 0 \qquad (||X_0|| \mathrel{\widehat{<}} \eta)$$

gilt, dann heißt die Nullösung von (3) *gleichgradig asymptotisch stabil*. Die Nullösung von (3) heißt *gleichgradig exponentiell R-stabil*, falls es positive Konstanten a, b und η gibt, so daß

$$||X_t(Y_0, t_0)|| \overset{T_0}{\leqq} a\, ||X_0||\, e^{-b(t-t_0)}, \qquad (t_0 \in T, X_0 \in S_n\colon ||X_0|| \mathrel{\widehat{<}} \eta)$$

gilt.

Man erhält andersartige Verallgemeinerungen von nichtstochastischen Stabilitätseigenschaften, wenn man an Stelle der Realisierungen der R-Lösungen den Erwartungswert der Norm oder allgemeiner einer Funktion $h(X_t)$ in Abhängigkeit vom Anfangswert X_0 betrachtet.

Es sei $h[x]$, $x = (x_1, \ldots, x_n)$, eine auf R^n definierte stetige reelle Funktion, die bei festem $(x_1, \ldots, x_{k-1}, x_{k+1}, \ldots, x_n)$ mit $|x_k|$ monoton wächst, $(k = 1, \ldots, n)$, und für die $\lim\limits_{||x||\to 0} h[x] = 0$ und $\lim\limits_{||x||\to\infty} h[x] = \infty$ gilt.

Definition 5.3. Die Nullösung von (3) heißt *h-stabil*, falls es zu jedem $\varepsilon > 0$ ein $\delta > 0$ gibt, so daß

$$E\,\{h[X_t(X_0, t_0)]\} < \varepsilon, \qquad (t \in T_0, X_0 \in S_n\colon E\,\{h(X_0)\} < \delta)$$

gilt. Gibt es darüber hinaus ein $\eta > 0$, so daß

$$\lim_{t\to\infty} E\,\{h[X_t(X_0, t_0)]\} = 0, \qquad (X_0 \in S_n\colon E\,\{h[X_0]\} < \eta)$$

gilt, dann heißt die Nullösung von (3) *asymptotisch h-stabil*. Die Nullösung von (3) heißt *exponentiell h-stabil*, falls es positive Konstanten a, b und η gibt, so daß

$$E\{h[X_t(X_0, t_0)]\} \leqq b\, E\{h[X_0]\}\, e^{-a(t-t_0)},$$

$$(t_0 \geqq 0,\ t \geqq t_0,\ X_0 \in S_n\colon E\{h[X_0]\} < \eta)$$

gilt.

Ist $h[x] = ||x||$, so heißt die h-Stabilität auch *M-Stabilität* (stabil im Mittel). Ist $h[x] = ||x||^2$, so heißt die h-Stabilität auch *q.M.-Stabilität* (stabil im quadratischen Mittel).

Definition 5.4. Die Nullösung von (3) heißt *P-stabil* (stabil in Wahrscheinlichkeit), falls es zu jedem $\varepsilon > 0$ und $p \in (0, 1)$ Zahlen $\delta > 0$ und $\gamma \in (0, 1)$ gibt, so daß

$$||X_t(X_0, t_0)|| \overset{(p)}{<} \varepsilon, \qquad (t \in T_0,\ X_0 \in S_n\colon ||X_0|| \overset{(\gamma)}{<} \delta)$$

gilt.

Definition 5.5. Die Nullösung von (3) heißt *W-stabil* (stochastisch stabil), falls es zu jedem $\varepsilon > 0$ und $p \in (0, 1)$ Zahlen $\delta > 0$ und $\gamma \in (0, 1)$ gibt, so daß

$$||X_t(X_0, t_0)|| \overset{(T_0, p)}{<} \varepsilon, \qquad (X_0 \in S_n\colon ||X_0|| \overset{(\gamma)}{<} \delta)$$

gilt. Die Nullösung von (3) heißt *asymptotisch W-stabil*, falls es darüber hinaus zu jedem $\pi \in (0, 1)$ positive Zahlen η und $\varkappa$ gibt, so daß

$$P\left\{\lim_{t\to\infty} ||X_t(X_0, t_0)|| = 0\right\} > \pi, \qquad (X_0 \in S_n,\ ||X_0|| \overset{(\varkappa)}{<} \eta)$$

gilt.

Können in den obigen Definitionen die Zahlen δ, γ bzw. $\varkappa$, η unabhängig von $t_0 \in T$ so gewählt werden, daß die geforderten Ungleichungen für alle $t_0 \in T$ gelten, dann heißt die Nullösung von (3) *gleichmäßig P-, W- bzw. asymptotisch W-stabil*.

Bemerkung. Wir haben alle Stabilitätsdefinitionen bezüglich $X_0 \in S_n$ formuliert. Entsprechend können sie bezüglich Anfangswerten aus Teilmengen M von S_n definiert werden, z. B. für nichtzufällige Anfangswerte ($X_0 \in M = R^n$) oder für $M = \gamma(K)$,

$$X_0 \in \gamma(K) = \{X_0 \in S_n\colon ||X_0|| \mathrel{\widehat{<}} K\}, \qquad (0 < K < \infty).$$

Beispielsweise sagen wir, daß die Nullösung der Differentialgleichung (3) P-stabil bezüglich M ist, falls es zu jedem $\varepsilon > 0$ und $p \in (0, 1)$ Zahlen $\delta > 0$ und $\gamma \in (0, 1)$ gibt, so daß

$$||X_t(X_0, t_0)|| \overset{(p)}{<} \varepsilon, \qquad (t \in T,\ X_0 \in M\colon ||X_0|| \overset{(\gamma)}{<} \delta)$$

gilt.

5.4. Zusammenhänge zwischen den verschiedenen Stabilitätsdefinitionen

Mit den angeführten Stabilitätsdefinitionen ist eine differenzierte Beschreibung der Stabilitätseigenschaften von stochastischen Systemen möglich. Jede der Stabilitäten in Definition 5.1 bis 5.5 ist im deterministischen Spezialfall, d. h., falls $f(x, t, \omega)$ und $X_0(\omega)$ unabhängig von ω sind, gleichbedeutend mit der entsprechenden in Abschnitt 5.1 definierten Stabilität. Sie stellen also Verallgemeinerungen der deterministischen Stabilitätsdefinition dar.

Wir werden nun in diesem Abschnitt einige Zusammenhänge zwischen den verschiedenen Stabilitätsdefinitionen herstellen.

a) Ist $f(x, t, \omega)$ für fast alle $\omega \in \Omega$ unabhängig von t bzw. periodisch in t, dann folgt aus der R-Stabilität bzw. der asymptotischen R-Stabilität der Nulllösung von (3) schon deren gleichmäßige bzw. gleichmäßig asymptotische R-Stabilität. Ist die Nullösung von (3) gleichmäßig asymptotisch R-stabil, so ist sie auch R-stabil bei ständig wirkenden Störungen. Dies folgt unmittelbar aus den in 5.1 angegebenen deterministischen Resultaten.

b) Die Nullösung von (3) kann R-stabil sein, ohne h-stabil zu sein. So besitzt beispielsweise die Differentialgleichung

$$\dot{X}_t = \left[\frac{2}{t} - Z\right] X_t$$

für $t_0 > 0$ die R-Lösung

$$X_t = \frac{X_0}{t_0^2}\, t^2\, e^{-Z(t-t_0)}\,.$$

Ist Z eine in (0, 1) gleichverteilte zufällige Variable, so gilt

$$E\{|X_t|\} = \frac{X_0}{t_0^2} \frac{t^2}{(t-t_0)} [1 - e^{-(t-t_0)}]\,.$$

Die Nullösung ist also R-stabil aber nicht M-stabil (vgl. H. Bunke [2]).

c) Aus der Stabilität im r-ten Mittel ($h[x] = ||x||^r$) bezüglich nichtstochastischer Anfangswerte ($M = R^n$) folgt bei $r' < r$ die Stabilität im r'-ten Mittel bezüglich nichtstochastischer Anfangswerte, da $(E\{||X_t||^r\})^{1/r}$ eine monoton nichtfallende Funktion in r ist.

d) Aus der R-Stabilität folgt die W-Stabilität.

Beweis. Die Nullösung von (3) sei R-stabil, und es sei $\varepsilon > 0$ und $p \in (0, 1)$ vorgegeben. Dann gibt es ein positives $\delta_\varepsilon \in S_1$, so daß $||X_t|| \overset{T_0}{<} \varepsilon$ gilt, falls $||X_0|| \overset{\frown}{<} \delta_\varepsilon$ ist. Es gibt außerdem eine positive Zahl $\delta(\varepsilon, p)$, so daß $\delta_\varepsilon \underset{\left(\frac{1+p}{2}\right)}{>} \delta(\varepsilon, p)$ gilt. Für $||X_0|| \underset{\left(\frac{1+p}{2}\right)}{<} \delta(\varepsilon, p)$ gilt dann

$$p < P\{[||X_0|| < \delta(\varepsilon, p)] \cap [\delta_\varepsilon > \delta(\varepsilon, p)]\} \leqq P\{||X_t|| < \varepsilon, t \in T_0\}\,,$$

also

$$||X_t|| \overset{(T_0,p)}{<} \varepsilon .$$

e) Aus der *W*-Stabilität folgt die *P*-Stabilität.

f) Gilt $M_1 \subset M_2 \subset S_n$, so folgt für jede der Stabilitäten (5.1 bis 5.5) aus der Stabilität bezüglich M_2 die Stabilität bezüglich M_1.

g) *K* sei eine beliebige feste positive Konstante. Aus der *h*-Stabilität folgt die *P*-Stabilität bezüglich $\gamma(K)$.

Beweis. Es sei $\bar{h}[\varepsilon] = \sup_{\substack{x \in R^n: \\ ||x|| \leqq \varepsilon}} h[x]$ und $\underline{h}[\varepsilon] = \inf_{\substack{x \in R^n: \\ ||x|| \geqq \varepsilon}} h[x]$. Die Nullösung von (3) sei *h*-stabil bezüglich $\gamma_n(K)$. Zu vorgegebenem $\varepsilon > 0$ und $p \in (0, 1)$ wählen wir $\delta' > 0$ so, daß bei $E\{h[X_0]\} < \delta'$

$$E\{h[X_t(X_0, t_0)]\} < \underline{h}(\varepsilon)(1 - p), \qquad t \in T_0, \tag{5}$$

gilt. Zu diesem δ' wählen wir weiterhin $\delta > 0$ und $\gamma \in (0, 1)$ so, daß

$$(1 - \gamma)\bar{h}(K) < \frac{\delta'}{2} \quad \text{und} \quad \bar{h}(\delta) < \frac{\delta'}{2}$$

gilt.

Dann gilt bei $||X_0|| \overset{(\gamma)}{<} \delta$

$$E\{h[||X_0||]\} \leqq \bar{h}[\delta] + (1 - \gamma)\bar{h}[K] < \delta' . \tag{6}$$

Aus (6) folgt aber (5) und damit wegen

$$\underline{h}(\varepsilon)(1 - p) > E\{h[X_t(X_0, t_0)]\} \geqq \underline{h}(\varepsilon) P\{||X_t(X_0, t_0)|| \geqq \varepsilon\}, \qquad t \in T_0,$$

$$||X_t(X_0, t_0)|| \overset{(p)}{<} \varepsilon, \qquad t \in T_0 .$$

h) Aus der gleichgradigen *R*-Stabilität folgen *W*-Stabilität (und damit auch *P*-Stabilität) und *h*-Stabilität bezüglich nichtzufälliger Anfangswerte.

Beweis. Der erste Teil der Behauptung gilt offensichtlich. Die Nullösung von (3) sei gleichgradig *R*-stabil. Zu vorgegebenem $\varepsilon > 0$ wählen wir $\varepsilon' > 0$ und $\delta > 0$, so daß $\bar{h}[\varepsilon'] < \varepsilon$ und $||X_t(X_0, t_0)|| \overset{T_0}{<} \varepsilon'$ bei $||X_0|| \mathrel{\widehat{<}} \delta$ gilt. Dann folgt aus $||X_0|| \mathrel{\widehat{<}} \delta$

$$E\{h[X_t]\} \leqq E\left\{\sup_{t \geqq t_0} h[X_t]\right\} \leqq \bar{h}[\varepsilon'] < \varepsilon .$$

5.5. Stabilität von *R*-Lösungen linearer Differentialgleichungen

Wir betrachten zunächst die Differentialgleichung

$$\frac{dX_t}{dt} = A(t) X_t + Z_t \tag{7}$$

mit reeller Koeffizientenmatrix, die wir in Kapitel 3 untersucht haben. Es sei X_t^0 eine beliebige feste *R*-Lösung von (7). Die Differenz $U_t = X_t - X_t^0$ genügt der Differentialgleichung

$$\frac{dU_t}{dt} = A(t)\, U_t\,. \tag{8}$$

Ist die Nullösung von (8) stabil bzw. asymptotisch stabil bzw. exponentiell stabil, dann ist jede beliebige R-Lösung von (7) gleichgradig R-stabil bzw. gleichgradig asymptotisch R-stabil bzw. gleichgradig exponentiell R-stabil. Wir betrachten nun die Differentialgleichungen (4.7)

$$\frac{dX_t}{dt} = [A + F_t]\, X_t \tag{9}$$

und (4.11)

$$\frac{dX_t}{dt} = [A + F_t + C(t)]\, X_t \tag{10}$$

aus Kapitel 4.

Sind die Voraussetzungen der Sätze 4.2 oder 4.4 erfüllt, so ist die Nullösung von (9) asymptotisch R-stabil im Ganzen. Sind die Voraussetzungen des Satzes 4.5 erfüllt, so ist die Nullösung von (10) asymptotisch R-stabil im Ganzen.

5.6. Hinreichende Bedingungen für die h-Stabilität mit Hilfe der Ljapunovschen Methode

Wie im deterministischen Fall kann man versuchen, mit Hilfe gewisser Vergleichsfunktionen unter Verwendung der Gestalt der Differentialgleichung ohne Kenntnis der Lösung Aussagen über die Stabilität zu gewinnen.

$h[x]$ sei die in Definition 5.3 eingeführte Funktion und $v(x, t, \omega)$ sei eine auf $R^n \times T \times \Omega$ definierte reelle Funktion, die für festes $t \in T$ $\mathfrak{B}^n \times \mathfrak{A}$-meßbar ist. Wir verwenden folgende Bezeichnungen:

$$\left.\begin{aligned} h[X_t(X_0, t_0)] &= H_t\,, & E\{H_t\} &= h(t)\,,\\ v(X_t(X_0, t_0), t, \omega) &= V_t\,, & E\{V_t\} &= v(t)\,. \end{aligned}\right\} \tag{11}$$

Satz 5.1. *Es existiere eine Funktion $v(x, t, \omega)$ und eine Menge $M \subset S_n$, so daß folgende Voraussetzungen erfüllt sind:*

1. *Für eine beliebige Folge $X_0^{(\nu)} \in M$, $\nu = 1, 2, \ldots$, mit $\lim_{\nu\to\infty} E\{h[X_0^{(\nu)}]\} = 0$ gilt*

$$\lim_{\nu\to\infty} E\{v(X_0^{(\nu)}, t_0, \omega)\} = 0\,.$$

2. *Es gibt ein $a > 0$ mit*

$$v(x, t, \omega) \overset{R^n \times T_0}{\geqq} a\, h[x]\,.$$

3. *Es gibt ein $k > 0$, so daß bei $X_0 \in M$ und $h(t_0) < k$ $\sup_{t \in T_0} v(t) = v(t_0)$ gilt.*

Dann ist die Nullösung von (3) *h-stabil bezüglich M.*

Gilt außerdem die Voraussetzung

4. $\lim_{t\to\infty} v(t) = 0$ *bei* $X_0 \in M$ *und* $h(t_0) < \eta$ *für ein* $\eta > 0$, *dann ist die Nullösung von* (3) *asymptotisch h-stabil bezüglich* M.

Gilt

5. $a\, h[x] \overset{R^n \times T}{\leqq} v(x, t, \omega) \overset{R^n \times T}{\leqq} b\, h[x]$

und

6. $h(t)$ *ist stetig, und es gibt ein* $\eta > 0$, *so daß bei* $X_0 \in M$ *und* $h(t_0) < \eta$ *gilt*

$$v(t) - v(t_0) \leqq -c \int_{t_0}^{t} h(\tau)\, d\tau\,, \qquad t_0 \in T\,, \quad t \geqq t_0\,,$$

dann ist die Nullösung von (3) *exponentiell h-stabil bezüglich* M.

Beweis. Es seien die Voraussetzungen 1 bis 3 erfüllt. Zu vorgegebenem $\varepsilon > 0$ wählen wir $\delta > 0$ ($\delta < k$), so daß bei $X_0 \in M$ und $h(t_0) < \delta$ $v(t_0) < \varepsilon\, a$ gilt. Dann erhalten wir

$$a \sup_{t \in T_0} h(t) \leqq \sup_{t \in T_0} v(t) = v(t_0) < \varepsilon\, a\,,$$

woraus die erste Behauptung folgt.

Es seien nun die Voraussetzungen 1 bis 4 erfüllt. Wir führen den Beweis der zweiten Behauptung indirekt. Wir nehmen an, für ein $X_0 \in M$ mit $h(t_0) < \min(k, \eta)$ gelte $\limsup_{t\to\infty} h(t) = \gamma > 0$.

Dann gibt es eine Folge $t_\nu \to \infty$, für die $h(t_\nu) > \frac{\gamma}{2}$, $\nu = 1, 2, \ldots$, gilt. Aus Voraussetzung 2 folgt dann $v(t_\nu) \geqq \frac{a\gamma}{2}$, $\nu = 1, 2, \ldots$, im Widerspruch zur Bedingung 4.

Es seien nun auch die Voraussetzungen 5 und 6 erfüllt. Es gilt dann

$$a\, h(t) - b\, h(t_0) \leqq v(t) - v(t_0) \leqq -c \int_{t_0}^{t} h(\tau)\, d\tau\,, \qquad t_0 \in T\,, \quad t \geqq t_0\,,$$

woraus nach Lemma 1.3

$$h(t) \leqq \frac{b}{a}\, h(t_0)\, e^{-\frac{c}{a}(t - t_0)}\,, \qquad t_0 \in T\,, \quad t \geqq t_0\,,$$

folgt.

Man hat nun beim konkreten System zum Nachweis der h-Stabilität eine Ljapunovsche Funktion v zu konstruieren, die den Anforderungen des Satzes genügt. Über die üblichen vom nichtstochastischen Fall bekannten Schwierigkeiten hinaus wird dies im vorliegenden Satz dadurch erschwert, daß die Bedingungen 3, 4 bzw. 6 noch nicht in einer derartigen Form vorliegen, daß man im allgemeinen auf ihr Erfülltsein unmittelbar aus der Gestalt der Differentialgleichung schließen kann, ohne die Lösung explizit zu kennen. Diese Bedingungen müssen vielmehr noch unter speziellen Annahmen an die stochastische Differentialgleichung jeweils in eine geeignete Form gebracht werden. Dies ist beispielsweise bei Systemen, die von Markovschen Prozessen abhängen, möglich (vgl. auch Kapitel 6).

Bei linearen Systemen kann die LJAPUNOVsche Methode oft erfolgreich angewendet werden, indem v als quadratische Form derart angesetzt wird, daß die Bedingungen 1 und 2 des Satzes 5.1 mit $h[x] = ||x||^2$ erfüllt sind und im wesentlichen die Gültigkeit von Voraussetzung 3 bzw. 4 zu untersuchen sind. Das folgende Lemma 5.3 (vgl. auch H. BUNKE [13]) gibt eine hinreichende Bedingung für die Voraussetzungen 3 und 4.

Lemma 5.3. *Es sei $v(x, t, \omega) = v(x, t)$ auf $R^n \times T_0$ definiert und stetig. Die partiellen Ableitungen 1. Ordnung $\left(\frac{\partial v}{\partial x}\right)' = \left(\frac{\partial v}{\partial x_1}, \ldots, \frac{\partial v}{\partial x_n}\right)$ und $\left(\frac{\partial v}{\partial t}\right)$ existieren und seien auf $R^n \times T_0$ stetig.*

Für die Funktion

$$\dot{v}(x, t, \omega) = \frac{\partial v}{\partial t} + \left(\frac{\partial v}{\partial x}\right)' f(x, t, \omega)$$

gelte eine Ungleichung der Form

$$\dot{v}(x, t, \omega) \overset{R^n \times T_0}{\leqq} \eta_t\, v(x, t) \tag{12}$$

wobei η_t ein von allen $X_0 \in M$ stochastisch unabhängiger Prozeß ist, bei dem fast alle Realisierungen auf jedem endlichen Teilintervall von T_0 LEBESGUE-integrierbar sind und bei dem

$$E\left\{\exp\left[\int_{t_0}^{t} \eta_\tau\, d\tau\right]\right\} = y(t_0, t)$$

für alle $t \in T_0$ existiert. Dann ist die Voraussetzung 3 des Satzes 5.1 bei $y(t_0, t) \leqq 1$, $t \in T_0$, erfüllt. Die Voraussetzung 4 des Satzes 5.1 ist bei $\lim_{t\to\infty} y(t_0, t) = 0$ erfüllt.

Beweis. Zum Beweis bemerken wir, daß aus (12) die Ungleichung

$$\frac{dV_t}{dt} = \dot{v}(X_t, t, \omega) \overset{T_0}{\leqq} \eta_t\, V_t$$

und damit

$$V_t \overset{T_0}{\leqq} V_{t_0} + \int_{t_0}^{t} \eta_\tau\, V_\tau\, d\tau$$

folgt. Durch Anwendung des Lemmas 1.3 erhalten wir daraus wegen der Unabhängigkeit von X_0 und η_t, $t \in T_0$,

$$v(t) \leqq v(t_0)\, E\left\{\exp\left[\int_{t_0}^{t} \eta_\tau\, d\tau\right]\right\},$$

woraus die Behauptung folgt.

Analog zu den obigen Überlegungen kann man hinreichende Bedingungen für die exponentielle h-Stabilität erhalten.

Lemma 5.4. *Erfüllt $v(x, t)$ Voraussetzung 5 von Satz 5.1, die Bedingungen des Lemmas 5.3 für alle $t_0 \in T$, und gibt es darüber hinaus positive Zahlen c und d mit*

$$y(t_0, t) \leqq c\, e^{-d(t-t_0)}, \qquad t_0 \in T, \qquad t_0 \leqq t,$$

dann ist die Nullösung von (3) exponentiell h-stabil bezüglich M.

Wir betrachten nun die Differentialgleichung

$$\frac{dX_t}{dt} = f(X_t, t) + g(X_t, t, \omega), \tag{13}$$

für welche die gleichen Voraussetzungen wie für (3) erfüllt seien, wobei jetzt $f(x, t)$ auf $R^n \times T$ und $g(x, t, \omega)$ auf $R^n \times T \times \Omega$ definiert sind. Weiterhin gelte $f(0, t) = 0$, $t \in T$, und die Matrix $\frac{\partial f}{\partial x}$ existiere, sei auf $R^n \times T$ stetig und beschränkt.

Die Differentialgleichung

$$\frac{dx}{dt} = f(x, t) \tag{14}$$

habe zu jeder Anfangsbedingung $(x_0, t_0) \in R^n \times T$ in T eine eindeutige Lösung.

Satz 5.2. *Folgende Voraussetzungen seien erfüllt:*

1. *Die Nullösung von* (14) *sei exponentiell stabil im Ganzen.*
2. *Es gelte* $||g(x, t, \omega)|| \overset{R^n \times T}{\leqq} L_t ||x||$, *wobei* L_t *ein stochastischer Prozeß ist, bei dem fast alle Realisierungen auf jedem beschränkten Teilintervall von* T LEBESGUE-*integrierbar sind.*
3. *Für hinreichend großes* $a > 0$ *und hinreichend kleines* $\varrho > 0$ *gelte für ein* $b > 0$:

$$E\left\{\exp\left[a \int_{t_0}^{t} L_\tau \, d\tau\right]\right\} \leqq b\, e^{\varrho(t-t_0)}, \qquad t_0 \in T, \quad t \geqq t_0 .$$

M sei die Menge aller zufälligen Variablen aus S_n, die vom stochastischen Prozeß L_t, $t \in T$, unabhängig sind. Dann ist die Nullösung von (13) *exponentiell h-stabil bezüglich M, wobei $h[x] = ||x||^{2r}$ ist.*

Beweis. Auf Grund der Voraussetzung 1 gibt es nach dem Satz von N. N. KRASOVSKIĬ (vgl. 6.2) eine auf $R^n \times T$ definierte reelle Funktion $w(x, t)$ mit auf $R^n \times T$ stetigen partiellen Ableitungen $\frac{\partial w}{\partial x}$ und $\frac{\partial w}{\partial t}$ mit den Eigenschaften (2) (wobei in (2) v durch w zu ersetzen ist). Aus (2) und Voraussetzung 2 erhalten wir

$$\dot{w}(x, t, \omega) = \frac{\partial w}{\partial t} + \left(\frac{\partial w}{\partial x}\right)' (f(x, t) + g(x, t, \omega)) \overset{R^n \times T}{\leqq} -c_3 ||x||^2 + L_t c_4 ||x||^2, \tag{15}$$

woraus mit $\eta_t = c_4 c_1^{-1} L_t - c_3 c_2^{-1}$

$$\dot{w}(x, t, \omega) \overset{R^n \times T}{\leqq} \eta_t \, w(x, t) \tag{16}$$

folgt. Analog zum Beweis von Lemma 5.3 ergibt sich daraus die Abschätzung

$$w(X_t, t) \overset{T_0}{\leqq} w(X_0, t) \exp\left[\int_{t_0}^{t} \eta_\tau \, d\tau\right]. \tag{17}$$

Aus (2) und (17) folgt mit $h[x] = ||x||^{2r}$

$$h[X_t] \leqq c_1^{-r} c_2^r h[X_0] \exp\left[r \int_{t_0}^{t} \eta_\tau \, d\tau\right], \qquad t_0 \in T, \quad t \geqq t_0. \tag{18}$$

Ist Voraussetzung 3 mit $\varrho < c_3 c_2^{-1} \cdot r$ und $a > b\, c_1^{-1} \cdot r$ erfüllt, und ist $\alpha \in (\varrho, c_3 c_2^{-1} \cdot r)$, dann folgt aus (18)

$$\begin{aligned} h(t) &\leqq c_1^{-r} c_2^r h(t_0) E\left\{\exp\left[a \int_{t_0}^{t} L_\tau \, d\tau\right]\right\} \exp\left[-\alpha (t - t_0)\right] \\ &\leqq c_1^{-r} c_2^r h(t_0) \exp\left[-(\alpha - \varrho)(t - t_0)\right], \qquad t_0 \in T, \quad t \geqq t_0. \end{aligned} \tag{19}$$

Wir betrachten nun die lineare Differentialgleichung

$$\frac{dX_t}{dt} = A_t X_t, \tag{20}$$

wobei A_t ein auf T R-stetiger stochastischer Prozeß ist. Hier setzen wir $v(x, t) = x' B x$, wobei B eine symmetrische positiv definite Matrix ist. Mit den Überlegungen aus dem Beweis zum Satz 4.5 erhalten wir die Ungleichung (12) mit

$$\eta_t = \lambda_{\max} [A_t' + B A_t B^{-1}].$$

M sei hier die Menge aller Anfangswerte $X_0 \in L_n^2$, die vom Matrixprozeß A_t, $t \in T$, stochastisch unabhängig sind. Wegen

$$\lambda_{\min} [B] \, ||x||^2 \leqq v(x, t) \leqq \lambda_{\max} [B] \, ||x||^2$$

folgt aus Satz 5.1, dem Lemma 5.3 und dem Lemma 5.4

Satz 5.3. *Gibt es eine symmetrische positiv definite Matrix B mit*

$$y(t_0, t) = E\left\{\exp\left(\int_{t_0}^{t} \lambda_{\max} [A_\tau' + B A_\tau B^{-1}] \, d\tau\right)\right\} \leqq 1, \qquad t \in T_0, \tag{21}$$

dann ist die Nullösung von (20) *q.M.-stabil bezüglich M. Gilt darüber hinaus* $\lim_{t \to \infty} y(t_0, t) = 0$, *dann ist die Nullösung von* (20) *asymptotisch q.M.-stabil bezüglich M. Gilt sogar*

$$y(t_0, t) \leqq c\, e^{-d(t - t_0)}, \qquad t_0 \in T, \quad t > t_0,$$

dann ist die Nullösung von (20) *exponentiell q.M.-stabil bezüglich M.*

Wie bei den Folgerungen zu Satz 4.5 kann man eventuell besser auswertbare Bedingungen erhalten, wenn man $\eta(t)$ durch obere Schranken ersetzt. Gilt z. B. $A_t = A + F_t$ mit einer Matrix A, deren charakteristische Zahlen negative Realteile besitzen, und wählen wir B als Lösung der Matrizengleichung $A' B + B A = -E$, dann erhält man

$$\eta_t \overset{T}{\leqq} -\lambda_{\max}^{-1} [B] + ||F_t' + B F_t' B^{-1}||.$$

Für (21) erhalten wir dann die hinreichende Bedingung

$$E\left\{\exp\left[\int_{t_0}^{t} ||F_\tau' + B F_\tau B^{-1}|| \, d\tau\right]\right\} \leqq e^{\lambda_{\max}[B](t - t_0)}, \qquad t \in T_0.$$

Beispiel. Wir betrachten nun die Differentialgleichung (4.37) mit $a = 0$ und $b > 0$ und mit einem R-stetigen stochastischen Prozeß Z_t

$$\ddot{X}_t + 2\,b\,\dot{X}_t + [1 + Z_t]\,X_t = 0\,. \tag{22}$$

Indem man wie im Kapitel 4 diese Gleichung 2. Ordnung in ein Gleichungssystem umformt, ergibt sich aus (4.38) und (4.40) bei einer bestimmten Wahl von B

$$\eta_t = \lambda_{\max}\,[A_t' + B\,A_t\,B^{-1}] = \begin{cases} -2\,b + |Z_t|\,(1 - b^2)^{-1/2}\,, & \text{falls } 2\,b^2 \leqq 1 \\ -2\,b + |2\,b^2 - 1 - Z_t|\,b^{-1}\,, & \text{falls } 2\,b^2 \geqq 1\,. \end{cases}$$

Für die q.M.-Stabilität der Nullösung von (22)

$$(E\,\{|X_t|^2\} + E\,\{|\dot{X}_t|^2\} < \varepsilon \quad \text{bei} \quad E\,\{|X_0|^2\} + E\,\{|\dot{X}_0|^2\} < \delta)$$

erhalten wir also die folgenden hinreichenden Bedingungen:

$$\left.\begin{aligned} &u_1(t) = E\left\{\exp\left[(1 - b^2)^{-1/2}\int_{t_0}^{t}|Z_\tau|\,d\tau\right]\right\} \leqq e^{2b(t-t_0)}\,, \quad t \in T_0\,, \text{ bei } 2\,b^2 \leqq 1 \\ &\text{oder} \\ &u_2(t) = E\left\{\exp\left[b^{-1}\int_{t_0}^{t}|2\,b^2 - 1 - Z_\tau|\,d\tau\right]\right\} \leqq e^{2b(t-t_0)}\,, \quad t \in T_0\,, \text{ bei } 2\,b^2 \geqq 1\,. \end{aligned}\right\} \tag{23}$$

Für die exponentielle q.M.-Stabilität der Nullösung von (22) ist die Existenz von positiven Zahlen c, d mit

$$u_i(t) \leqq c\,e^{(2b-d)(t-t_0)}\,, \qquad t_0 \in T\,, \quad t \geqq t_0$$
$$(i = 1 \text{ bei } 2\,b^2 \leqq 1;\ i = 2 \text{ bei } 2\,b^2 \geqq 1)$$

eine hinreichende Bedingung.

Wir nehmen nun an, daß Z_t ein Gaussscher Prozeß mit Erwartungswert $m^Z(t)$, Kovarianzfunktion $K^Z(\tau, t)$ und Varianz $\sigma_Z^2(t) = K^Z(t, t)$ ist. Es sei für alle $t \geqq 0$

$$|m^Z(t)| \leqq \alpha\,, \qquad \sigma_Z^2(t) \leqq \beta^2 \quad \text{und} \quad \int_0^\infty K^Z(\tau, t)\,d\tau \leqq \gamma\,.$$

Im Falle $2\,b^2 \leqq 1$ erhalten wir aus (23) mit dem Lemma 5.1 für die q.M.-Stabilität die hinreichende Bedingung

$$\alpha + \beta + (2\sqrt{1 - b^2})^{-1}\,\gamma \leqq 2\,b\sqrt{1 - b^2}\,. \tag{24}$$

Gilt sogar

$$\alpha + \beta + (2\sqrt{1 - b^2})^{-1}\,\gamma < 2\,b\sqrt{1 - b^2}\,, \tag{25}$$

dann ist die Nullösung von (22) exponentiell q.M.-stabil. Im Falle $2\,b^2 \geqq 1$ wenden wir das Lemma 5.1 auf den Gaussschen Prozeß $Z_t' = Z_t + 1 - 2\,b^2$ an. Dann erhalten wir analog zu (25) die hinreichende Bedingung

$$|E\,\{Z_t\} + 1 - 2\,b^2| < 2\,b^2 - \beta - (2\,b)^{-1}\,\gamma - \varepsilon \qquad (t \in T) \tag{26}$$

mit einem beliebigen $\varepsilon > 0$. Es sei $E\,\{Z_t\} \geqq m$.

Aus (26) erhalten wir dann durch Quadrieren die hinreichende Bedingung für die exponentielle q.M.-Stabilität der Nullösung von (22) mit $Q = \beta + (2\,b)^{-1}\gamma$

$$2\,b^2 \geqq 1\,, \qquad 2\,b^2 > Q\,, \qquad \alpha^2 + 2\,m + 1 - Q^2 < 4\,b^2\,[1 + m - Q]\,. \tag{27}$$

Ist Z_t ein stationärer GAUSSscher Prozeß mit

$$m^Z(t) = 0\,, \qquad \sigma^2(t) = \sigma^2 \quad \text{und} \quad K^Z(\tau, t) = \sigma^2\, e^{-\varrho|t-\tau|}\,, \tag{28}$$

dann erhalten wir aus (25) und (26) folgende hinreichende Bedingungen für die exponentielle q.M.-Stabilität:

$$\sigma + \sigma^2\,(2\,\varrho\sqrt{1 - b^2})^{-1} < 2\,b\sqrt{1 - b^2}\,, \tag{29}$$

falls $2\,b^2 \leqq 1$ ist und im Falle $2\,b^2 \geqq 1$ mit $q = \sigma + \dfrac{\sigma^2}{2\,b\,\varrho}$ die Bedingung

$$q < 1\,, \qquad 4\,b^2 > \frac{1 - q^2}{1 - q}\,. \tag{30}$$

5.7. Hinreichende Bedingungen für die gleichgradige *R*-Stabilität mit Hilfe der LJAPUNOVschen Methode

K sei eine beliebige feste positive Zahl. Die auf $R^n \times T \times \Omega$ definierte reelle Funktion $v(x, t, \omega)$ gehöre zur Klasse $F(K)$, falls folgendes gilt:

1. $v(0, t, \omega) \triangleq 0,\ t \in T_0$.
2. Es gibt eine auf $[0, K]$ definierte stetige reelle monoton wachsende Funktion φ mit $\varphi(0) = 0$, für die
$$|v(x, t, \omega)| \overset{R_K^n \times T_0}{\geqq} \varphi(||x||)$$
mit $R_K^n = \{x \in R^n\colon ||x|| < K\}$ gilt.
3. Es gibt eine auf R_K^n definierte stetige reelle Funktion ψ mit $\psi(0) = 0$ und mit
$$v(x, t_0, \omega) \overset{R_K^n}{\leqq} \psi(x)\,.$$

Satz 5.4. *Es existiere eine zur Klasse $F(K)$ gehörige Funktion v, so daß für jedes $X_0 \in \gamma(K)$ $V_t = v(X_t(X_0, t_0), t, \omega)$ die folgende Eigenschaft hat: Für fast alle $\omega \in \Omega$ ist $V_t(\omega)$ absolut stetig auf T_0 mit $\dot{V}_t(\omega) \leqq 0$ für fast alle $t \in T_0$.*

Dann ist die Nullösung von (3) *gleichgradig R-stabil. Gilt für fast alle $\omega \in \Omega$ sogar*

$$\dot{V}_t(\omega) \leqq -\,c\,V_t(\omega) \qquad \text{für fast alle } t \in T_0$$

mit einer positiven Konstanten c, so ist die Nullösung von (3) *gleichgradig asymptotisch R-stabil.*

Gilt außerdem

$$a\,||x||^r \overset{R_K^n \times T}{\leqq} v(x, t, \omega) \overset{R_K^n \times T}{\leqq} b\,||x||^r \qquad (r > 0)$$

und für fast alle $\omega \in \Omega$

$$\dot{V}_t(\omega) \leqq -c\, V_t(\omega) \quad \text{für fast alle } t \in T\,,$$

dann ist die Nullösung von (3) gleichgradig exponentiell R-stabil.

Beweis. Es sei $\varepsilon > 0$ $(\varepsilon < K)$ vorgegeben. Wir wählen $\delta > 0$ derart, daß $\sup\limits_{\|x\| < \delta} |v(x, t_0, \omega)| \mathrel{\widehat{<}} \varphi(\varepsilon)$ ist.

Nach Voraussetzung gilt dann bei $\|X_0\| \mathrel{\widehat{<}} \delta$

$$V_t \overset{T}{\leqq} V_{t_0} \mathrel{\widehat{<}} \varphi(\varepsilon)\,. \tag{31}$$

Nehmen wir nun an, daß aus $\|X_0\| \mathrel{\widehat{<}} \delta$ nicht $\|X_t\| \overset{T}{\mathrel{\widehat{<}}} \varepsilon$ folgt, dann existiert ein $X_0 \in S_n$ mit $\|X_0\| \mathrel{\widehat{<}} \delta$, ein $\Omega_0 \in \mathfrak{A}$ und eine Abbildung τ von Ω_0 auf T_0 mit $P\{\Omega_0\} > 0$ und $\|x(\tau(\omega), X_0(\omega), t_0, \omega)\| \geqq \varepsilon$ für $\omega \in \Omega_0$. Für $\omega \in \Omega_0$ gilt dann aber $V_{\tau(\omega)} \geqq \varphi(\varepsilon)$ im Widerspruch zu (31). Damit ist die gleichgradige R-Stabilität bewiesen.

Gilt $\dot{V}_t \overset{T_0}{\leqq} -c\, V_t$ mit einer positiven Konstanten c, dann gilt nach Lemma 1.3 für $\|X_0\| \mathrel{\widehat{\leqq}} K$

$$\varphi(\|X_t\|) \overset{T_0}{\leqq} V_t \overset{T_0}{\leqq} V_0\, e^{-c(t-t_0)} \overset{T_0}{\leqq} \psi_K\, e^{-c(t-t_0)}\,, \tag{32}$$

mit $\psi_K = \sup\limits_{x \in R_K^n} \psi(x)$.

Hieraus folgt $\lim\limits_{t\to\infty} \varphi(\|X_t\|) \mathrel{\hat{=}} 0$, woraus wegen der Stetigkeit von φ und wegen $\varphi(r) > 0$ bei $r > 0$ die behauptete Konvergenz $\lim\limits_{t\to\infty} \|X_t\| \mathrel{\hat{=}} 0$ folgt.

Sind die letzten Voraussetzungen im Satz erfüllt, dann kann bei $\|X_0\| \leqq K$ analog zu (32) die folgende Abschätzung gezeigt werden:

$$\|X_t\| \overset{T_0}{\leqq} a^{-1/r}\, b^{1/r} \|X_0\|\, e^{-\frac{c}{r}(t-t_0)}\,, \qquad t_0 \in T\,. \tag{33}$$

Beispiel. A_0 sei eine konstante reelle $n \times n$-Matrix mit Elementen a_{ik}^0, deren charakteristische Zahlen negative Realteile haben. Es gibt dann eine symmetrische positiv definite Matrix B, die Lösung der Matrixgleichung

$$A_0'\, B + B\, A_0 = -I \tag{34}$$

ist. Es sei $C[A] = A'\, B + B\, A$. Die charakteristischen Zahlen der Matrix $C[A]$ hängen stetig von der Matrix A ab. $\varrho(A)$ bezeichne die größte der charakteristischen Zahlen von $C[A]$. $-\varrho$ sei eine feste Zahl aus dem Intervall $(-1, 0)$. Es gibt dann eine Umgebung $Q = \{A\colon \|A - A_0\| < \pi\}$ von A_0, so daß

$$\varrho(A) \leqq -\varrho < 0\,, \qquad A \in Q\,, \tag{35}$$

gilt. Ist f eine möglicherweise nichtlineare Vektorfunktion mit

$$f(x, t, \omega) = A(x, t, \omega)\, x\,, \tag{36}$$

wobei A eine Matrixfunktion mit

$$||A(x, t, \omega) - A_0|| \overset{R^n \times T}{<} \pi \tag{37}$$

ist, dann ist die Nullösung der Differentialgleichung (3) gleichgradig exponentiell R-stabil im Ganzen.

Beweis. Zum Beweis betrachten wir die LJAPUNOVsche Funktion $v(x) = x' B x \in F(\infty)$. Für die R-Ableitung von V_t erhalten wir wegen (34) und (35)

$$\dot{V}_t \overset{T}{=} X_t' \, C[A(X_t, t, \omega)] \, X_t \overset{T}{\leqq} \sup_{A \in Q} X_t' \, C[A] \, X_t \overset{T}{\leqq} -\varrho \, X_t' \, X \overset{T}{\leqq} -\varrho \, \lambda_{\max}^{-1}[B] \, V_t \, . \tag{38}$$

Die Funktion $v(x)$ erfüllt also die Voraussetzungen des Satzes 5.4, wonach die Behauptung folgt.

Ist beispielsweise $f(x, t, \omega) = f(x, t, Z_t(\omega))$, wobei Z_t ein homogener MARKOVscher Prozeß mit stückweise konstanten Realisierungen und mit einer endlichen Anzahl von Zuständen z_ν, $\nu = 1, \ldots, l$, ist, dann erhält (37) die Gestalt

$$||A(x, t, z_\nu) - A_0|| < \pi \qquad (\nu = 1, \ldots, l; \, t \in T; \, x \in R^n) \, .$$

5.8. Hinreichende Bedingungen für die W-Stabilität auf Grund von Supermartingaleigenschaften LJAPUNOVscher Funktionen

In gewissen Fällen, z. B. bei stochastischen ITO-Differentialgleichungen und bei stochastischen Differential- und Differenzengleichungen, die von MARKOVschen Prozessen abhängen, besitzen die LJAPUNOVschen Funktionen Supermartingaleigenschaften. R. S. BUCY [1] nutzte als erster diese Eigenschaften zum Nachweis der Stabilität aus. Diese Idee wurde von H. J. KUSHNER ([1], [11], [13]) weiterentwickelt (vgl. auch W. M. WONHAM [5]).

Satz 5.5. *Es sei* $v \in F(K)$. W_t *sei folgendermaßen definiert*:

$$W_t = \begin{Bmatrix} V_t = v(X_t, t, \omega) \, , & t \leqq t(\omega) \\ V_{t(\omega)} \, , & t \geqq t(\omega) \end{Bmatrix} \tag{39}$$

mit $t(\omega) = \sup \left\{ t \in T_0 \colon \sup_{\tau \in [t_0, t]} ||X_\tau|| \leqq K \right\}$. *Existieren für jedes* $X_0 \in \gamma(K)$ σ-*Algebren* $\mathfrak{F}_t$, $t \in T_0$, *so daß* $(W_t, \mathfrak{F}_t)$ *ein nichtnegatives Supermartingal auf* T_0 *darstellt, dann ist die Nullösung von* (3) W-*stabil bezüglich* $\gamma(K)$.

Beweis. Es seien $\varepsilon > 0$ $(\varepsilon < K)$ und $p \in (0, 1)$ vorgegeben. Dann kann man $\delta > 0$, $\gamma \in (0, 1)$ und $\eta > 0$ derart wählen, daß aus $X_0 \in \gamma(K)$ und $||X_0|| \overset{(\gamma)}{<} \delta$ die Ungleichung

$$W_{t_0} \overset{(\gamma)}{<} \eta$$

und daraus die Ungleichung

$$E\,\{W_{t_0}\} \leqq \eta + (1 - \gamma) \, \psi_K < \varphi(\varepsilon) \, (1 - p)$$

folgt.

Aus der Supermartingalungleichung erhalten wir dann

$$P\{\|X_t\| < \varepsilon, t \in T_0\} \geqq P\left\{\sup_{t\in T_0} W_t < \varphi(\varepsilon)\right\} \geqq 1 - \frac{1}{\varphi(\varepsilon)} E\{W_{t_0}\} > p\,.$$

Bemerkung. Ist $v \in F(\infty)$, dann gilt die W-Stabilität bezüglich $\gamma(K)$ für jedes beliebige feste $K > 0$.

Sind die Voraussetzungen des Satzes für jedes $t_0 \in T$ erfüllt, dann folgt aus dem Beweis die gleichmäßige W-Stabilität.

Satz 5.6. *Es seien die Voraussetzungen des Satzes 5.5 erfüllt und darüber hinaus gelte für beliebiges $s \geqq t_0$ und $t > s$*

$$E\{W_t - W_s\} \leqq -E\{Y_{s,t}\}\,,$$

wobei $Y_{s,t} \in S_1$ ist und für festes $t_0 \in T$ zu jedem $a > 0$ ein $b(s, a) > 0$ existiert, so daß für fast alle ω aus

$$\Omega_0^{t_0} = \{\omega \in \Omega\colon 0 < \|X_t(\omega)\| \leqq K, t \geqq t_0\}$$

mit

$$W_t(\omega) \geqq a\,, \qquad t > s$$

die Ungleichung

$$Y_{s,t}(\omega) \geqq b(s, s)\,\alpha\,(t - s)$$

folgt und α eine reelle Funktion mit $\lim\limits_{\tau\to\infty} \alpha(\tau) = \infty$ ist. Dann ist die Nullösung von (3) *asymptotisch W-stabil bezüglich $\gamma(K)$.*

Beweis. Die Nullösung von (3) ist W-stabil bezüglich $\gamma(K)$. Zu vorgegebenem $p \in (0, 1)$ wählen wir $\delta > 0$ und $\gamma \in (0, 1)$, so daß für $\|X_0\| \in \gamma(K)$ mit $\|X_0\| \overset{(\gamma)}{<} \delta$ und $t_0 \in T$ dann $P\{\Omega^{t_0}\} > p$ gilt, wobei

$$\Omega^{t_0} = \{\omega \in \Omega\colon \|X_t(\omega)\| \leqq K, t \geqq t_0\}$$

ist.

Aus dem Martingalkonvergenzsatz folgt

$$\lim_{t\to\infty} W_t = W_\infty \in S_1\,. \tag{40}$$

Wir zeigen indirekt, daß bei festem $t_0 \in T$ für fast alle $\omega \in \Omega^{t_0}$ $W_\infty(\omega) = 0$ ist. Hierzu nehmen wir zunächst an, daß $P\{\Omega_0\} > 3\,\varkappa > 0$ gilt, wobei die Bezeichnung

$$\Omega_c = \{\omega \in \Omega^{t_0}\colon W_\infty > 2\,c\} \qquad (c \geqq 0)$$

verwendet wird. Dann gibt es ein $a > 0$ mit $P\{\Omega_a\} > 2\,\varkappa$. Wir können nun wegen (40) immer ein $s > t_0$ wählen, für das

$$P\{\Omega^{(s)}\} > \varkappa$$

mit $\Omega^{(s)} = \{\omega \in \Omega_a\colon W_t(\omega) > a, t \geqq s\}$ gilt.

Für fast alle $\omega \in \Omega^{t_0} - \Omega_0^{t_0}$ gilt $\|X_t(\omega)\| = 0$, $t \in T$, und damit $W_t(\omega) = W_\infty(\omega) = 0$, so daß fast alle $\omega \in \Omega^{(s)}$ Elemente von $\Omega_0^{t_0}$ sind. Wegen der Voraussetzungen gilt dann für $t > s$:

$$E\{W_t - W_s\} \leqq -E\{Y_{s,t}\} \leqq -P\{\Omega^{(s)}\}\, b(s, a)\, \alpha\,(t-s) \leqq -\varkappa\, b(s, a)\, \alpha\,(t-s).$$

Hieraus folgt aber $\lim\limits_{t\to\infty} E\{W_t - W_s\} = -\infty$ im Widerspruch zur Beschränktheit von W_t ($W_t \overset{\wedge}{\leqq} \psi(K)$).

Für fast alle $\omega \in \Omega^{t_0}$ gilt also

$$\lim_{t\to\infty} \varphi(\|X_t\|) \leqq \lim_{t\to\infty} W_t = 0 \tag{41}$$

und damit $\underset{(\gamma)}{\lim\limits_{t\to\infty}} \|X_t\| = 0$. Also erhalten wir für beliebige $X_0 \in \gamma(K)$ mit $\|X_0\| < \delta$ die Ungleichung

$$P\left\{\lim_{t\to\infty} \|X_t\| = 0\right\} > p\,. \tag{42}$$

Bemerkung. Sind die Voraussetzungen des Satzes für jedes $t_0 \in T$ erfüllt, so folgt aus dem Beweis die gleichmäßige asymptotische W-Stabilität.

Anwendungen der Sätze 5.5 und 5.6 ergeben sich bei der Untersuchung der Stabilität von Differentialgleichungen, die von Markovschen Prozessen abhängen.

5.9. Hinreichende Bedingungen für die R-Stabilität bei Differentialgleichungen mit gewissen Ergodizitätseigenschaften

Wir betrachten nun die Differentialgleichung

$$\frac{dX_t}{dt} = f(X_t, t, \omega) + B(X_t, t, \omega)\, Z_t\,. \tag{43}$$

Die Voraussetzungen über die Differentialgleichung (3) seien auch für die Differentialgleichung (43) erfüllt. f ist eine auf $R^n \times T_0 \times \Omega$ definierte Funktion mit Werten im R^n, und $B(x, t, \omega)$ ist eine auf $R^n \times T_0 \times \Omega$ definierte $n \times m$-Matrix. Z_t ist ein m-dimensionaler R-stetiger stochastischer Vektorprozeß.

Satz 5.7. *Folgende Voraussetzungen seien erfüllt:*

1. *Es sei $v \in F(\infty)$. Für fast alle $\omega \in \Omega$ existiere die partielle Ableitung $v_x = \frac{\partial v}{\partial x}$ und sei auf $R^n \times T_0$ stetig.*
2. *Es bezeichne $Y_s(y, t)$ für $t \in T_0$, $y \in R^n$, die R-Lösung der Differentialgleichung $\frac{dY_t}{dt} = f(Y_t, t, \omega)$ zur Anfangsbedingung (y, t). Es gelte*

$$\lim_{h\downarrow 0} h^{-1}\,(v[Y_{t+h}(y, t), t, \omega] - v[y, t, \omega]) \overset{R^n\times T_0}{\leqq} -c_1\, v[y, t, \omega]\,.$$

3. *Es sei*

$$\|B'(x, t, \omega)\, v_x[x, t, \omega]\| \overset{R^n\times T_0}{\leqq} c_2\, v[x, t, \omega]\,.$$

4. *Es gelte für ein $\varkappa > 0$*

$$\overline{\lim_{t\to\infty}}\,(t-t_0)^{-1}\int_{t_0}^{t}||Z_\tau||\,d\tau \triangleq \frac{c_1}{c_2}-\varkappa\,.$$

Dann ist die Nullösung von (43) *asymptotisch R-stabil im Ganzen.*

Beweis. Es sei $X_0 \in S_n$. Wegen Voraussetzung 1 und Voraussetzung 2 erhalten wir mit

$$W \overset{T_0}{=} \overline{\lim_{h\downarrow 0}}\,h^{-1}\left(v[X_{t+h}(X_0,t_0),t+h,\omega]-v[X_t(X_0,t_0),t,\omega]\right):$$

$$\begin{aligned}W &\overset{T_0}{=} \overline{\lim_{h\downarrow 0}}\,\{h^{-1}\left(v[Y_{t+h}(X_t(X_0,t_0),t),t+h,\omega]-v[X_t(X_0,t_0),t,\omega]\right)\\ &\quad + h^{-1}\left(v[X_{t+h}(X_0,t_0),t+h,\omega]-v[Y_{t+h}(X_t(X_0,t_0),t),t+h,\omega]\right)\}\\ &\overset{T_0}{\leqq} -c_1\,v[X_t(X_0,t_0),t,\omega]\\ &\quad + v_x'[X_t(X_0,t_0),t,\omega]\cdot\lim_{h\to 0}h^{-1}\left(X_{t+h}(X_0,t_0)-Y_{t+h}(X_t(X_0,t_0),t)\right).\end{aligned} \tag{44}$$

Wegen

$$\lim_{h\to 0}h^{-1}\,[X_{t+h}(X_0,t_0)-Y_{t+h}(X_t(X_0,t_0),t)] \overset{T_0}{=} \lim_{h\to 0}h^{-1}\,[X_{t+h}(X_0,t_0)-X_t(X_0,t_0)]$$

$$-\lim_{h\to 0}h^{-1}\,[Y_{t+h}(X_t(X_0,t_0),t)-X_t(X_0,t_0)] \overset{T_0}{=} B(X_t(X_0,t_0),t,\omega)\,Z_t\,.$$

erhalten wir aus (44)

$$W \overset{T_0}{\leqq} -c_1\,v[X_t(X_0,t_0),t,\omega]+v_x'[X_t(X_0,t_0),t,\omega]\,B(X_t(X_0,t_0),t,\omega)\,Z_t\,,$$

woraus wegen Voraussetzung 3 folgt

$$W \overset{T_0}{\leqq} v[X_t(X_0,t_0),t,\omega]\,[-c_1+c_2||Z_t||]\,. \tag{45}$$

Wir benötigen das folgende Lemma.

Lemma 5.5. *Sind g und h stetige Funktionen auf T_0, ist g nichtnegativ und gilt für alle $t \in T_0$*

$$\overline{\lim_{h\downarrow 0}}\,h^{-1}\,[g(t+h)-g(t)] \leqq g(t)\,h(t)\,,$$

dann folgt

$$g(t) \leqq g(t_0)\exp\left[\int_{t_0}^{t}h(\tau)\,d\tau\right] = u_0(t)\,,\qquad t\in T_0\,.$$

Beweis. Es sei $\varepsilon > 0$. Dann gilt für alle $t \in T_0$

$$\overline{\lim_{h\downarrow 0}}\,h^{-1}\,[g(t+h)-g(t)] < g(t)\,h(t)+\varepsilon\,.$$

Es sei $u_\varepsilon(t)$ die Lösung der Differentialgleichung $\dot{u} = h(t)\,u+\varepsilon$ zur Anfangsbedingung $(g(t_0),t_0)$. Wir nehmen an, es existiere ein $t_* \in T_0$ mit $g(t_*) > u_\varepsilon(t_*)$.

Wegen $g(t_0) = u_\varepsilon(t_0)$ und der Stetigkeit von $g - u_\varepsilon$ existiert ein $t \in T_0$ und $\Delta > 0$ mit

$$g(\tau) - u_\varepsilon(\tau) > g(t) - u_\varepsilon(t) = 0\,, \qquad \tau \in (t, t + \Delta)\,.$$

Hieraus folgt aber der Widerspruch

$$g(t)\, h(t) + \varepsilon = \dot{u}_\varepsilon(t) \leqq \overline{\lim_{h \downarrow 0}}\, h^{-1}\, [g(t + h) - g(t)] < g(t)\, h(t) + \varepsilon\,.$$

Es gilt also für jedes $t \in T_0$ und beliebiges $\varepsilon > 0$ die Ungleichung $g(t) \leqq u_\varepsilon(t)$, woraus die Behauptung $g(t) \leqq \lim_{\varepsilon \to +0} u_\varepsilon(t) = u_0(t)$ folgt.

Aus (45) folgt mit Lemma 5.5 wegen der Definition von W ((44))

$$v[X_t(X_0, t_0), t, \omega] \overset{T_0}{\leqq} v(X_0, t_0, \omega)\, e^{\int_{t_0}^{t} [-c_1 + c_2 ||Z_\tau||]\, d\tau} \overset{T_0}{\leqq} \psi(X_0)\, e^{c_2(t - t_0)\left[\frac{1}{t - t_0} \int_{t_0}^{t} ||Z_\tau||\, d\tau - \frac{c_1}{c_2}\right]}\,. \tag{46}$$

Wegen Voraussetzung 4 gibt es für fast alle $\omega \in \Omega$ ein $t(\omega) \in T$ mit

$$(t - t_0)^{-1} \int_{t_0}^{t} ||Z_\tau(\omega)||\, d\tau - \frac{c_1}{c_2} \leqq -\frac{\varkappa}{2}\,, \qquad t \geqq t(\omega)\,. \tag{47}$$

Aus (46) und (47) erhalten wir für fast alle $\omega \in \Omega$

$$\varphi(||X_t(X_0, t_0)||) \leqq \psi(X_0)\, e^{-\frac{\varkappa}{2} c_2 (t - t_0)}\,, \qquad t \geqq t(\omega)\,, \tag{48}$$

woraus

$$\lim_{t \to \infty} ||X_t(X_0, t_0)|| \triangleq 0 \tag{49}$$

folgt.

Es sei $\varepsilon > 0$ vorgegeben. $\varepsilon_1 > 0$ sei derart gewählt, daß aus $\varphi(||x||) < \varepsilon_1$ die Ungleichung $||x|| < \varepsilon$ folgt. Wir wählen $\delta(\omega) > 0$ so, daß aus $||X_0(\omega)|| \mathrel{\hat{<}} \delta(\omega)$ folgt

$$\beta = \max\left[\sup_{t_0 \leqq t \leqq t(\omega)} e^{\int_{t_0}^{t} [-c_1 + c_2 ||Z_\tau||]\, d\tau}, 1\right] \mathrel{\hat{<}} \varepsilon_1 (\psi(X_0))^{-1}\,.$$

Dann gilt nach (46)

$$v[X_t(X_0, t_0), t, \omega] \overset{T_0}{<} \varepsilon_1\,,$$

also auch

$$\varphi(||X_t(X_0, t_0)||) \overset{T_0}{<} \varepsilon_1$$

bzw. wegen der Wahl von ε_1

$$||X_t(X_0, t_0)|| \overset{T_0}{<} \varepsilon\,.$$

Also ist die Nullösung von (43) R-stabil und wegen (49) auch asymptotisch R-stabil im Ganzen.

Bemerkung 1. Die Voraussetzung 4 des Satzes 5.7 ist erfüllt, wenn

$$\lim_{t\to\infty} (t - t_0)^{-1} \left[\int_{t_0}^{t} ||Z_\tau|| \, d\tau - \int_{t_0}^{t} E\{||Z_\tau||\} \, d\tau \right] \triangleq 0$$

und

$$\sup_{t\in T_0} E\{||Z_t||\} < \frac{c_1}{c_2}$$

gilt, also beispielsweise dann, wenn Z_t ein streng stationärer ergodischer Prozeß mit $E\{||Z_{t_0}||\} < \frac{c_1}{c_2}$ ist.

Bemerkung 2. Der Satz 5.6 stellt eine Verallgemeinerung des Satzes I. 5.1 in R. Z. Has'minskiĭ [14] dar. Die Schranken für $\sup_{t\in T} E\{||Z_t||\}$, die wir mit unserem Resultat erhalten, sind größer als in R. Z. Has'minskiĭ [14] und auch größer als in Satz 2.15 in T. Morozan [10]. Eine solche quantitative Verbesserung kann für Anwendungen bedeutsam sein.

Wir wenden das Resultat auf eine lineare Differentialgleichung an, die auch in den beiden genannten Monographien untersucht worden ist.

Wir betrachten die Differentialgleichung

$$\frac{dX_t}{dt} = A(t)\, X_t + C_t(\omega)\, X_t\,, \tag{50}$$

wobei $A(t)$ eine stetige beschränkte reelle $n\times n$-Matrixfunktion und C_t ein R-stetiger $n\times n$-Matrixprozeß ist. Mit

$$B(x) = \begin{pmatrix} x_1 \cdots x_n & 0 \cdots 0 & \cdots 0 \cdots 0 \\ 0 \cdots 0 & x_1 \cdots x_n & \cdots 0 \cdots 0 \\ 0 \cdots 0 & 0 \cdots 0 & \cdots x_1 \cdots x_n \end{pmatrix}$$

und einem n^2-dimensionalen stochastischen Prozeß Z_t mit den Komponenten

$$Z_t^{([i-1]n+j)} = C_t^{ij}$$

schreiben wir (50) in der Gestalt (43)

$$\frac{dX_t}{dt} = A(t)\, X_t + B(X_t)\, Z_t\,. \tag{51}$$

Die Gleichung

$$\frac{dx}{dt} = A(t)\, x \tag{52}$$

sei exponentiell stabil. Dann gibt es eine quadratische Form $v[x, t] = x'\, Q(t)\, x$ und positive Zahlen λ_1 und λ_2, so daß

$$v'_x\, A(t)\, x + \frac{\partial v}{\partial t} = -\, ||x||^2$$

und

$$\lambda_1 ||x||^2 \leqq v[x, t] \leqq \lambda_2 ||x||^2 \qquad (x \in R^n, t \in T)$$

gilt (I. G. Malkin [1], § 75, Satz 2).

Es ist

$$\overline{\lim_{h \downarrow 0}}\, h^{-1} (v[Y_{t+h}(y, t)\, t + h] - v[y, t]) \leqq -\, ||y||^2 \leqq -\, \lambda_1^{-1}\, v[y, t]\,,$$

also $c_1 = \lambda_1^{-1}$.

Weiterhin ist $v_x' = (2\, Q\, x)'$, und wenn wir mit x_{ik} den Spaltenvektor mit den Komponenten

$$x_{ik}^l = \begin{cases} x_k & \text{falls } i = l \\ 0 & \text{sonst} \end{cases}$$

bezeichnen, so erhalten wir

$$||v_x' B|| = 2\, ||x'\, Q\, B(x)|| = 2 \left(\sum_{i,k=1}^{n} \left(\sum_l x_l\, q_{li}\, x_k \right)^2 \right)^{1/2}$$

$$= 2 \left(\sum_{i,k=1}^{n} (x'\, Q\, x_{ik})^2 \right)^{1/2} \leqq 2 \left(\sum_{i,k=1}^{n} \lambda_2^2\, ||x||^2\, ||x_{ik}||^2 \right)^{1/2} = 2 \sqrt{n}\, \lambda_2\, ||x||^2\,.$$

Also ist $c_2 = 2 \sqrt{n}\, \lambda_2 \lambda_1^{-1}$.

Damit erhalten wir aus Satz 5.7 folgendes Resultat:

Satz 5.8. *Es sei $A(t)$ eine stetige beschränkte $n \times n$-Matrix, und die Nullösung von* (52) *sei exponentiell stabil. C_t sei R-stetig, und es gelte*

$$\lim_{t \to \infty} (t - t_0)^{-1} \left[\int_{t_0}^{t} ||C_\tau||\, d\tau - \int_{t_0}^{t} E\{||C_\tau||\}\, d\tau \right] \triangleq 0$$

und

$$\sup_{t \in T_0} E\{||C_t||\} < \frac{1}{2 \sqrt{n}\, \lambda_2}\,, \tag{53}$$

dann ist die Nullösung der Differentialgleichung (50) *asymptotisch R-stabil im Ganzen.*

Bemerkung 1. Die Bedingung (53) stellt eine Verbesserung der Bedingung $\sup_{t \geqq 0} E\{||C_t||\} < \frac{\lambda_1}{6 \sqrt{n}\, \lambda_2^2}$ in Theorem 2.16 von T. Morozan [10] dar.

Bemerkung 2. Die Schranken, die wir in den Beispielen zu Satz 4.5 für $E\{|Z_t|\}$ erhalten haben, sind besser als die Schranken, die wir durch Anwendung des vorliegenden Satzes erhalten würden.

5.10. Einige Folgerungen aus Resultaten über die Stabilität von Differentialgleichungen in einem Banach-Raum

Sind R- und q.M.-Lösungen auf T äquivalent, dann kann die stochastische Differentialgleichung als Differentialgleichung im Banach-Raum $\mathfrak{L}_n^2$ behandelt werden, und aus den Stabilitätseigenschaften der entsprechenden Lösungen ergeben sich q.M.-Stabilitätseigenschaften für die R-Lösungen. Hinreichende Bedingungen für die Äquivalenz von q.M.- und R-Lösungen sind im Satz 2.4 angegeben worden.

Wir betrachten die Differentialgleichung

$$\frac{dX_t}{dt} = A_t(\omega)\, X_t + g(X_t, t, \omega)\,. \tag{54}$$

Dabei sei A_t ein R-stetiger Matrixprozeß auf T und $g(x, t, \omega)$ ein R-stetiger Vektorprozeß auf $R^n \times T$. Es sollen auf T reelle stetige Funktionen $a(t)$ und $l(t)$ und eine positive Zahl L mit

$$\|A_t\| \overset{T}{\leqq} a(t)\,, \tag{55}$$

$$\|g(x, t, \omega)\| \overset{R^n \times T}{\leqq} L\|x\| \tag{56}$$

und

$$\|g(x, t, \omega) - g(\bar{x}, t, \omega)\| \overset{R^n \times R^n \times T}{\leqq} l(t)\, \|x - \bar{x}\| \tag{57}$$

existieren.

Die Differentialgleichung (54) genügt dann den Voraussetzungen des Satzes 2.4.

Ist die Nullösung der Differentialgleichung

$$\frac{dX_t}{dt} = A_t(\omega)\, X_t \tag{58}$$

exponentiell q.M.-stabil im Ganzen, dann gilt mit den Bezeichnungen aus Kapitel 4

$$(E\{\|Q(t)\, Q^{-1}(\tau)\|^2\})^{1/2} \leqq B\, e^{-\alpha(t-\tau)}\,, \tag{59}$$

wobei B und α von t und τ unabhängige positive Konstanten sind. Aus Satz III 6.1 in E. A. Barbašin [2] erhalten wir folgendes Resultat:

Satz 5.9. *Sind* (55), (56), (57) *und* (59) *erfüllt und gilt außerdem*

$$\lambda = \alpha - B\,L > 0\,,$$

dann ist die Nullösung von (54) *exponentiell q.M.-stabil im Ganzen.*

Wir wollen nun die Stabilität der Differentialgleichung (54) bezüglich ständig wirkender zufälliger Störungen untersuchen. Wir betrachten zu diesem Zweck die „gestörte" Differentialgleichung

$$\frac{dX_t}{dt} = A_t(\omega)\, X_t + g(X_t, t, \omega) + u(X_t, t, \omega)\,. \tag{60}$$

$u(x, t, \omega)$ sei ein auf $R^n \times T$ R-stetiger Vektorprozeß mit

$$\|u(x, t, \omega) - u(\bar{x}, t, \omega)\| \overset{R^n \times R^n \times T}{\leqq} l(t)\|\, x - \bar{x}\| \tag{61}$$

und

$$\|u(x, t, \omega)\| \overset{R^n \times T}{\leqq} M(t)\, Z(\omega)\,, \tag{62}$$

wobei

$$E\{Z^2(\omega)\} = \gamma < \infty \tag{63}$$

ist. Es sei $r(t) = M(t)\,\gamma^{1/2}$ auf T stetig.

Erfüllen A_t und g die gleichen Voraussetzungen wie bei Satz 5.9, dann genügt die Differentialgleichung (60) den Bedingungen des Satzes 2.4.

Wir führen folgende Bezeichnungen ein:

$$h_0 = \sup_{t\geq 0} r(t)\,, \qquad h_1 = \sup_{t\geq 0} \int_t^{t+1} r(\tau)\,d\tau\,, \qquad h_2 = \sup_{t\geq 0} \left(\int_t^{t+1} r^2(\tau)\,d\tau\right)^{1/2}.$$

Aus Satz III 6.2 in E. A. BARBAŠIN [2] folgt

Satz 5.10. *Es seien die Voraussetzungen des Satzes* 5.9 *sowie* (61), (62) *und* (63) *erfüllt.*

Ist a) $$h_0 < \frac{\sqrt{\varepsilon}}{2\,B} \cdot \lambda$$

oder b) $$h_1 < \frac{\sqrt{\varepsilon}}{2\,B} e^{-\lambda}\,(1 - e^{-\lambda})$$

oder c) $$h_2 < \frac{\sqrt{\varepsilon}}{2\,B} \left(\frac{2\,\lambda}{e^{2\lambda} - 1}\right)^{1/2} (1 - e^{-\lambda})$$

erfüllt, dann gilt

$$E\{\|X_t\|^2\} < \varepsilon\,, \qquad t \in T\,,$$

für jede Lösung von (60) *zu einer Anfangsbedingung* $(X_0, t_0) \in L_n^2 \times T$ *mit*

$$E\{\|X_0\|^2\} < \frac{\varepsilon}{(2\,B)^2}.$$

Wir betrachten jetzt die Differentialgleichungen

$$\frac{dX_t}{dt} = f(X_t, t, \omega) \tag{64}$$

mit $f(0, t, \omega) \stackrel{T}{=} 0$ und

$$\frac{dX_t}{dt} = f(X_t, t, \omega) + u(X_t, t, \omega)\,. \tag{65}$$

Zu jeder Anfangsbedingung $(X_0, t_0) \in L_n^2 \times T$ sollen jede der Differentialgleichungen (64) und (65) in T eindeutige äquivalente q.M.- und R-Lösungen besitzen. Es gelte

$$\|f(x, t, \omega) - f(\bar{x}, t, \omega)\| \stackrel{R^n \times R^n \times T}{\leqq} L\,\|x - \bar{x}\|\,. \tag{66}$$

Dann erhalten wir aus Satz III 6.6 in E. A. BARBAŠIN [2] folgendes Resultat:

Satz 5.11. *Ist die Nullösung von* (64) *gleichmäßig asymptotisch q.M.-stabil, dann ist die Nullösung von* (64) *auch q.M-stabil bezüglich ständig wirkender Störungen, wobei als gestörte Differentialgleichungen Differentialgleichungen der Gestalt* (65) *mit den oben angegebenen Eigenschaften zugelassen werden.*

5.11. Über die Stabilität deterministischer Systeme bei ständig wirkenden zufälligen Störungen

Wir wollen nun die Stabilität der Nullösung deterministischer Differentialgleichungen bezüglich ständig wirkender zufälliger Störungen untersuchen.

$f(x, t)$ sei eine auf $R^n \times T$ definierte stetige Vektorfunktion. $g(x, t, \omega)$ sei ein auf $R^n \times T$ R-stetiger Vektorprozeß. Wir betrachten die Differentialgleichungen

$$\frac{dx}{dt} = f(x, t) \tag{67}$$

und

$$\frac{dX_t}{dt} = f(X_t, t) + g(X_t, t, \omega) . \tag{68}$$

Zu jeder Anfangsbedingung $(x_0, t) \in R^n \times T$ existiere in T eine eindeutige Lösung $x(t)$ von (67) und eine eindeutige R-Lösung X_t von (68). $x(t) = 0$, $t \in T$, sei eine isolierte singuläre Stelle der Differentialgleichung (67) auf T. Die Klasse aller g, für die die zugehörige Differentialgleichung (68) für fast alle $\omega \in \Omega$ diese Voraussetzungen erfüllt, bezeichnen wir mit H. G bezeichne die Klasse aller auf $R^n \times T$ R-stetigen Prozesse g, für die reelle stetige Funktionen $l(t)$ und $m(t)$ existieren, so daß

$$||g(x, t, \omega) - g(\bar{x}, t, \omega)|| \overset{R^n \times R^n \times T}{\leqq} l(t) || x - \bar{x}||$$

und

$$||g(x, t, \omega)|| \overset{R^n \times T}{\leqq} m(t) \, [||x|| + Z(\omega)]$$

mit $Z(\omega) \in L_1^2$ gilt.

Definition 5.6. Die Nullösung der Differentialgleichung (67) heißt *q.M.-stabil bezüglich ständig wirkender zufälliger Störungen* aus G, falls zu beliebigem $\varepsilon > 0$ ein $\delta > 0$ existiert, so daß bei

$$||x_0|| + \sup_{\substack{t \in T \\ x \in R^n}} E\{||g(x, t, \omega)||^2\} \leqq \delta ,$$

$x_0 \in R^n$ und $g \in G$ die Ungleichung

$$E\{||X_t||^2\} < \varepsilon , \qquad t \in T ,$$

folgt.

Definition 5.7. Die Nullösung der Differentialgleichung (67) heißt *P-stabil bezüglich ständig wirkender zufälliger Störungen* aus H, falls zu beliebigem $\varepsilon > 0$ und $p \in (0, 1)$ ein $\delta > 0$ existiert, so daß mit $Z_t = \sup_{x \in R^n} ||g(x, t, \omega)||^2$ bei

$$||x_0|| + \sup_{t \in T} E\{Z_t\} < \delta ,$$

$x_0 \in R^n$, $g \in H$, die Ungleichung

$$||X_t|| \overset{(p)}{<} \varepsilon , \qquad t \in T ,$$

gilt.

Definition 5.8. Die Nullösung der Differentialgleichung (67) heißt *W-stabil bezüglich ständig wirkender zufälliger Störungen* aus H, falls zu beliebigem $\varepsilon > 0$ und $p \in (0, 1)$ ein $\delta > 0$ existiert, so daß bei

$$||x_0|| + E\left\{\sup_{t \in T} Z_t\right\} < \delta$$

$x_0 \in R^n$, $g \in H$, die Ungleichung

$$||X_t|| \overset{(T,p)}{<} \varepsilon$$

gilt.

Aus Satz 2.4 und aus Satz III 6.5 in E. A. Barbašin [2] erhalten wir folgendes Resultat:

Satz 5.12. *Es seien folgende Voraussetzungen erfüllt:*

1. *f ist auf $R^n \times T$ stetig.*
2. *Es gibt eine positive Zahl L mit*

$$||f(x, t) - f(\bar{x}, t)|| \leqq L\, ||x - \bar{x}||; \qquad x, \bar{x} \in R^n, t \in T\,.$$

3. *Die Nullösung von* (67) *ist gleichmäßig asymptotisch stabil.*

Dann ist die Nullösung von (67) *q.M.-stabil bezüglich ständig wirkender zufälliger Störungen aus G.*

In [14] hat R. Z. Has'minskiĭ hinreichende Bedingungen für die P-Stabilität der Nullösung von (67) bezüglich ständig wirkender zufälliger Störungen angegeben. Wir formulieren dieses Resultat in Satz 5.13. Für Anwendungen ist die P-Stabilität nicht völlig befriedigend, da aus dieser Eigenschaft nicht folgt, daß die Normen der Realisierungen der Lösungen mit großer Wahrscheinlichkeit durch ε beschränkte Funktionen sind. Wir zeigen deshalb in Satz 5.14, daß schon unter etwas schwächeren Voraussetzungen als in Satz 5.13 die W-Stabilität gilt.

Satz 5.13. *Es existiere eine auf $R^n \times T$ definierte, stetig partiell differenzierbare reelle Funktion $v(x, t)$ mit folgenden Eigenschaften:*

1. *Es gibt eine positive Zahl L mit*

$$\left\|\frac{\partial v(x, t)}{\partial x}\right\| \leqq L; \qquad x \in R^n, \qquad t \in T\,.$$

2. *Es gibt auf* $[0, \infty)$ *definierte reelle stetige, monoton nichtfallende Funktionen* $\varphi(r)$, $\psi(r)$ *und* $\varrho(r)$ *mit* $\varphi(0) = \psi(0) = 0$ *und*

$$0 < \varphi(r)\,, \qquad 0 < \psi(r)\,, \qquad 0 < \varrho(r) < \varrho_0 \qquad (r > 0)\,,$$

so daß

a) $\varphi(||x||) \leqq v(x, t) \leqq \psi(||x||)$

und

b) $$\left(\frac{\partial v}{\partial x}\right)' f(x, t) + \frac{\partial v}{\partial t} \leqq -\varrho(||x||)\, v(x, t); \qquad x \in R^n, \qquad t \in T,$$

gilt.

Dann ist die Nullösung der Differentialgleichung (67) *P-stabil bezüglich ständig wirkender zufälliger Störungen aus H.*

Beweis. Es sei $\delta > 0$ und $||X_t(\omega)|| > \delta$. Dann gilt wegen der Voraussetzungen 1 und 2b mit $V_t(\omega) = V(X_t(\omega), t)$

$$\frac{dV_t(\omega)}{dt} \leqq -\varrho(\delta)\, V_t(\omega) + L\, Z_t(\omega)\,. \tag{69}$$

Aus (69) und $\frac{dV_t(\omega)}{dt} \overset{T}{\leqq} L\, Z_t(\omega)$ erhalten wir

$$\frac{dV_t}{dt} \overset{T}{\leqq} -\varrho(\delta)\, V_t + L\, Z_t + \varrho(\delta)\, \psi(\delta)\,. \tag{70}$$

Wenden wir auf (70) Lemma 1.3 an und bilden den Erwartungswert, so erhalten wir

$$E\,\{V_t\} \leqq v(x_0, t_0)\, e^{-\varrho(\delta)(t-t_0)} + \frac{L}{\varrho(\delta)} \sup_{\tau \in T} E\,\{Z_\tau\} + \psi(\delta)\,; \qquad t \in T\,. \tag{71}$$

Es seien $\varepsilon > 0$ und $p \in (0, 1)$ vorgegeben. Wegen Voraussetzung 2 ist für hinreichend kleine δ, $||x_0||$ und $\sup\limits_{t \in T} E\,\{Z_t\}$

$$E\,\{V_t\} < \varphi(\varepsilon)\,(1 - p)\,. \tag{72}$$

Andererseits gilt

$$E\,\{V_t\} \geqq \varphi(\varepsilon)\, P\,\{||X_t|| \geqq \varepsilon\}\,. \tag{73}$$

Aus (72) und (73) erhalten wir schließlich

$$||X_t|| \overset{(p)}{<} \varepsilon\,.$$

Satz 5.14. *Es existiere eine auf $R^n \times T$ stetig partiell differenzierbare reelle Funktion mit der folgenden Eigenschaft:*

1. *Es gibt positive Zahlen L und K mit*

$$\left\|\frac{\partial v(x, t)}{\partial x}\right\| \leqq L; \qquad ||x|| \leqq K\,, \qquad t \in T\,.$$

Außerdem sei die Voraussetzung 2 *des Satzes* 5.13 *erfüllt. Dann ist die Nullösung der Differentialgleichung* (67) *W-stabil bezüglich ständig wirkender zufälliger Störungen aus H.*

Beweis. Wir nehmen an, die Nullösung der Differentialgleichung (67) sei nicht W-stabil bezüglich ständig wirkender zufälliger Störungen aus H. Dann gibt es ein $\varepsilon \in (0, K)$, ein $p \in (0, 1)$ und eine Folge von Anfangswerten $x_0^{(\nu)} \in R^n$ und Funktionen $g^\nu(x, t, \omega) \in H$, $\nu = 1, 2, \ldots$, mit folgenden Eigenschaften:

a) Es gilt $\lim\limits_{\nu \to \infty} ||x_0^\nu|| + E\,\{Z^\nu\} = 0$ mit $Z^\nu = \sup\limits_{\substack{x \in R^n \\ t \in T}} ||g^\nu(x, t, \omega)||$.

b) Bezeichnet X_t^ν die R-Lösung der Differentialgleichung

$$\frac{dX_t}{dt} = f(X_t, t) + g^\nu(X_t, t, \omega)$$

zur Anfangsbedingung (x_0^ν, t_0), dann gilt

$$\sup_{t \in T} \|X_t^\nu\| \overset{(1-p)}{\geqq} \varepsilon .$$

Es sei $\delta \in (0, \varepsilon)$ derart gewählt, daß

$$\psi(\delta) < \varphi(\varepsilon) \frac{1-p}{3}$$

gilt.

N sei derart, daß

$$\|x_0^\nu\| < \delta \quad \text{und} \quad E\{Z^\nu\} < \frac{\varrho(\delta)\,(1-p)\,\varphi(\varepsilon)}{3\,L}$$

für $\nu > N$ gilt.

Ω^ν sei die Menge aller $\omega \in \Omega$ mit $\sup_{t \in T} \|X_t^\nu(\omega)\| \geqq \varepsilon$. Wegen der Voraussetzungen gilt mit $V_t^\nu(\omega) = v(X_t^\nu(\omega), t)$ bei $\|X_t^\nu(\omega)\| < K$

$$\frac{d V_t^\nu(\omega)}{dt} \leqq L\, Z_t^\nu \tag{74}$$

bzw. bei $\delta < \|X_t(\omega)\| < K$

$$\frac{d V_t^\nu(\omega)}{dt} \leqq -\varrho(\delta)\, V_t^\nu + L\, Z_t^\nu . \tag{75}$$

Aus (74) und (75) erhalten wir für $\|X_t^\nu(\omega)\| < K$

$$\frac{d V_t^\nu(\omega)}{dt} \leqq -\varrho(\delta)\, V_t^\nu + L\, Z_t^\nu + \varrho(\delta)\, \psi(\delta) . \tag{76}$$

Für $\omega \in \Omega^\nu$ sei $t^\nu(\omega) = \inf\{t \geqq t_0 : \|X_t^\nu(\omega)\| \geqq \varepsilon\}$. Aus (76) folgt für $\omega \in \Omega^\nu$, $t \in [t_0, t^\nu(\omega)]$ und $\nu > N$

$$V_t^\nu \leqq V_0^\nu - \varrho(\delta) \int_{t_0}^{t} V_\tau^\nu\, d\tau + \int_{t_0}^{t} [L\, Z_\tau + \varrho(\delta)\, \psi(\delta)]\, d\tau . \tag{77}$$

Nach Lemma 1.3 folgt aus (77)

$$V_{t^\nu(\omega)}^\nu \leqq V_0^\nu\, e^{-\varrho(\delta)\,(t^\nu(\omega) - t_0)} + \psi(\delta) + L \int_{t_0}^{t^\nu(\omega)} Z_\tau^\nu\, e^{-\varrho(\delta)\,(t^\nu(\omega) - \tau)}\, d\tau , \tag{78}$$

woraus

$$V_{t^\nu(\omega)}^\nu \leqq V_0 + \psi(\delta) + \frac{L\, Z^\nu}{\varrho(\delta)} \tag{79}$$

folgt.

Integrieren wir (79) über Ω^ν, dann erhalten wir für $\nu > N$

$$\int_{\Omega^\nu} V_{t^\nu(\omega)}^\nu\, dP \leqq V_0^\nu + \psi(\delta) + \frac{L}{\varrho(\delta)} E\{Z^\nu\} < (1-p)\, \varphi(\varepsilon) . \tag{80}$$

Ungleichung (80) ist aber ein Widerspruch zu

$$\int_{\Omega^\nu} V^\nu_{t^\nu(\omega)}\, dP = \int_{\Omega^\nu} v(X^\nu_{t^\nu(\omega)}, t^\nu(w))\, dP \geqq (1 - p)\, \varphi(\varepsilon)\,.$$

Bemerkung. Ist die Nullösung von (67) exponentiell stabil im Ganzen, und ist $\frac{df}{\partial x}$ auf $R^n \times T$ stetig und beschränkt, dann existiert eine Funktion $v(x, t)$ mit (2). Die Funktion $v(x, t)$ erfüllt die Voraussetzungen des Satzes 5.14 und die Funktion $[v(x, t)]^{1/2}$ die Voraussetzungen des Satzes 5.13. Ist also die Nullösung von (67) exponentiell stabil im Ganzen, und ist $\frac{df}{dx}$ auf $R^n \times T$ stetig und beschränkt, so ist die Nullösung von (67) P- und auch W-stabil bezüglich ständig wirkender zufälliger Störungen aus H.

5.12. Periodische und stationäre Lösungen nichtlinearer stochastischer Differentialgleichungen und deren Stabilität

Ausgehend von den Ergebnissen des Satzes 3.4 können wir unter gewissen Voraussetzungen durch sukzessive Approximation auch für nichtlineare Differentialgleichungen die Existenz von streng Θ-periodischen R-Lösungen, gegen die jede andere R-Lösung konvergiert, zeigen.

Im Spezialfall einer linearen Differentialgleichung mit stochastischen streng periodischen Koeffizienten ergibt sich daraus die Existenz einer streng periodischen R-Lösung, falls die Koeffizientenmatrix fast sicher hinreichend wenig von einer reellen stetigen periodischen Matrix, deren charakteristische Exponenten negative Realteile haben, abweicht (vgl. Abschnitt 4.6).

In diesem Abschnitt sei $T = R^1$.

Wir betrachten eine Differentialgleichung der Gestalt

$$\frac{dX_t}{dt} = f(X_t, t, Z_t) + g(X_t, t, Z_t)\,. \tag{81}$$

Der folgende Satz stellt eine Verallgemeinerung eines Resultates von A. Ja. Dorogevcev in [1] dar.

Satz 5.15. *Es seien folgende Voraussetzungen erfüllt:*

1. *$f(x, t, z)$ und $g(x, t, z)$ sind auf $R^n \times T \times R^m$ stetige n-dimensionale Vektorfunktionen, die für jedes feste $(x, z) \in R^n \times R^m$ Θ-periodisch sind. Es sei $f(0, t, z) = 0$, $(t, z) \in T \times R^m$.*
2. *Z_t ist ein R-stetiger streng Θ-periodischer m-dimensionaler Vektorprozeß.*
3. *Es gilt $||g(x, t, Z_t)|| \underset{R^n \times T}{\leqq} \varphi(t, Z_t)$ mit $\int_0^\Theta E\{\varphi(\tau, Z_\tau)\}\, d\tau = K < \infty$ und $||g(x_1, t, Z_t) - g(x_2, t, Z_t)|| \underset{R^n \times R^n \times T}{\leqq} \beta\, ||x_1 - x_2||$, wobei β hinreichend klein ist.*

4. *Es gibt eine reelle stetige Θ-periodische Matrixfunktion $A_0(t)$, deren charakteristische Exponenten negative Realteile haben:* $\max_k \operatorname{Re} \lambda_k < -\varrho < 0$, *so daß* $\|f(x_1, t, Z_t) - f(x_2, t, Z_t) - A_0(t)(x_1 - x_2)\| \underset{T \times R^n \times R^n}{\leqq} \varkappa \|x_1 - x_2\|$ *mit hinreichend kleinem $\varkappa$ gilt.*

Dann existiert auf T eine R-Lösung X_t^0 von (81), *für die (X_t^0, Z_t) streng Θ-periodisch ist, und jede R-Lösung von* (81) *konvergiert fast sicher exponentiell gegen diese streng periodische Lösung.*

Beweis. Es sei $Q_0(t)$ die Fundamentalmatrix von $\frac{dx}{dt} = A_0(t)\, x$ mit $Q_0(0) = I$. Es gilt $Q_0(t) = P_0(t)\, e^{tR_0}$ mit einer 2 Θ-periodischen Matrix $P_0(t)$ und mit einer konstanten Matrix R_0, bei der die Realteile der charakteristischen Zahlen kleiner als $-\varrho$ sind. X_{1t}^0 bezeichne die streng Θ-periodische R-Lösung der Differentialgleichung

$$\frac{dX_{1t}^0}{dt} = A_0(t)\, X_{1t}^0 + g(0, t, Z_t)\,, \tag{82}$$

die nach Lemma 3.5, nach Satz 3.4 und Bemerkung 2 zu Satz 3.4 existiert. Außerdem gilt

$$\int_0^\Theta E\{\|X_{1\tau}^0\|\}\, d\tau \leqq \int_0^\Theta \|P_0(\tau)\| \int_0^\infty E\{\|e^{\alpha R_0} P^{-1}(\tau - \alpha)\, g(0, \tau - \alpha, Z_{\tau-\alpha})\|\}\, d\alpha\, d\tau$$

$$\leqq K\, c \int_0^\Theta \|P_0(\tau)\|\, e^{\tau\varrho}\, d\tau \sum_{k=0}^\infty (e^{-2\,\Theta\varrho})^k < \infty\,, \tag{83}$$

und nach Bemerkung 1 zu Satz 3.4 ist (X_{1t}^0, Z_t) streng Θ-periodisch.

Wir betrachten nun die Differentialgleichung

$$\frac{dX_{nt}^0}{dt} = A_0(t)\, X_{nt}^0 + f(X_{n-1t}^0, t, Z_t) - A_0(t)\, X_{n-1t}^0 + g(X_{n-1t}^0, t, Z_t)\,. \tag{84}$$

Unter der Voraussetzung, daß (X_{n-1t}^0, Z_t) ein streng Θ-periodischer Prozeß mit $\int_0^\Theta E\{\|X_{n-1\tau}^0\|\}\, d\tau < \infty$ ist, hat nach Bemerkung 2 zu Satz 3.4 auch (84) auf T eine R-Lösung mit streng Θ-periodischen (X_{nt}^0, Z_t), da nach Lemma 3.5

$$V_t = f(X_{n-1t}^0, t, Z_t) - A_0(t)\, X_{n-1t}^0 + g(X_{n-1t}^0, t, Z_t)$$

streng Θ-periodisch und

$$\int_0^\Theta E\{\|V_\tau\|\}\, d\tau \leqq \varkappa \int_0^\Theta E\{\|X_{n-1\tau}^0\|\}\, d\tau + \int_0^\Theta E\{\varphi(\tau, Z_\tau)\}\, d\tau < \infty$$

gilt. Die Eigenschaft $\int_0^\Theta E\{\|X_{n\tau}^0\|\}\, d\tau < \infty$ zeigt man wie im Fall $n = 1$. Nach Induktion bilden also die (X_{nt}^0, Z_t), $n = 1, 2, \ldots$, eine Folge streng Θ-periodischer Prozesse.

Aus (84) erhalten wir wegen Voraussetzung 3 und 4

$$\begin{aligned}||X^0_{nt} - X^0_{n-1t}|| \overset{T}{=} \Bigg\| \int_{-\infty}^{t} Q_0(t)\, Q_0^{-1}(\tau)\, [f(X^0_{n-1\tau}, \tau, Z_\tau(\omega)) - f(X^0_{n-2\tau}, \tau, Z_\tau(\omega)) \\ - A_0(\tau)\, [X^0_{n-1\tau} - X^0_{n-2\tau}] \\ + g(X^0_{n-1\tau}, \tau, Z_\tau(\omega)) - g(X^0_{n-2\tau}, \tau, Z_\tau(\omega))]\, d\tau \Bigg\| \\ \overset{T}{\leqq} (\varkappa + \beta) \int_{-\infty}^{t} ||Q_0(t)\, Q_0^{-1}(\tau)||\; ||X^0_{n-1\tau} - X^0_{n-2\tau}||\, d\tau \\ \leqq \gamma\, (\varkappa + \beta) \int_{-\infty}^{t} e^{-\varrho(t-\tau)}\, ||X^0_{n-1\tau} - X^0_{n-2\tau}||\, d\tau\,,\end{aligned}$$

wobei die Konstante γ so gewählt ist, daß

$$||Q_0(t)\, Q_0^{-1}(\tau)|| \leqq \gamma\, e^{-\varrho(t-\tau)}\,, \qquad t, \tau \in T\,, \qquad \tau \leqq t$$

gilt. Für fast alle $\omega \in \Omega$ und beliebige endliche Intervalle $T^* \subset T$ gilt damit

$$||X^0_{nt}(\omega) - X^0_{n-1t}(\omega)|| \leqq \sup_{t \in T^*} ||X^0_{1t}(\omega)||\; ((\varkappa + \beta)\, \gamma\, \varrho^{-1})^{n-1} < \infty \tag{85}$$

und bei $\varkappa + \beta < \varrho\, \gamma^{-1}$ konvergiert $X^0_{nt}(\omega)$ für $n \to \infty$ gleichmäßig in T^* gegen eine Funktion $X^0_t(\omega)$ mit

$$\begin{aligned}X^0_t(\omega) &= \lim_{n\to\infty} \Big\{ X^0_{n0}(\omega) + \int_0^t [f(X^0_{n-1\tau}(\omega), \tau, Z_\tau(\omega)) \\ &\quad + A_0(\tau)\, [X^0_{n\tau}(\omega) - X^0_{n-1\tau}(\omega)] + g(X^0_{n-1\tau}, \tau, Z_\tau)]\, d\tau \\ &= X_0(\omega) + \int_{t_0}^t \lim_{n\to\infty} [f(X^0_{n-1\tau}(\omega), \tau, Z_\tau(\omega)) \\ &\quad + A_0(\tau)\, [X^0_{n\tau}(\omega) - X^0_{n-1\tau}(\omega)] + g(X^0_{n-1\tau}, \tau, Z_\tau(\omega))]\, d\tau \\ &= X_0(\omega) + \int_0^t [f(X^0_\tau(\omega), \tau, Z_\tau(\omega)) + g(X^0_\tau(\omega), \tau, Z_\tau(\omega))]\, d\tau\,, \quad t \in T^*\,.\end{aligned}$$

Für fast alle $\omega \in \Omega$ gibt es also eine auf T definierte Funktion $X^0_t(\omega) = \lim_{n\to\infty} X^0_{nt}(\omega)$, die Lösung der Differentialgleichung $\dot{x} = f(x, t, Z_t(\omega)) + g(x, t, Z_t(\omega))$ ist. Somit existiert ein stochastischer Prozeß X^0_t mit $\lim_{n\to\infty} X^0_{nt} \overset{T}{=} X^0_t$, der R-Lösung von (81) ist. Mit (X^0_{nt}, Z_t), $n = 1, 2, \ldots$, ist auch $(X^0_t, Z_t) \overset{T}{=} \lim_{n\to\infty} (X^0_{nt}, Z_t)$ streng Θ-periodisch.

Es sei nun X_t eine beliebige R-Lösung von (81). Dann gilt

$$\begin{aligned}\frac{d[X_t - X^0_t]}{dt} \overset{T}{=} A_0(t)\, [X_t - X^0_t] + f(X_t, t, Z_t) - f(X^0_t, t, Z_t) - A_0(t)\, [X_t - X^0_t] \\ + g(X_t, t, Z_t) - g(X^0_t, t, Z_t)\,.\end{aligned} \tag{86}$$

Aus (86) erhalten wir

$$||X_t - X_t^0|| \overset{T}{\leqq} ||X_0 - X_0^0||\,\gamma\, e^{-\varrho t} + \gamma\,(\varkappa + \beta) \int_0^t e^{-\varrho(t-\tau)}\, ||X_\tau - X_\tau^0||\, d\tau\,. \quad (87)$$

Aus (87) folgt nach dem Lemma 1.3

$$||X_t - X_t^0|| \overset{T}{\leqq} ||X_0 - X_0^0||\,\gamma \exp\left[((\varkappa + \beta)\,\gamma - \varrho)\,t\right]. \quad (88)$$

Aus (88) folgt im Falle $\varkappa + \beta < \gamma^{-1}(\varrho - \varepsilon)$ die behauptete exponentielle Konvergenz $\lim\limits_{t\to\infty} ||X_t - X_t^0||\, e^{\varepsilon t} \triangleq 0$.

Aus Satz 5.15 folgt unmittelbar das entsprechende Resultat für den stationären Fall.

Wir betrachten die Differentialgleichung

$$\frac{dX_t}{dt} = f(X_t, Z_t) + g(X_t, Z_t)\,. \quad (89)$$

Satz 5.16. *Es seien folgende Voraussetzungen erfüllt:*

1. *$f(x, z)$ und $g(x, z)$ sind auf $R^n \times R^m$ stetige n-dimensionale Vektorfunktionen. Es ist $f(0, z) = 0$, $z \in R^m$.*
2. *Z_t ist ein R-stetiger streng stationärer m-dimensionaler Vektorprozeß.*
3. *Es gilt $||g(x, Z_t)|| \overset{R^n \times T}{\leqq} \varphi(Z_t)$ mit $E\{\varphi(Z_t)\} < \infty$ und $||g(x_1, Z_t) - g(x_2, Z_t)|| \overset{R^n \times R^n \times T}{\leqq} \beta\, ||x_1 - x_2||$, wobei β hinreichend klein ist.*
4. *Es gibt eine reelle Matrix A_0, deren charakteristische Zahlen negative Realteile haben: $\max\limits_k \operatorname{Re} \lambda_k < -\varrho < 0$, so daß*

$$||f(x_1, Z_t) - f(x_2, Z_t) - A_0\,(x_1 - x_2)|| \overset{R^n \times R^n \times T}{\leqq} \varkappa\, ||x_1 - x_2||$$

mit hinreichend kleinem $\varkappa$ gilt.

Dann existiert auf T eine R-Lösung X_t^0 von (89), für die (X_t^0, Z_t) streng stationär ist, und jede R-Lösung von (89) konvergiert fast sicher exponentiell gegen diese streng stationäre Lösung.

Beispiel. Wir betrachten die Differentialgleichung 2. Ordnung

$$\ddot{Y}_t + (a + Z_{1t})\,\dot{Y}_t + (b + Z_{2t})\,Y_t = \sigma(Y_t, \dot{Y}_t)\,Z_{3t} + Z_{4t}\,. \quad (90)$$

Hierbei sei $Z_t = (Z_{1t}, \ldots, Z_{4t})$ ein R-stetiger streng stationärer Prozeß, es sei $a > 0$, $4\,b - a^2 > 0$ und $E\{|Z_{4t}|\} < \infty$, σ sei eine auf R^2 definierte stetige beschränkte reelle Funktion mit

$$|\sigma(x_1, y_1) - \sigma(x_2, y_2)| \leqq \mu\,[|x_1 - x_2|^2 + |y_1 - y_2|^2]^{1/2}\,.$$

Schreibt man die Differentialgleichung (90) als Differentialgleichungssystem für den Vektor $X_t' = (Y_t, \dot{Y}_t)$, dann erhält man

$$||Q_0(t)\, Q_0^{-1}(\tau)|| \leqq \gamma\, e^{-\frac{1}{2}a(t-\tau)}$$

mit $\gamma = \left(\alpha + \frac{2}{\lambda}\right)\left(1 + \frac{1}{2}\,(a + \lambda)\right)$, $\lambda = \sqrt{4\,b - a^2}$ und $\alpha = |\sin \operatorname{arc}\tan \lambda\, a^{-1}|^{-1}$.

Also ergibt sich aus Satz 5.16 und dem Beweis von Satz 5.15 folgendes Resultat:

Gilt

$$|Z_{1t}| + |Z_{2t}| + \mu |Z_{3t}| \overset{T}{<} \gamma^{-1}\left(\frac{a}{2} - \varepsilon\right),$$

dann hat (90) eine R-Lösung Y_t^0, für die $(Y_t^0, \dot{Y}_t^0, Z_t)$ streng stationär ist, und für jede R-Lösung Y_t von (90) gilt für ein gewisses $\varepsilon > 0$

$$\lim_{t\to\infty} e^{\varepsilon t}\,[|Y_t - Y_t^0| + |\dot{Y}_t - \dot{Y}_t^0|] = 0\,.$$

R. Z. Has'minskiĭ gibt in [14] hinreichende Bedingungen für die Existenz streng periodischer bzw. streng stationärer R-Lösungen und hinreichende Bedingungen für gewisse Stabilitätseigenschaften dieser R-Lösungen an.

Im folgenden beweisen wir in Verallgemeinerung eines Satzes von Has'minskiĭ über streng stationäre R-Lösungen die Existenz einer streng Θ-periodischen R-Lösung X_t^0, gegen die jede weitere R-Lösung, die sich zu irgendeinem $t_0 \in T$ in einer gewissen Umgebung von $X_{t_0}^0$ befindet, fast sicher exponentiell konvergiert. Dabei nehmen wir an, daß die stochastische Differentialgleichung fast sicher hinreichend wenig von einer nichtstochastischen Differentialgleichung, deren Nullösung asymptotisch stabil „nach der ersten Näherung" (vgl. Voraussetzung 4 in Satz 5.17) ist, abweicht.

Die Differentialgleichung

$$\frac{dX_t}{dt} = f(X_t, t) + g(X_t, t, Z_t) \tag{91}$$

erfülle die in 5.3 für die Differentialgleichung (4) getroffenen Voraussetzungen. Dabei ist jetzt $g(x, t, z)$ eine auf $R^n \times T_0 \times R^s$ definierte n-dimensionale Vektorfunktion, und Z_t ist ein s-dimensionaler stochastischer Vektorprozeß auf T_0. Insbesondere gelte $f(0, t) = 0$, $t \in T_0$, und zu jeder Anfangsbedingung (X_0, t_0) mit $X_0 \in S_n$ existiere in T_0 eine eindeutige R-Lösung $X_t(X_0, t_0)$ von (91).

Satz 5.17. *Es seien folgende Voraussetzungen erfüllt:*

1. *Die Vektorfunktion f sei auf $R^n \times T_0$ stetig und besitze dort stetige partielle Ableitungen erster und zweiter Ordnung nach den Komponenten von x.*
2. *Die Vektorfunktion $g(x, t, z)$ sei auf $R^n \times T_0 \times R^s$ stetig und besitze dort stetige partielle Ableitungen erster Ordnung nach den Komponenten von x, und es existieren positive Zahlen α, $\varkappa$ und δ mit*

   a) $||g(x, t, z)|| < \delta$, $(x, t, z) \in R^n \times T_0 \times R^s$

   und

   b) $\left\|\frac{\partial g}{\partial x}(x, t, z)\right\| < \delta\,\varkappa$, $(x, t, z) \in K_\alpha \times T_0 \times R^s$ *mit* $K_\alpha = \{x \in R^n\colon ||x|| < \alpha\}$.
3. *Die Vektorfunktionen f und g sind für feste $(x, z) \in R^{n+s}$ auf T_0 Θ-periodisch.*

4. *Die charakteristischen Exponenten der periodischen Matrixfunktion* $\frac{\partial f}{\partial x}(0, t)$ *haben negative Realteile.*

5. Z_t *ist ein R-stetiger, streng* Θ*-periodischer Vektorprozeß auf* T_0.

Ist δ *hinreichend klein, dann existiert eine R-Lösung* X_t^0 *von* (91), *für die* (X_t^0, Z_t) *ein streng* Θ*-periodischer Vektorprozeß auf* T_0 *ist. Außerdem existieren positive Zahlen* η, *b und c, so daß für jede R-Lösung* X_t *von* (91) *mit* $\|X_{t_0} - X_{t_0}^0\| \stackrel{\wedge}{<} \eta$ *gilt*

$$\|X_t - X_t^0\| \stackrel{T_0}{\leqq} b\, e^{-c(t-t_0)} . \tag{92}$$

Beweis. Beim Satz gehen wir von einer festen dem Prozeß Z_t zugeordneten Verteilung aus und benutzen die Tatsache, daß der für die Beschreibung des Prozesses Z_t durch eine Familie Z_t, $t \in T_0$, $\mathfrak{A}$-meßbarer Vektorfunktionen anzusetzende Wahrscheinlichkeitsraum $(\Omega, \mathfrak{A}, P)$ immer derart gewählt werden kann, daß dann auf Ω auch eine Familie $\mathfrak{A}$-meßbarer Vektorfunktionen W_t, $t \in T_0$, definiert werden kann, so daß (Z_t, W_t), $t \in T_0$, eine vorgegebene zugeordnete Verteilung besitzt (vgl. Theorem von Kolmogorov, 1.1).

1. Zum Beweis des Satzes bemerken wir zunächst, daß die nichtstochastische periodische Differentialgleichung

$$\dot{x} = f(x, t) = \frac{\partial f(0, t)}{\partial x} x + h(x, t) \tag{93}$$

mit

$$h_i(x, t) = \frac{1}{2} x' \Gamma_i(x, t)\, x \,, \qquad \Gamma_i(x, t) = \left(\frac{\partial^2 f_i(x, t)}{\partial x_k\, \partial x_j} \right)$$

$$k = 1, \ldots, n \,, \quad j = 1, \ldots, n \,,$$

und

$$\|h(x, t)\| \leqq \frac{1}{2} \beta\, n \sup \{ \|\Gamma_i(x, t)\| \colon i = 1, \ldots, n,\, x \in K_\beta,\, t \in [0, \Theta] \}\, \|x\| = b\|x\| \,,$$

$$x \in K_\beta \,, \qquad t \in T_0 \,,$$

für genügend kleines β die Voraussetzungen des in 5.2 angegebenen Satzes von N. N. Krasovskiĭ erfüllt. Die Nullösung von (93) ist also exponentiell stabil und nach der Bemerkung in 5.2 auch stabil bezüglich ständig wirkender Störungen. Damit gibt es hinreichend kleine $\varepsilon > 0$ und $\delta > 0$, so daß unter den Voraussetzungen des Satzes 5.17 für die R-Lösung Y_t von (91) zur Anfangsbedingung $(t_0, 0)$ die Ungleichung

$$\|Y_t\| \stackrel{T_0}{<} \varepsilon \tag{94}$$

erfüllt ist und für alle R-Lösungen $X_t(X_0, t_0)$ von (91) zu Anfangswerten $X_0 \in S_n$ mit $\|X_0\| \stackrel{\wedge}{<} \varepsilon$

$$\|X_t(X_0, t_0)\| \stackrel{T_0}{<} \alpha$$

gilt.

2. Es sei nun für jedes $k = 1, 2, \ldots$ U_k eine vom stochastischen Prozeß Z_t, $t \in T_0$, unabhängige zufällige Variable mit k gleichwahrscheinlichen Realisierungen $u_{km} = m\,\Theta$, $m = 0, \ldots, k-1$.

Wegen der R-Stetigkeit von Y_t und Z_t gibt es zufällige Variable X^k und stochastische Prozesse X_t^k und Z_t^k auf T_0 mit

$$X^k \triangleq Y_{t_0+U_k}\,, \qquad X_t^k \overset{T_0}{=} Y_{t+U_k}\,, \qquad Z_t^k \overset{T_0}{=} Z_{t+U_k}\,.$$

Die Vektorprozesse Z_t^k haben die gleiche zugeordnete Verteilung wie Z_t.

Es seien $t_i \in T_0$ und $B_i \in \mathfrak{B}^s$, $i = 1, \ldots, l$, gegeben. Dann gilt wegen der Θ-Periodizität von Z_t

$$\begin{aligned} P\{Z_{t_i}^k \in B_i,\, i = 1, \ldots, l\} &= \sum_{m=0}^{k-1} P\{U_k = m\}\, P\{Z_{t_i}^k \in B_i;\, i = 1, \ldots, l \mid U_k = m\} \\ &= \frac{1}{k} \sum_{m=0}^{k-1} P\{Z_{t_i+m\Theta} \in B_i;\, i = 1, \ldots, l\} = P\{Z_{t_i} \in B_i;\, i = 1, \ldots, l\}\,. \end{aligned}$$

Die Prozeßfolge Z_t^k ist gleichmäßig stochastisch beschränkt (vgl. 5.1), d. h., es gilt

$$\lim_{r\to\infty} \sup_{t\in T_0} \sup_{k=1,2,\ldots} P\{\|Z_t^k\| > r\} = 0\,. \tag{95}$$

Zum Beweis nehmen wir an, daß ein $\xi > 0$ und eine Folge reeller Zahlen r_i, $i = 1, 2, \ldots$, mit $\lim_{i\to\infty} r_i = \infty$ und mit

$$\sup_{t\in T_0} P\{\|Z_t\| > r_i\} > \xi\,, \qquad i = 1, 2, \ldots, \tag{96}$$

existieren. Wegen (96) und der Periodizität dieser Wahrscheinlichkeiten gibt es eine Folge von Zahlen $t_i \in [0, \Theta]$ mit $P\{\|Z_{t_i}\| > r_i\} > \xi$. Also gibt es eine Teilfolge $\{t_{i_\nu}: \nu = 1, 2, \ldots\}$ und ein $t^* \in [0, \Theta]$ mit $\lim_{\nu\to\infty} t_{i_\nu} = t^*$, und es gilt für beliebiges $\varepsilon > 0$

$$\begin{aligned} \xi < P\{\|Z_{t_{i_\nu}}\| > r_{i_\nu}\} &= P\{\|Z_{t_{i_\nu}}\| > r_{i_\nu},\, \|Z_{t^*}\| > r_{i_\nu} - \varepsilon\} \\ &\quad + P\{\|Z_{t_{i_\nu}}\| > r_{i_\nu},\, \|Z_{t^*}\| \leqq r_{i_\nu} - \varepsilon\} \\ &\leqq P\{\|Z_{t^*}\| > r_{i_\nu} - \varepsilon\} + P\{\|Z_{t_{i_\nu}} - Z_{t^*}\| > \varepsilon\}\,. \end{aligned}$$

Daraus folgt wegen der R-Stetigkeit von Z_t der Widerspruch

$$\xi < \lim_{\nu\to\infty} P\{\|Z_{t^*}\| > r_{i_\nu} - \varepsilon\} + \lim_{\nu\to\infty} P\{\|Z_{t_{i_\nu}} - Z_{t^*}\| > \varepsilon\} = 0\,.$$

Weiterhin sind die Prozesse Z_t^k auf T_0 gleichmäßig stochastisch stetig, d. h., es gilt für alle $\varrho > 0$ $\lim_{h\to 0} \gamma_\varrho(h) = 0$, wobei

$$\gamma_\varrho(h) = \sup_{t_1, t_2 \in T_0 : |t_1 - t_2| < h} \sup_k P\{\|Z_{t_1}^k - Z_{t_2}^k\| > \varrho\}$$

ist.

Zum Beweis nehmen wir an, es existieren ein $\varrho > 0$, ein $\xi > 0$ und eine Folge positiver Zahlen h_i, $i = 1, 2, \ldots$, mit $\lim_{i \to \infty} h_i = 0$ und mit

$$\gamma_\varrho(h_i) = \sup_{t_1 \in [0, \Theta]; t_2 \in [t_1 - h_i, t_1 + h_i]} P\{||Z_{t_1} - Z_{t_2}|| > \varrho\} > \xi .$$

Dann existieren Folgen $t_{1i} \in [0, \Theta]$ und $t_{2i} \in [t_{1i} - h_i, t_{1i} + h_i]$ mit

$$P\{||Z_{t_{1i}} - Z_{t_{2i}}|| > \varrho\} > \xi , \qquad i = 1, 2, \ldots . \tag{97}$$

Es gibt dann eine Teilfolge $\{t_{1i_\nu}: \nu = 1, 2, \ldots\}$ mit $\lim_{\nu \to \infty} t_{1i_\nu} = t_* \in [0, \Theta]$, und es gilt $\lim_{\nu \to \infty} t_{2i_\nu} = t_*$ und $\lim_{\nu \to \infty} ||Z_{t_{1i_\nu}} - Z_{t_{2i_\nu}}|| \mathrel{\hat{=}} ||Z_{t_*} - Z_{t_*}|| = 0$. Daraus folgt aber

$$\lim_{\nu \to \infty} P\{||Z_{t_{1i_\nu}} - Z_{t_{2i_\nu}}|| > \varrho\} = 0$$

im Widerspruch zu (97).

3. Wegen der in 2. bewiesenen Eigenschaften von Z_t^k und der Beschränktheit $||X^k|| \mathrel{\hat{<}} \varepsilon$ erfüllt die Folge

$$\{V_t^k = (X^k, Z_t^k), \qquad t \in T: k = 1, 2, \ldots\} \tag{98}$$

die Voraussetzungen der gleichmäßigen stochastischen Beschränktheit bzw. Stetigkeit des in 5.1 angegebenen Satzes von A. V. Skorohod. Daher kann man auch in einem gewissen Wahrscheinlichkeitsraum $(\breve{\Omega}, \breve{\mathfrak{A}}, \breve{P})$ eine Folge

$$\{\breve{V}_t^{k_j} = (\breve{X}^{k_j}, \breve{Z}_t^{k_j}); \qquad t \in T_0: j = 0, 1, 2, \ldots\}$$

$(k_0 = 0)$ von Vektorprozessen konstruieren, so daß die den Prozessen $\breve{V}_t^{k_j}$ zugeordnete Verteilung mit der der Prozesse $V_t^{k_j}$ $(j = 1, 2, \ldots)$ übereinstimmen, wobei $\{V_t^{k_j}: j = 1, 2, \ldots\}$ eine Teilfolge der in (98) definierten Folge darstellt, und so daß für jedes $t \in T_0$ die Konvergenz $p\text{-}\lim_{j \to \infty} \breve{V}_t^{k_j} = \breve{V}_t^0 = (\breve{X}^0, \breve{Z}_t^0)$ gilt. Dabei haben die Prozesse $\breve{Z}_t^k$, $k = 1, 2, \ldots$, und damit auch $\breve{Z}_t^0$ die gleiche zugeordnete Verteilung wie Z_t.

Wählt man den anfangs zugrunde gelegten Wahrscheinlichkeitsraum $(\Omega, \mathfrak{A}, P)$ in geeigneter Weise, so kann man auf ihm Vektorfunktionen (X^0, X^{k_j}, Z_t), $t \in T_0: k = 1, 2, \ldots$, derart konstruieren, daß ihre zugeordnete Verteilung mit der zugeordneten Verteilung von $(\breve{X}^0, \breve{X}^{k_j}, \breve{Z}_t^0)$, $t \in T_0: k = 1, 2, \ldots$, übereinstimmt. Es gilt dann

$$p\text{-}\lim_{j \to \infty} X^{k_j} = X^0 . \tag{99}$$

4. Es seien nun $Y_t^{k_j}$ die R-Lösungen von (91) zu den Anfangsbedingungen (X^{k_j}, t_0), $j = 1, 2, \ldots$, und die X_t^0 die R-Lösung von (91) zur Anfangsbedingung (X^0, t_0).

Wegen 1. folgt mit Voraussetzung 1, 2 und dem Lemma 1.3 die Abschätzung

$$||Y_t^{k_j} - X_t^0|| \overset{T_0}{\leqq} ||X^{k_j} - X^0|| \exp\left\{\int_{t_0}^{t} \varrho(\tau)\, d\tau\right\},$$

$$\varrho(\tau) = \delta\varkappa + \sup\left\{\left\|\frac{\partial f(x, t)}{\partial x}\right\|: (x, t) \in K_\alpha \times [t_0, \tau]\right\},$$

woraus mit (99) für jedes $t \in T_0$ folgt

$$p\text{-}\lim_{j\to\infty} Y_t^{k_j} = X_t^0 . \tag{100}$$

5. Wir beweisen nun, daß (X_t^0, Z_t) ein streng Θ-periodischer stochastischer Prozeß ist. Nach 3.1 genügt es zu zeigen, daß für jede beliebige auf $R^{(s+n)r}$ definierte beschränkte stetige reelle Funktion φ und jede beliebige natürliche Zahl r und beliebige $t_\varrho \geqq 0$ ($\varrho = 1, \ldots, r$) die Funktion

$$\psi(t) = E\,\{\varphi(Z_{t+t_1}, \ldots, Z_{t+t_r}, X_{t+t_1}^0, \ldots, X_{t+t_r}^0)\}$$

auf T_0 Θ-periodisch ist.

Die Vektorprozesse $(Z_t, Y_t^{k_j})$ und $(Z_t^{k_j}, X_t^{k_j})$ haben die gleiche zugeordnete Verteilung, da wegen der Θ-Periodizität von f und g $X_t^{k_j}$ R-Lösung von

$$\frac{dX_t}{dt} = f(X_t, t) + g(X_t, t, Z_t^{k_j})$$

zur Anfangsbedingung (X^{k_j}, t_0) ist und die Prozesse $Z_t^{k_j}$ und Z_t nach 1. die gleiche zugeordnete Verteilung haben. Wegen (100) folgt

$$\begin{aligned}\psi(t) &= \lim_{j\to\infty} E\,\{\varphi(Z_{t+t_1}, \ldots, Z_{t+t_r}, Y_{t+t_1}^{k_j}, \ldots, Y_{t+t_r}^{k_j})\}\\ &= \lim_{j\to\infty} E\,\{\varphi(Z_{t+t_1}^{k_j}, \ldots, Z_{t+t_r}^{k_j}, X_{t+t_1}^{k_j}, \ldots, X_{t+t_r}^{k_j})\}\,.\end{aligned}$$

Wegen der Definition von Z_t^k und X_t^k erhalten wir daraus

$$\psi(t) = \lim_{j\to\infty} k_j^{-1} \sum_{m=0}^{k_j-1} E\,\{\varphi(Z_{t+t_1+m\Theta}, \ldots, Y_{t+t_r+m\Theta})\}\,,$$

woraus wegen der Beschränktheit von φ die Θ-Periodizität von ψ folgt

$$\psi(t) = \lim_{j\to\infty} k_j^{-1} \sum_{m=1}^{k_j} E\,\{\varphi(Z_{t+t_1+m\Theta}, \ldots, Y_{t+t_r+m\Theta})\} = \psi(t+\Theta)\,.$$

6. Für fast alle festen $\omega \in \Omega$ ist nun $Z_t(\omega)$ eine stetige Vektorfunktion auf T_0 und X_t^0 eine Lösung der nichtstochastischen Differentialgleichung

$$\dot{x} = f(x, t) + g(x, t, Z_t(\omega))\,. \tag{101}$$

Wir wenden das in 5.2 angegebene Resultat auf diese Differentialgleichung an. Danach gibt es ein hinreichend kleines δ (bei dem auch (94) gilt) und positive Zahlen ε, η, b und c, so daß für jede Lösung $x(t)$ von (101) mit $||x(t_0)|| < \varepsilon$ und für jede Lösung $y(t)$ von (101) mit $||x(t') - y(t')|| < \eta$ bei einem $t' \in T_0$ die Abschätzung

$$||x(t) - y(t)|| \leqq b\, e^{-c(t-t_0)}, \qquad t \in T_0\,,$$

gilt. Wird ε in 1. entsprechend klein gewählt, dann gilt wegen $||X_t^0|| \mathrel{\widehat{<}} \varepsilon$ für jede R-Lösung X_t von (91) mit $||X_{t_0}^0 - X_{t_0}|| \mathrel{\widehat{<}} \eta$ die Abschätzung (92). Damit ist der Satz bewiesen.

Beispiel. Wir betrachten als Beispiel die Differentialgleichung 2. Ordnung

$$\ddot{Y}_t + \varphi(Y_t)\,\dot{Y}_t + \psi(Y_t) = \sigma(\dot{Y}_t, Y_t)\,Z_t\,. \tag{102}$$

Hierbei seien φ und ψ zweimal stetig differenzierbare Funktionen mit $\psi(0) = 0$, $\varphi(0) > 0$ und $\left.\frac{d\psi(x)}{dx}\right|_{x=0} > 0$.

Z_t sei ein R-stetiger streng stationärer stochastischer Prozeß mit $|Z_t| \overset{T}{<} C$ $(C > 0)$. σ sei eine auf R^2 definierte stetig differenzierbare Funktion mit

$$\|\sigma(x, y)\| < \delta\,, \qquad (x, y) \in R^2\,,$$

und

$$\left|\frac{\partial\sigma(x, y)}{\partial x}\right| + \left|\frac{\partial\sigma(x, y)}{\partial y}\right| < \delta\varkappa \quad \text{für} \quad |x| + |y| < \alpha\,.$$

Schreibt man Gleichung (102) als Differentialgleichungssystem für den Vektor $X_t = (Y_t, \dot{Y}_t)$, dann folgt aus Satz 5.17:

Ist δ hinreichend klein, dann existiert eine R-Lösung $(Y_t^0, \dot{Y}_t^0)$ von (102), für die $(Y_t^0, \dot{Y}_t^0, Z_t)$ ein streng stationärer Prozeß ist, und jede R-Lösung von (102) mit einem Anfangswert zum Zeitpunkt t_0 in einer hinreichend kleinen Umgebung von $(Y_{t_0}^0, \dot{Y}_{t_0}^0)$ konvergiert fast sicher exponentiell gegen diese stationäre Lösung.

Beispielsweise sind die angegebenen Voraussetzungen für die Gleichung

$$\ddot{X}_t + [1 + X_t^2]\,\dot{X}_t + X_t = \delta\,z_t$$

bei hinreichend kleinem δ erfüllt.

6. DIFFERENTIALGLEICHUNGEN, DIE VON MARKOVSCHEN PROZESSEN ABHÄNGEN

6.1. Wahrscheinlichkeitstheoretische Hilfsmittel

Eine Familie $\{X_t, t \in T_0\}$ von zufälligen Vektoren mit Realisierungen in $\mathfrak{X} \in \mathfrak{B}^n$ nennen wir einen *stochastischen Prozeß mit Phasenraum* $\mathfrak{X}$. Einen stochastischen Prozeß X_t, $t \in T_0$, mit Phasenraum $\mathfrak{X}$ nennen wir MARKOV*schen Prozeß*, falls

$$P\{X_s \in B|\mathfrak{F}_t\} \triangleq P\{X_s \in B|X_t\} \qquad (t < s,\ t;\ s \in T_0,\ B \in \mathfrak{B}_{\mathfrak{X}}) \tag{1}$$

gilt. Dabei ist $\mathfrak{F}_t = \sigma(X_\tau, \tau \in [t_0, t])$ die kleinste σ-Algebra über Ω mit der Eigenschaft, daß alle X_τ, $\tau \in [t_0, t]$, $\mathfrak{F}_t$-meßbare Funktionen sind. Es existiert dann eine für $x \in R^n$, $t \in T_0$, $s \in [t, \infty)$ und $B \in \mathfrak{B}_{\mathfrak{X}}$ definierte Funktion $P(t, x, s, B)$ mit folgenden Eigenschaften:

1. $P(t, X_t, s, B) \triangleq P\{X_s \in B|X_t\}$.
2. Für feste t, s, B ist $P(t, x, s, B)$ eine $\mathfrak{B}^n$-meßbare Funktion auf R^n.
3. Für feste t, x, s ist $P(t, x, s, B)$ ein Wahrscheinlichkeitsmaß auf $\mathfrak{B}_{\mathfrak{X}}$.
4. Für alle $t, s, \tau \in T_0$ mit $t < s < \tau$, $B \in \mathfrak{B}_{\mathfrak{X}}$ und für alle $x \in R^n$ gilt die CHAPMAN-KOLMOGOROV-Gleichung

$$\int P(s, y, \tau, B)\, P(t, x, s, dy) = P(t, x, \tau, B)\,.$$

$P(t, x, s, B)$ heißt *Übergangsfunktion* des MARKOVschen Prozesses X_t.

Existiert eine nichtnegative Funktion p mit

$$P(t, x, s, B) = \int_B p(t, x, s, y)\, dy\,, \qquad (t \in T_0, x \in R^n, s \in [t, \infty), B \in \mathfrak{B}_{\mathfrak{X}})\,,$$

dann heißt p *Übergangsdichte* des MARKOVschen Prozesses X_t. Ein MARKOVscher Prozeß X_t heißt *homogen*, falls die Übergangsfunktion nur von der Zeitdifferenz $s - t$ abhängt:

$$P(t, x, s, B) = P(s - t, x, B)\,.$$

Ein eindimensionaler homogener MARKOVscher Prozeß U_t, $t \in T_0$, mit Übergangsdichte

$$p(w, t, s, v) = \frac{1}{\sqrt{2\pi(s-t)}} \exp\left\{-\frac{(w-v)^2}{2(s-t)}\right\}$$

heißt WIENER-*Prozeß*. Für U_t gilt

$$E\{U_{t+h} - U_t\} = 0 \quad \text{und} \quad E\{(U_{t+h} - U_t)^2\} = h\,.$$

Außerdem gilt

$$P\left\{\sup_{t_0 \leq t \leq t_0+T} U_t - U_{t_0} > u\right\} = \frac{2}{\sqrt{2\pi}} \int_u^\infty e^{-\frac{w^2}{2T}}\, dw \tag{2}$$

(J. L. DOOB [1]).

Ein MARKOVscher Prozeß X_t, $t \in T_0$, (mit Phasenraum R^n) heißt *Diffusionsprozeß*, wenn seine Übergangsfunktion $P(t, x, s, B)$ folgende Eigenschaften hat:

I. Für alle $\varepsilon > 0$, $t \in T_0$ und $x \in R^n$ gilt

$$\lim_{h \downarrow 0} h^{-1} \int_{\|x-y\|>\varepsilon} P(t, x, t+h, dy) = 0 .$$

II. Es existiert eine Vektorfunktion $a^X(t, s)$, der sog. Übergangsvektor, so daß für jedes $\varepsilon > 0$, $t \in T_0$ und $x \in R^n$

$$\lim_{h \downarrow 0} h^{-1} \int_{\|x-y\|\leqq\varepsilon} (y-x)\, P(t, x, t+h, dy) = a^X(t, x)$$

gilt.

III. Es existiert eine symmetrische positive semidefinite Matrixfunktion $B^X(t, x) = \left((b_{ik}^X(t, x))\right)_{k=1,\ldots,n}^{i=1,\ldots,n}$, die sog. Diffusionsmatrix, mit

$$\lim_{h \downarrow 0} h^{-1} \int_{\|x-y\|\leqq\varepsilon} (y-x)\,(y-x)'\, P(t, x, t+h, dy) = B^X(t, x) .$$

Hinreichend dafür, daß der MARKOVsche Prozeß X_t, $t \in T_0$, ein Diffusionsprozeß ist, sind folgende Bedingungen (I. I. GIHMAN und A. V. SKOROHOD [1]):

I*. Für ein gewisses $\delta > 0$ gilt für $t \in T_0$ und $x \in R^n$

$$\lim_{h \downarrow 0} h^{-1} \int \|y-x\|^{2+\delta}\, P(t, x, t+h, dy) = 0 .$$

II*. Die Bedingung II ist mit $\varepsilon = +\infty$ erfüllt.

III*. Die Bedingung III ist mit $\varepsilon = +\infty$ erfüllt.

Der WIENER-Prozeß U_t, $t \in T$, ist ein Diffusionsprozeß mit $a^U(t, x) = 0$ und $b^U(t, x) = 1$, der den Bedingungen I*, II* und III* genügt.

Ein Diffusionsprozeß X_t besitzt unter bestimmten Regularitätsbedingungen an a^X und B^X eine Übergangsdichte $p(t, x, s, y)$ mit stetigen partiellen Ableitungen 1. Ordnung nach s sowie 1. und 2. Ordnung nach y, und es gilt für $t_0 \leqq t < s$; $x, y \in R^n$ die sog. FOKKER-PLANCK-Gleichung

$$\frac{\partial}{\partial s} p(t, x, s, y) = -\sum_{k=1}^{n} \frac{\partial}{\partial y^{(k)}} [a_k^X(s, y)\, p(t, x, s, y)] + \frac{1}{2} \sum_{j,k} \frac{\partial^2}{\partial y^{(j)}\, \partial y^{(k)}} [b_{jk}^X(s, y)\, p(t, x, s, y)]$$

(vgl. z. B. E. B. DYNKIN [1]).

Wir werden folgende Eigenschaft benutzen (vgl. I. I. GIHMAN und A. V. SKOROHOD [1]):

Lemma 6.1. *Es sei X_t ein n-dimensionaler Diffusionsprozeß mit einer Übergangsdichte $p(t, x, s, y)$. Ist g eine auf R^n definierte beschränkte reelle Funktion mit stetigen partiellen Ableitungen* 1. *und* 2. *Ordnung, dann gilt*

$$\lim_{h \downarrow 0} h^{-1} \int [g(y) - g(x)]\, p(t, x, t+h, y)\, dy = \sum_{i=1}^{n} a_i^X(t, x) \frac{\partial}{\partial x^{(i)}} g(x) + \frac{1}{2} \sum_{i,k=1}^{n} b_{ik}^X(t, x) \frac{\partial^2}{\partial x^{(i)}\, \partial x^{(k)}} g(x) .$$

Wir führen nun das stochastische ITO-Integral ein (zur Definition des ITO-Integrals und zu den weiteren angegebenen Eigenschaften vgl. z. B. I. I. GIHMAN und A. V. SKOROHOD [1]). U_t, $t \in T_0$, sei ein WIENER-Prozeß. Es seien folgende Voraussetzungen erfüllt:

Es sei $\mathfrak{A}_t$, $t \in T_0$, eine Familie von σ-Unteralgebren von $\mathfrak{A}$ mit folgenden Eigenschaften:

1. $\mathfrak{A}_{t_1} \subset \mathfrak{A}_{t_2}$, bei $t_1 < t_2$.
2. U_t ist $\mathfrak{A}_t$-meßbar für jedes $t \in T_0$.
3. Für alle $t \in T_0$, $h > 0$ und für jede $\mathfrak{A}_t$-meßbare Funktion X sind $U_{t+h} - U_t$ und X stochastisch unabhängig.

Ist $I = [a, b]$ ein endliches Teilintervall aus T_0 und ist $m(t, \omega)$ eine auf $I \times \Omega$ definierte reelle Funktion, die für jedes $t \in I$ eine $\mathfrak{A}_t$-meßbare Funktion und für jedes $\omega \in \Omega$ eine Stufenfunktion ist, d. h., es gilt $a = t_1 < \cdots < t_n = b$ und $m(t, \omega) = m(t_i, \omega)$, $t_i \leqq t < t_{i+1}$, dann wird das stochastische ITO-Integral des Prozesses $M_t = m(t, \omega)$ durch die Summe

$$\int_a^b M_t \, dU_t = \sum_{i=1}^{n-1} M_{t_i} [U_{t_{i+1}} - U_{t_i}] \tag{3}$$

definiert.

Es sei L_I die Klasse der eindimensionalen stochastischen Prozesse $Z_t = z(t, \omega)$ auf I, für die $z(t, \omega)$ $\mathfrak{B}_I \times \mathfrak{A}$-meßbar ist und $\int_a^b Z_t^2 \, dt \mathrel{\widehat{<}} \infty$ gilt. Ist M_t ein $\mathfrak{A}_t$-meßbarer stochastischer Prozeß auf I (d. h., es ist M_t für jedes $t \in I$ eine $\mathfrak{A}_t$-meßbare Funktion) und ist $M_t \in L_I$, dann gibt es eine Folge $M_t^{(l)}$ $(l = 1, 2, \ldots)$ von Prozessen der in (3) vorausgesetzten Art mit

$$\lim_{l \to \infty} \int_a^b (M_t - M_t^{(l)})^2 \, dt \mathrel{\hat{=}} 0 \, .$$

Es existiert der Grenzwert in Wahrscheinlichkeit

$$\int_a^b M_t \, dU_t = p\text{-}\lim_{t \to \infty} \int M_t^{(l)} \, dU_t$$

und wird *stochastisches* ITO-*Integral* von M_t genannt.

Gilt

$$\int_a^b E\{M_t^2 | \mathfrak{A}_a\} \, dt \mathrel{\widehat{<}} \infty ,$$

dann gilt

$$E\left\{\int_a^b M_t \, dU_t | \mathfrak{A}_a\right\} \mathrel{\hat{=}} 0 \tag{4}$$

und

$$E\left\{\left[\int_a^b M_t \, dU_t\right]^2 | \mathfrak{A}_a\right\} \mathrel{\hat{=}} \int_a^b E\{M_t^2 | \mathfrak{A}_a\} \, dt \, . \tag{5}$$

Ist M_t ein n-dimensionaler Vektorprozeß, dann wird als stochastisches ITO-Integral $\int_a^b M_t \, dU_t$ der zufällige Vektor mit den Komponenten $\int_a^b M_t^{(i)} \, dU_t$

($i = 1, \ldots, n$) definiert. Es sei nun $\mathfrak{A}_t$, $t \in T_0$, eine Familie von σ-Unteralgebren von $\mathfrak{A}$ und U_t ein k-dimensionaler Vektorprozeß, dessen Komponenten $U_t^{(j)}$ unabhängige WIENER-Prozesse sind, so daß die Bedingungen 1, 2 und 3 für jedes $U_t^{(j)}$ erfüllt sind. M_{jt} ($j = 1, \ldots, k$) seien $\mathfrak{A}_t$-meßbare stochastische Prozesse mit $M_{jt}^{(i)} \in L_I$ ($i = 1, \ldots, n$). N_t sei ein $\mathfrak{A}_t$-meßbarer n-dimensionaler stochastischer Vektorprozeß mit $|N_t^{(i)}|^{1/2} \in L_I$, $i = 1, \ldots, n$.

Ist X_t ein n-dimensionaler $\mathfrak{A}_t$-meßbarer Vektorprozeß und gilt für alle t, $s \in I$, $t < s$

$$X_s - X_t \triangleq \int_t^s N_\tau \, d\tau + \sum_{j=1}^k \int_t^s M_{j\tau} \, dU_\tau^{(j)},$$

dann sagt, man, daß X_t ein stochastisches ITO-Differential dX_t besitzt und schreibt

$$dX_t = N_t \, dt + \sum_{j=1}^k M_{jt} \, dU_t^{(j)} . \tag{6}$$

Es gilt folgendes Lemma:

Lemma 6.2. *Ist $w(x, t)$ eine auf $R^n \times I$ definierte reelle Funktion, die dort stetige partielle Ableitungen* 1. *Ordnung nach t sowie* 1. *und* 2. *Ordnung nach x besitzt, und hat der n-dimensionale stochastische Prozeß X_t ein stochastisches* ITO-*Differential* (6), *dann hat der Prozeß $W_t = w(X_t, t)$ das stochastische* ITO-*Differential*

$$\begin{aligned} dW_t = \Bigg[& \frac{\partial}{\partial t} w(x, t)\bigg|_{(x,t)=(X_t,t)} + \sum_{i=1}^n N_t^{(i)} \frac{\partial}{\partial x^{(i)}} w(x, t)\bigg|_{(x,t)=(X_t,t)} \\ & + \frac{1}{2} \sum_{j=1}^k \sum_{i,l=1}^n M_{jt}^{(i)} M_{jt}^{(l)} \frac{\partial^2}{\partial x^{(i)} \partial x^{(l)}} w(t, x)\bigg|_{(x,t)=(X_t,t)} \Bigg] dt \\ & + \sum_{j=1}^k \left[\sum_{i=1}^n M_{jt}^{(i)} \frac{\partial}{\partial x^{(i)}} w(t, x)\bigg|_{(x,t)=(X_t,t)} \right] dU_t^{(j)} \end{aligned}$$

Es sei $X_0 \in S_n$ ein vom Prozeß $U_t - U_{t_0}$, $t \in T_0$, unabhängiger zufälliger Vektor. Gilt für einen $\mathfrak{A}_t$-meßbaren Vektorprozeß X_t auf T_0 für alle $t \in T_0$ die Äquivalenz

$$X_t \triangleq X_0 + \int_{t_0}^t n(\tau, X_\tau) \, d\tau + \sum_{j=1}^k \int_a^t m_j(\tau, X_\tau) \, dU_t^{(j)}, \tag{7}$$

wobei $N_t = n(t, X_t)$ und $M_{jt} = m_j(t, X_t)$ für jedes beschränkte $I \subset T_0$ $\mathfrak{A}_t$-meßbare Prozesse mit $|N_t^{(i)}|^{1/2} \in L_I$ und $M_{jt}^{(i)} \in L_I$ ($i = 1, \ldots, n$; $j = 1, \ldots, k$) sind, dann heißt X_t *Lösung der stochastischen* ITO-*Differentialgleichung*

$$dX_t = n(t, X_t) \, dt + \sum_{j=1}^k m_j(t, X_t) \, dU_t^{(j)} \tag{8}$$

in T_0 zur Anfangsbedingung $X_{t_0} \triangleq X_0$.

Man wählt dabei als σ-Algebren

$$\mathfrak{A}_t = \sigma\,[X_0; U_\tau; \tau \in [t_0, t]] , \qquad t \in T_0 .$$

Über die Existenz und Eindeutigkeit der Lösungen von (8) sowie über Eigenschaften gibt das folgende Lemma Auskunft:

Lemma 6.3. *Es seien $n(t, x)$ und $m_j(t, x)$ $(j = 1, \ldots, k)$ auf $T_0 \times R^n$ stetige n-dimensionale Vektorfunktionen, und es existiere eine positive Zahl L, so daß*

$$||n(t, x) - n(t, \bar{x})|| + \sum_{j=1}^{k} ||m_j(t, x) - m_j(t, \bar{x})|| \leqq L\, ||x - \bar{x}|| \qquad (\alpha)$$

und

$$||n(t, x)|| + \sum_{j=1}^{k} ||m_j(t, x)|| \leqq L\,(1 + ||x||) \qquad (\beta)$$

für alle $t \in T_0$, $\bar{x} \in R^n$ gilt. Dann gilt

1. *Für beliebige vom Prozeß $U_t - U_{t_0}$, $t \in T_0$, unabhängige $X_0 \in S_n$ existiert in T_0 eine eindeutige R-stetige Lösung X_t von (8) zur Anfangsbedingung (X_0, t_0). (Für zwei derartige Lösungen X_t^1, X_t^2 gilt $X_t^1 \overset{T_0}{=} X_t^2$.)*
2. *Diese Lösung X_t ist ein Diffusionsprozeß mit Übergangsfunktion*

$$P(t, x, \tau, B) = P\{X_\tau^{t,x} \in B\}\,,$$

wobei $X_\tau^{t,x}$ die Lösung von (8) in $[t, \infty)$ mit nichtzufälligem Anfangswert $X_t^{t,x} \triangleq x$ ist. Dabei ist der Übergangsvektor durch $n(t, x)$ und die Diffusionsmatrix $B^X(t, x)$ durch

$$b_{il}^X(t, x) = \sum_{j=1}^{k} m_j^{(i)}(t, x)\, m_j^{(l)}(t, x)$$

gegeben.

3. *Sind die Funktionen n und m_j für festes x Θ-periodisch, dann ist die Übergangsfunktion der Lösung X_t Θ-periodisch ($P(t + \Theta, x, \tau + \Theta, B) = P(t, x, \tau, B)$).*

Wir benötigen folgendes Lemma (vgl. R. Z. HAS'MINSKIĬ [14]):

Lemma 6.4. *Es seien die Voraussetzungen des Lemmas 6.3 erfüllt und X_t eine R-stetige Lösung von (8). H sei eine beschränkte abgeschlossene Teilmenge des R^n. $g(x, t)$ sei eine auf $H \times T_0$ definierte beschränkte reelle Funktion, die dort stetige partielle Ableitungen 1. Ordnung nach t sowie 1. und 2. Ordnung nach x besitzt. Dann gilt mit den Bezeichnungen*

$$\tau[s] = \sup\{t_0, \tau \in [t_0, s]: ||X_\Theta|| \in H \quad \text{für} \quad \Theta \in [t_0, \tau]\}\,,$$

und

$$[L\,g]\,(x, t) = \frac{\partial}{\partial t} g(x, t) + \sum_{i=1}^{n} n_i(t, x) \frac{\partial}{\partial x^{(i)}} g(x, t) + \frac{1}{2} \sum_{i,l=1}^{n} b_{il}^X(t, x) \frac{\partial^2}{\partial x^{(i)}\, \partial x^{(l)}} g(x, t)$$

die Äquivalenz

$$g(X_{\tau[s]}, \tau[s]) - g(X_{t_0}, t_0) \triangleq \int_{t_0}^{\tau[s]} [L\,g]\,(X_\tau, \tau)\, d\tau + \sum_{j=1}^{k} \sum_{i=1}^{n} \int_{t_0}^{\tau[s]} M_{j\tau}^{(i)} \frac{\partial}{\partial x^{(i)}} g(X_\tau, \tau)\, dU_\tau^{(j)}.$$

Hierbei verwenden wir die Bezeichnung

$$\int_{t_0}^{\tau[s]} M_t\, dU_t = \int_{t_0}^{s} \chi_t\, M_t\, dU_t$$

mit

$$\chi_t = \begin{cases} 1 & t \leqq \tau[s] \\ 0 & t > \tau[s] \end{cases}.$$

Wir nennen einen m-dimensionalen MARKOVschen Prozeß Z_t, $t \in T$, (oder auch $t \in T_0$) mit Phasenraum $\mathfrak{Z} \in \mathfrak{B}^m$ einen *Stufenprozeß*, falls alle Realisierungen von Z_t rechtsseitig stetige stückweise konstante Funktionen sind, d. h. eine Folge von zufälligen Variablen $\{\tau_i: i = 1, 2, \ldots\}$ mit $\tau_i \mathrel{\hat{>}} 0$ und

$$\lim_{k\to\infty} t_k = \lim_{k\to\infty} \left[t_0 + \sum_{i=1}^{k} \tau_i\right] \triangleq \infty$$

existiert, so daß für fast alle $\omega \in \Omega$

$$Z_t(\omega) = Z_{t_k}(\omega) \qquad (t_{k-1} \leqq t < t_k)$$

gilt, und falls weiterhin die folgenden Voraussetzungen erfüllt sind (vgl. I. I. GIHMAN und A. V. SKOROHOD [1]):

1. $\lim\limits_{s\downarrow t} P(t, z, s, A) = \chi_A(z) = \begin{cases} 1 & z \in A \\ 0 & z \notin A \end{cases}$ $(t \in T, z \in \mathfrak{Z}, A \in \mathfrak{B}_{\mathfrak{Z}})$.
2. $\lim\limits_{s\downarrow t} (s - t)^{-1} [P(t, z, s, A) - \chi_A(z)] = q(t, z, A)$ gleichmäßig bezüglich (t, z, A) $\in T \times \mathfrak{Z} \times \mathfrak{B}_{\mathfrak{Z}}$.
3. Für festes $(z, A) \in \mathfrak{Z} \times \mathfrak{B}_{\mathfrak{Z}}$ ist q eine stetige Funktion auf T, wobei die Stetigkeit gleichmäßig bezüglich $(z, A) \in \mathfrak{Z} \times \mathfrak{B}_{\mathfrak{Z}}$ gilt.
4. Es gibt eine positive Zahl k mit $|q(t, z, A)| \leqq k$ $(t \in T, z \in \mathfrak{Z}, A \in \mathfrak{B}_{\mathfrak{Z}})$. (Eigenschaft 4 folgt schon aus 1. und 2.)

Ist der Phasenraum diskret, also von der Form $\mathfrak{Z} = \{z_i: i = 1, 2, \ldots\}$, dann schreiben wir $P(t, z_i, s, \{z_j\}) = p_{ij}(t, s)$ und an der Stelle von 2. die äquivalente Voraussetzung

2'. $$\lim_{s\downarrow t} (s - t)^{-1} p_{ij}(t, s) = q_{ij}(t) < \infty \qquad (i \neq j) \tag{9}$$

gleichmäßig bezüglich $t \in T$; $i, j = 1, 2, \ldots$.

Ein Beispiel für einen derartigen Prozeß ist der POISSON-Prozeß, bei dem fast alle Realisierungen stückweise konstant sind, wobei die Sprünge jeweils gleich 1 sind $(Z_{t_k} - Z_{t_k - 0} = 1)$ und bei dem für $t \in T$, $i, j = 0, 1, \ldots$ und $s > t$

$$p_{ij}(t, s) = \begin{cases} e^{\lambda(s-t)} [\lambda(s - t)]^{j-i} [(j - i)!]^{-1} & j \geqq i \\ 0 & j < i \end{cases}$$

gilt.

Ein Stufenprozeß ist an jeder Stelle $t \in T$ fast sicher stetig: $\lim\limits_{h\to 0} Z_{t+h} \triangleq Z_t$.

Ist Z_t ein Stufenprozeß mit Phasenraum $\mathfrak{Z}$ und f eine beschränkte $\mathfrak{B}_{\mathfrak{Z}}$-meßbare reelle Funktion auf $\mathfrak{Z}$, dann gilt gleichmäßig bezüglich $(t, z) \in T \times \mathfrak{Z}$

$$[\tilde{A} f](t, z) = \lim_{s \downarrow t} (s - t)^{-1} E\{f(Z_s) - f(z)/Z_t = z\}$$

$$= q(t, z) \int [f(\bar{z}) - f(z)] \pi(d\bar{z}/t, z), \tag{10}$$

wobei

$$q(t, z) = q(t, z, \mathfrak{Z} - \{z\})$$

und

$$\pi(A/t, z) = \begin{cases} [q(t, z)^{-1} q(t, z, A - \{z\}) & \text{bei } q(t, z) \neq 0 \\ \chi_A(z) & \text{bei } q(t, z) = 0 \end{cases} \tag{11}$$

ist. Bei diskretem $\mathfrak{Z}$ gilt

$$[\tilde{A} f](t, z_i) = \sum_{j \neq i} [f(z_j) - f(z_i)] q_{ij}(t). \tag{12}$$

Ist für jede beschränkt stetige reelle Funktion f auf $T \times \mathfrak{Z}$ und für jedes $h > 0$ die Funktion

$$E\{f(t + h, Z_{t+h})/Z_t = z\} = g(t, z)$$

auf $T \times \mathfrak{Z}$ stetig und beschränkt, dann nennt man Z_t einen FELLER*schen Prozeß*. Dies ist z. B. bei endlichem $\mathfrak{Z}$ der Fall, wenn die Funktionen $p_{ij}(t, t + h)$ für feste $i, j = 1, 2, \ldots, N$ und $h > 0$ stetig auf T sind. Ist ein beschränktes Intervall im R^m und existiert eine Übergangsdichte $p(t, z, t + h, \bar{z})$, dann ist Z_t ein FELLERscher Prozeß, wenn p für beliebiges festes $\bar{z} \in \mathfrak{Z}$ und $h > 0$ eine stetige Funktion auf $T \times \mathfrak{Z}$ ist.

Unter den im folgenden angegebenen Regularitätsbedingungen (die eine Zugehörigkeit jeder auf $\mathfrak{Z}$ definierten beschränkten stetigen Funktion zum Definitionsbereich des sog. schwachen Infinitesimaloperators $\tilde{A}$ des MARKOVschen Prozesses Z_t sichern) gilt (vgl. E. B. DYNKIN [1]).

Lemma 6.5. *Z_t, $t \in T$, sei ein FELLERscher Stufenprozeß mit kompaktem Phasenraum $\mathfrak{Z}$. Es seien weiterhin q und für jede auf $\mathfrak{Z}$ definierte beschränkte stetige Funktion φ auch*

$$\psi(t, z) = \int_{\mathfrak{Z} - \{z\}} \varphi(\bar{z}) \pi(d\bar{z}/t, z)$$

stetige Funktionen auf $T \times \mathfrak{Z}$. Ist X_0 ein vom Prozeß $t \in T$, unabhängiger zufälliger Vektor und ist $\tau = \tau(\omega)$ eine zufällige Variable mit Realisierungen in $[t, s] \subset T$, die für alle $\Theta \in T$

$$\{\omega \in \Omega : \tau(\omega) > \Theta\} \in \mathfrak{A}_\Theta = \sigma[X_0, Z_\tau : \tau \in [t_0, \Theta]]$$

erfüllt, dann gilt für $z \in \mathfrak{Z}$ und für jede auf $T \times \mathfrak{Z}$ stetige reelle Funktion f

$$E\{f(\tau, Z_\tau) - f(t, z)/Z_t = z\} = E\left\{\int_t^\tau [\tilde{A} f](\Theta, Z_\Theta)\, d\Theta/Z_t = z\right\}. \tag{13}$$

6.2. Markovsche Eigenschaft der Lösungen

Wir betrachten die Differentialgleichung

$$\frac{dX_t}{dt} = f(X_t, t, Z_t) \tag{14}$$

in T_0, wobei f eine auf $R^n \times T_0 \times R^m$ definierte n-dimensionale Vektorfunktion und Z_t ein m-dimensionaler MARKOVscher Prozeß auf T_0 ist.

In [1] haben I. J. KAC und N. N. KRASOVSKIĬ die LJAPUNOVsche Methode zur Untersuchung der Stabilität von Differentialgleichungssystemen der Gestalt (14) verallgemeinert. Dabei wurde vorausgesetzt, daß Z_t ein MARKOVscher Stufenprozeß ist, welcher nur Werte aus einer endlichen Menge annimmt. Insbesondere wurden hinreichende Bedingungen in Form algebraischer Kriterien für die Stabilität im Mittel linearer Systeme erhalten. H. BUNKE hat in [6] im Anschluß an diese Untersuchungen hinreichende Bedingungen für ein bestimmtes Stabilitätsverhalten einer Klasse nichtlinearer Differentialgleichungssysteme abgeleitet. Die Ergebnisse von I. J. KAC und N. N. KRASOVSKIĬ [1] lassen sich auch für einen nichtendlichen aber beschränkten Wertebereich von Z_t verifizieren. Unter entsprechenden Annahmen hat E. A. LIDSKII in [2] explizite Bedingungen für die asymptotische W-Stabilität linearer Systeme abgeleitet. In [1] hat I. J. KAC die allgemeinen Stabilitätskriterien für die Stabilität im Großen weiterentwickelt. Von H. BUNKE wurde in [9] und [10] die LJAPUNOVsche Methode zum Nachweis der P-Stabilität für Differentialgleichungssysteme verallgemeinert bei denen anstelle der Beschränktheit des Wertebereiches von Z_t nur schwächere Integrabilitätsbedingungen gefordert werden. R. S. BUCY [1] erkannte, daß die LJAPUNOVschen Funktionen positive Supermartingale darstellen und leitete asymptotische Stabilitätseigenschaften mit Hilfe des Konvergenzsatzes für Martingale ab. Von H. J. KUSHNER in [1] und [13] und von R. Z. HAS'MINSKIĬ in [14] wurden diese Ideen weitergeführt und z. B. auch für den Fall, daß Z_t Lösung einer ITO-Differentialgleichung ist, angewendet. Einige Bemerkungen zum Fall, daß Z_t ein Diffusionsprozeß ist, findet man auch bei U. FRISCH [3]. Differentialgleichungen für die Übergangsdichten von (X_t, Z_t) leitet K. S. SRINIVASAN in [1] ab, wobei er einen rein unstetigen MARKOVschen Prozeß Z_t annimmt.

Wir setzen im weiteren voraus, daß für fast alle $\omega \in \Omega$ die nichtstochastische Differentialgleichung

$$\dot{x} = f(x, t, Z_t(\omega)) \tag{15}$$

zu jeder Anfangsbedingung $(\xi, \tau) \in R^n \times T_0$ eine eindeutige Lösung im erweiterten Sinn besitzt. Weiterhin existiere eine auf $T_0 \times \Omega \times R^n \times T_0$ definierte Vektorfunktion $x(t, \omega, \xi, \tau)$, die für fast alle $\omega \in \Omega$ zu jedem $(\xi, \tau) \in R^n \times T_0$ eine Lösung e. S. von (15) zur Anfangsbedingung (ξ, τ) ist, darüber hinaus für alle $\omega \in \Omega$ der Gleichung $x(t_0, \omega, \xi, t_0) = \xi$, $\xi \in R^n$, genügt und für jedes feste $\tau \in T_0$ und $t > \tau$ mit der Bezeichnung $G_{\tau,t} = \sigma[Z_\Theta \colon \Theta \in (\tau, t]]$ eine $G_{\tau,t} \times \mathfrak{B}^n$-meßbare Vektorfunktion darstellt. Unter diesen Voraussetzungen gibt es zu jeder Anfangsbedingung

$(X_*, t_*) \in S_n \times T_0$ eine eindeutige R-Lösung e. S. $X_t(X_*, t_*)$ von (14), und es ist durch $x(t, \omega, X_*(\omega), t^*)$ eine solche Lösung gegeben.

Bemerkung. Die obigen Voraussetzungen sind nach Bemerkung in 1.4 beispielsweise erfüllt, wenn die Vektorfunktion f auf $R^n \times T_0 \times R^m$ stetig ist, einer LIPSCHITZ-Bedingung

$$||f(x_1, t, Z_t) - f(x_2, t, Z_t)|| \overset{R^n \times R^n \times T_0}{\leqq} L_t \, ||x_1 - x_2||$$

genügt, wobei L_t ein R-stetiger Prozeß auf T_0 ist und fast alle Realisierungen von Z_t stückweise stetig sind, wobei nur Unstetigkeitsstellen erster Art auftreten können.

$X_0 \in S_n$ sei nun ein vom stochastischen Prozeß Z_t, $t \in T_0$, unabhängiger zufälliger Vektor. Wir betrachten die R-Lösung e. S. $X_t = x(t, \omega, X_0(\omega), t_0)$ von (14).

Satz 6.1. *Unter den über* (14) *getroffenen Voraussetzungen ist* $Y_t' = (X_t', Z_t')$ *ein* $n + m$*-dimensionaler* MARKOV*scher Prozeß auf* T_0 *mit Übergangswahrscheinlichkeiten*

$$\left.\begin{aligned} &P(t, y, s, B) = P\{(x'(s, \omega, \xi, t), Z_s')' \in B/Z_t = z\} \\ &(y' = (\xi', z') \in R^{n+m}, \, t_0 \leqq t < s, \, B \in \mathfrak{B}^{n+m}) \,. \end{aligned}\right\} \tag{16}$$

Beweis. Nach Definition eines MARKOVschen Prozesses haben wir mit $\mathfrak{A}_t = \sigma[Y_\tau, \tau \in [t_0, t]]$ für $t \in T_0$, $s \in (t, \infty)$, $B \in \mathfrak{B}^{n+m}$ die folgende Äquivalenz zu zeigen:

$$P\{Y_s \in B/\mathfrak{A}_t\} \triangleq P\{Y_s \in B/Y_t\} \triangleq P(t, Y_t, s, B) \,, \tag{17}$$

wobei $P(t, y, s, B)$ durch (16) gegeben ist. Wir bemerken zunächst, daß mit $\mathfrak{F}_t^0 = \sigma[X_0, Z_\tau; \tau \in [t_0, t]]$ die Vektorfunktion $X_t = x(t, \omega, X_0, t_0)$ für jedes feste $t \in T_0$ $\mathfrak{F}_t^0$-meßbar ist und damit wegen $Y_{t_0}' = (X_0', Z_{t_0}')$ die Identität $\mathfrak{A}_t = \mathfrak{F}_t^0$ gilt.

Wegen der vorausgesetzten Eindeutigkeit der Lösungen von (15) gilt für beliebige $t, s \in T_0$ die Äquivalenz

$$X_s \triangleq x(s, \omega, X_t, t)$$

und damit

$$P\{Y_s \in B/\mathfrak{A}_t\} \triangleq P\{(x'(s, \omega, X_t, t), Z_s')' \in B/\mathfrak{F}_t^0\} \,. \tag{18}$$

Wir wenden nun das folgende von I. I. GIHMAN und A. V. SKOROHOD in [2] bewiesene Lemma an:

Lemma 6.6. *Ist* $t \in T_0$, $s > t$, φ *eine* $G_{t,s} \times \mathfrak{B}^n$*-meßbare beschränkte Funktion und* X *eine* $\mathfrak{F}_t^0$*-meßbare Vektorfunktion, dann gilt*

$$E\{\varphi(\omega, X)/\mathfrak{F}_t^0\} \triangleq E\{\varphi(\omega, X)/Z_t\} \triangleq M_t(X)$$

mit

$$M_t(\xi) = E\{\varphi(\omega, \xi)/\mathfrak{F}_t^0\} \qquad (\xi \in R^n) \,.$$

Nach diesem Lemma und (18) gilt also für $t_0 \leqq t < s$

$$P\{Y_s \in B/\mathfrak{A}_t\} = M(t, X_t, s, B) \tag{19}$$

mit

$$M(t, \xi, s, B) = P\{(x'(s, \omega, \xi, t), Z_s')' \in B/\mathfrak{F}_t^0\}\ . \tag{20}$$

Wegen der stochastischen Unabhängigkeit von X_0 und des Prozesses Z_t, $t \in T_0$, der $G_{t,s} \times \mathfrak{B}^n$-Meßbarkeit von $x(s, \omega, \xi, t)$ und der Markovschen Eigenschaft von Z_t gilt aber für alle $\xi \in R^n$, $t \in T_0$, $s > t$, $B \in \mathfrak{B}^{n+m}$

$$\begin{aligned} M(t, \xi, s, B) &\triangleq P\{(x'(s, \omega, \xi, t), Z_s')' \in B/Z_\tau, \tau \in [t_0, t]\} \\ &\triangleq P\{(x'(s, \omega, \xi, t), Z_s'))' \in B/Z_t\}\ . \end{aligned} \tag{21}$$

Aus (19) und (21) erhalten wir wegen Lemma 6.6 und $\sigma[Z_t] \subset \sigma[Y_t] \subset \mathfrak{F}_t^0 = \mathfrak{A}_t$ die Äquivalenz

$$P\{(Y_s \in B/Z_t\} \triangleq M(t, X_t, s, B) \triangleq P\{Y_s \in B/Y_t\}\ . \tag{22}$$

Da aus (16) und (21)

$$M(t, X_t, s, B) \triangleq P\{t, Y_t, s, B)\} \tag{23}$$

folgt, erhalten wir (17) aus (19) und (22).

6.3. Differentialgleichungen, die von Diffusionsprozessen abhängen

Wir betrachten wieder die Differentialgleichung (14), und die in 6.2 getroffenen Voraussetzungen seien erfüllt. Z_t sei ein Diffusionsprozeß. Wir suchen hinreichende Bedingungen dafür, daß $Y_t' = (X_t', Z_t')$ ein Diffusionsprozeß ist.

Satz 6.2. *Es seien folgende Voraussetzungen erfüllt:*

1. Z_t *sei ein auf* T_0 *R-stetiger Diffusionsprozeß, der die Bedingungen* I*, II*, III* (vgl. 6.1) *erfüllt. Darüber hinaus existiert zu jedem* $t \in T_0$ *ein Intervall* $I_t = [t, t + \Delta_t]$ $(\Delta_t > 0)$ *mit*
$$E\left\{\sup_{\tau \in I_t} \|Z_\tau - Z_t\|^2 / Z_t = z\right\} < \infty\,, \qquad z \in R^m$$
(vgl. 5.1).
2. *Die Vektorfunktion* f *ist auf* $R^n \times T_0 \times R^m$ *stetig, und es gilt für alle* $t \in T_0$ *und* $y \in R^{n+m}$
$$E\left\{\sup_{\tau \in I_t} \|f(X_\tau, \tau, Z_\tau)\|^{2+\delta} / Y_t = y\right\} < \infty\,,$$
wobei δ *die positive Konstante aus der Bedingung* I* *für* Z_t *ist.*

Dann ist Y_t *ein Diffusionsprozeß mit Übertragungsvektor*

$$a^Y(t, y) = \begin{pmatrix} f(x, t, z) \\ a^Z(t, z) \end{pmatrix} \tag{24}$$

und Diffusionsmatrix

$$B^Y(t, y) = \begin{pmatrix} 0 & 0 \\ 0 & B^Z(t, z) \end{pmatrix}, \tag{25}$$

der die Bedingungen I*, II*, III* *erfüllt.*

Beweis. Es gilt für alle $t \in T_0$ und $\Delta \in (0, \Delta_t)$ die Ungleichung

$$||X_{t+\Delta} - X_t|| \triangleq \left\| \int_t^{t+\Delta} f(X_\tau, \tau, Z_\tau)\, d\tau \right\| \mathrel{\widehat{\leqq}} \Delta \sup_{\tau \in I_t} ||f(X_\tau, \tau, Z_\tau)|| \,.$$

Hieraus und aus den Voraussetzungen 1 und 2 folgt dann die Gültigkeit der Bedingung I* für den Prozeß Y_t, d. h., es gilt für jedes $t \in T_0$ und $y \in R^{n+m}$

$$E\{||Y_{t+\Delta} - y||^{2+\delta}/Y_\tau = y\} \leqq 2^{\delta/2} E\{||Z_{t+\Delta} - z||^{2+\delta}/Y_t = y\}$$
$$+ 2^{\delta/2} E\{||X_{t+\Delta} - x||^{2+\delta}/Y_t = y\} = 0(\Delta)\,.$$

Wir berechnen nun

$$a^Y(t, y) = \lim_{\Delta \downarrow 0} \Delta^{-1} E\{(Y_{t+\Delta} - y)/Y_t = y\}\,.$$

Da man analog wie (22) für jede $G_{t,s}$-meßbare Funktion φ $E\{\varphi/Y_t\} \triangleq E\{\varphi/Z_t\}$ zeigen kann, gilt nach Voraussetzung 1 für

$$\lim_{\Delta \downarrow 0} \Delta^{-1} E\{(Z_{t+\Delta} - z)/Y_t = y\} = a^Z(t, y)\,. \tag{26}$$

Weiterhin gilt

$$\lim_{\Delta \downarrow 0} \Delta^{-1} E\{(X_{t+\Delta} - x)/Y_t = y\} = \lim_{\Delta \downarrow 0} E\left\{\int_t^{t+\Delta} \Delta^{-1} f(X_\tau, \tau, Z_\tau)\, d\tau/Y_t = y\right\}$$
$$= \lim_{\Delta \downarrow 0} E\left\{\int_0^1 f(X_{t+\Delta s}, t + \Delta s, Z_{t+\Delta s})\, ds/Y_t = y\right\}. \tag{27}$$

Wegen Voraussetzung 2 kann man in (27) die Reihenfolge von Grenzwertbildung, Erwartungswertoperation und Integration vertauschen und erhält wegen der Stetigkeit von f und der R-Stetigkeit von X_t und Z_t

$$\lim_{\Delta \downarrow 0} \Delta^{-1} E\{(X_{t+\Delta} - x)/Y_t = y\} = E\left\{\int_0^1 f(X_t, t, Z_t)\, ds/Y_t = y\right\} = f(x, t, z)\,. \tag{28}$$

Aus (26) und (28) folgt (24), und Y_t erfüllt die Bedingung II*. Wir berechnen nun

$$B^Y(t, y) = \lim_{\Delta \downarrow 0} E\{(Y_{t+\Delta} - y)(Y_{t+\Delta} - y)'/Y_t = y\}\,.$$

Nach Voraussetzung gilt

$$\lim_{\Delta \downarrow 0} E\{(Z_{t+\Delta} - z)(Z_{t+\Delta} - z)'/Y_t = y\} = B^Z(t, z)\,. \tag{29}$$

Weiterhin gilt

$$\lim_{\Delta \downarrow 0} \Delta^{-1} E\{(Z_{t+\Delta} - z)(X_{t+\Delta} - x)'/Y_t = y\}$$
$$= \lim_{\Delta \downarrow 0} E\left\{\int_0^1 (Z_{t+\Delta} - z)\,[f(X_{t+\Delta s}, t + \Delta s, Z_{t+\Delta s})]'\, ds/Y_t = y\right\}. \tag{30}$$

Nun gilt nach der SCHWARZschen Ungleichung und nach Voraussetzung 2

$$E\left\{\int_0^1 \sup_{\tau\in I_t} (\|Z_\tau - z\| \, \|f(X_\tau, \tau, Z_\tau)\|) \, ds\right\}$$
$$\leqq \left[E\left\{\sup_{\tau\in I_t} \|Z_\tau - z\|^2\right\} E\left\{\sup_{\tau\in I_t} \|f(X_\tau, \tau, Z_\tau)\|^2\right\}\right]^{1/2} < \infty,$$

so daß man in (30) Grenzwertbildung mit der Erwartungswertbildung und der Integration vertauschen kann:

$$\lim_{\Delta\downarrow 0} \Delta^{-1} E\{(Z_{t+\Delta} - z)(X_{t+\Delta} - x)'/Y_t = y\}$$
$$= E\{(Z_t - z)[f(X_t, t, Z_t)]'/Y_t = y\} = 0. \tag{31}$$

Analog erhalten wir

$$\lim_{\Delta\downarrow 0} \Delta^{-1} E\{(X_{t+\Delta} - x)(X_{t+\Delta} - x)'/Y_t = y\}$$
$$= \lim_{\Delta\downarrow 0} E\left\{\int_0^1\int_0^1 \Delta f(X_{t+\Delta s}, t + \Delta s, Z_{t+\Delta s})[f(X_{t+\Delta\sigma}, t + \Delta\sigma, Z_{t+\Delta\sigma})]' \, ds \, d\sigma / Y_t = y\right\}$$
$$= \lim_{\Delta\downarrow 0} \Delta f(x, t, z)[f(x, t, z)]' = 0. \tag{32}$$

Aus (29), (31) und (32) folgt (25), und Y_t erfüllt auch die Bedingung III*, womit der Satz bewiesen ist.

Die Regularitätsvoraussetzung 2 des Satzes 6.2 stellt eine Bedingung an die Lösung X_t der Differentialgleichung (14) dar. Da diese Lösung im allgemeinen unbekannt ist, gewinnen wir im nächsten Satz Bedingungen für die Gültigkeit von Voraussetzung 2, in die nur Eigenschaften der Funktion f und des Prozesses Z_t eingehen.

Satz 6.3. *Es seien folgende Voraussetzungen erfüllt:*

1. *Es existieren auf $T_0 \times R^m$ stetige nichtnegative Funktionen M, N mit*

$$\|f(x, t, z)\| \leqq M(t, z)\,\|x\| + N(t, z), \qquad (x \in R^n, t \in T_0, z \in R^m).$$

2. *Z_t ist R-stetig, und es existiert eine auf T_0 definierte positive Funktion η, so daß mit den Bezeichnungen*

$$M_t = \sup_{\tau\in I_t} M(\tau, Z_\tau), \qquad N_t = \sup_{\tau\in I_t} N(\tau, Z_\tau)$$

gilt

$$E\{\exp[\eta(t) M_t]/Z_t = z\} + E\{N_t^{4(2+\delta)}/Z_t = z\} < \infty, \qquad t \in T_0, \; z \in R^m. \tag{33}$$

Dann gilt für $t \in T_0$ und $y \in R^{n+m}$

$$E\left\{\sup_{\tau\in I_t} \|f(X_\tau, \tau, Z_\tau)\|^{2+\delta}/Y_t = y\right\} < \infty.$$

Beweis. Zunächst bemerken wir, daß wir o. B. d. A. die Gültigkeit von

$$\Delta_t < \eta(t)\,[4(2 + \delta)]^{-1}, \qquad t \in T_0,$$

annehmen können.

Mit Voraussetzung 1 erhalten wir für jedes $t \in T_0$ die Abschätzung

$$\|X_\tau\| \overset{I_t}{\leqq} \|X_t\| + \int_t^\tau [M(\Theta, Z_\Theta) \|X_\Theta\| + N(\Theta, Z_\Theta)] \, d\Theta$$

und daraus mit Lemma 1.3

$$\sup_{\tau \in I_t} \|X_\tau\| \leqq \|X_t\| \exp [\Delta_t M_t] + \Delta_t N_t \exp [\Delta_t M_t] .$$

Wir erhalten damit mit den Voraussetzungen 1 und 2 die Abschätzungen

$$E\left\{\sup_{\tau \in I_t} \|f(X_\tau, \tau, Z_\tau)\|^{2+\delta} / Y_t = y\right\}$$

$$\leqq c\, E\left\{\left[M_t \sup_{\tau \in I_t} \|X_\tau\|\right]^{2+\delta} / Y_t = y\right\} + c\, E\left\{N_t^{2+\delta} / Y_t = y\right\}$$

$$\leqq c \left[E\left\{M_t^{2(2+\delta)} / Z_t = z\right\} \cdot E\left\{\sup_{\tau \in I_t} \|X_\tau\|^{2(2+\delta)} / Y_t = y\right\}\right]^{1/2}$$

$$+ c\, E\left\{N_t^{2+\delta} / Z_t = z\right\} ,$$

$$E\left\{\sup_{\tau \in I_t} \|X_\tau\|^{2(2+\delta)} / Y_t = y\right\} \leqq c \|x\|^{2(2+\delta)} E\left\{\exp [\eta(t) M_t] / Z_t = z\right\}$$

$$+ c\, \Delta_t^{2(2+\delta)} \left[E\left\{N_t^{4(2+\delta)} / Z_t = z\right\} \cdot E\left\{\exp [\eta(t) M_t] / Z_t = z\right\}\right]^{1/2} .$$

Hieraus folgt mit (33) die Behauptung des Satzes.

Es ist nun bekannt, daß die Übergangsdichte eines Diffusionsprozesses unter bestimmten Regularitätsbedingungen einer partiellen Differentialgleichung (FOKKER-PLANCK-Gleichung) genügt (vgl. 6.1). Unter der Annahme, daß der Diffusionsprozeß Y_t aus Satz 6.2 eine Übergangsdichte p besitzt, geben wir Bedingungen für p, f und Z_t an, unter denen p einer FOKKER-PLANCK-Gleichung genügt.

Satz 6.4. *Es seien die folgenden Voraussetzungen erfüllt:*

1. *Für die Differentialgleichung* (14) *seien die Voraussetzungen des Satzes* 6.2 *und*

$$E\left\{\sup_{\tau \in I_t} \|f(X_\tau, \tau, Z_\tau)\|^{2+\delta}\right\} < \infty \tag{34}$$

erfüllt. Darüber hinaus erfülle Z_t die Bedingung III* *gleichmäßig in z.*

2. *Es gelte*

$$E\{\text{Spur } B^Z(t, Z_t)\} < \infty, \qquad t \in T_0 .$$

3. *Y_t habe eine Übergangsdichte $p(t, \bar{y}, s, y)$ und die partiellen Ableitungen*

$$\frac{\partial}{\partial s} p(t, \bar{y}, s, y) , \qquad \frac{\partial}{\partial x^{(i)}} [f_i(x, s, z)\, p(t, \bar{y}, s, y)]$$

$$(i = 1, \ldots, n;\; y = (x, z)) ,$$

$$\frac{\partial}{\partial z^{(k)}} [a_k^Z(s, z)\, p(t, \bar{y}, s, y)] , \qquad \frac{\partial^2}{\partial z^{(j)}\, \partial z^{(k)}} [b_{jk}^Z(s, z)\, p(t, \bar{y}, s, y)]$$

$$(j, k = 1, \ldots, m)$$

existieren und sind stetig.

Dann genügt p für $t \in T_0$, $\bar{y} \in R^{n+m}$, $s \in (t, \infty)$, $y \in R^{n+m}$ der Gleichung

$$\begin{aligned}\frac{\partial}{\partial s} p(t, \bar{y}, s, y) = &- \sum_{i=1}^{n} \frac{\partial}{\partial x^{(i)}} [f_i(x, s, z)\, p(t, \bar{y}, s, y)] \\ &- \sum_{k=1}^{m} \frac{\partial}{\partial z^{(k)}} [a_k^Z(s, z)\, p(t, \bar{y}, s, y)] \\ &+ \sum_{j,k} \frac{\partial^2}{\partial z^{(j)}\, \partial z^{(k)}} [b_{jk}^Z(s, z)\, p(t, \bar{y}, s, y)] \,.\end{aligned} \tag{35}$$

Beweis. Es sei g eine auf R^{n+m} definierte stetige Funktion mit stetigen partiellen Ableitungen 1. und 2. Ordnung, die außerhalb einer Kugel den Wert Null annimmt. Dann gilt bei $t < s$ (vgl. 6.1)

$$\begin{aligned} d(t, \bar{y}) &= \int g(y) \frac{\partial}{\partial s} p(t, \bar{y}, s, y)\, dy = \frac{\partial}{\partial s} \int g(y)\, p(t, \bar{y}, s, y)\, dy \\ &= \lim_{h \downarrow 0} h^{-1} \left[\int g(y)\, p(t, \bar{y}, s + h, y)\, dy - \int g(\hat{y})\, p(t, \bar{y}, s, \hat{y})\, d\hat{y} \right] \\ &= \lim_{h \downarrow 0} \int p(t, \bar{y}, s, \hat{y})\, q_h(\hat{y})\, d\hat{y} \,, \end{aligned} \tag{36}$$

wobei

$$q_h(\hat{y}) = h^{-1} \left[\int g(y)\, p\,(s, \hat{y}, s + h, y)\, dy - g(\hat{y}) \right]$$

ist.

Es gilt mit

$$\varkappa = \sup_{y \in R^{n+m}} \left\| \frac{\partial}{\partial y} g(y) \right\|$$

für $c > 0$ und hinreichend kleines $\Delta_s' \in (0, \Delta_s)$ wegen Voraussetzung 1 für $y \in R^{n+m}$

$$\begin{aligned} q(\hat{y}) = \sup_{h \in (0, \Delta_s')} |q_h(\hat{y})| &\leqq \sup_{h \in (0, \Delta_s')} \varkappa\, h^{-1} \int \|y - \hat{y}\|\, p(s, \hat{y}, s + h, y)\, dy \\ &\leqq \left[\sup_{h \in (0, \Delta_s')} \varkappa\, h^{-1} E\, \{ (\|X_{s+h} - \hat{x}\|^2 + \|Z_{s+h} - \hat{z}\|^2) / Y_s = \hat{y} \} \right]^{1/2} \\ &\leqq \varkappa \left[E \left\{ \sup_{\tau \in I_s} \|f(X_\tau, \tau, Z_\tau)\|^2 / Y_s = \hat{y} \right\} + \operatorname{Spur} B^Z(s, \hat{z}) + c \right]^{1/2} . \end{aligned}$$

Nun gilt aber nach den Voraussetzungen 1 und 2

$$\begin{aligned} \int p(t, \bar{y}, s, \hat{y})\, q(\hat{y})\, d\hat{y} \leqq [E\, \{ q^2(Y_s) / Y_t = \bar{y} \}]^{1/2} = \varkappa \Big[E \Big\{ \sup_{\tau \in I_s} \|f(X_\tau, \tau, Z_\tau)\|^2 / Y_t = \bar{y} \Big\} \\ + E\, \{ \operatorname{Spur} B^Z(s, Z_s) / Z_t = z \} + c \Big] < \infty . \end{aligned}$$

Wir können also nach dem LEBESGUEschen Konvergenzsatz in (36) Grenzwertbildung und Integration vertauschen:

$$d(t, \bar{y}) = \int p(t, \bar{y}, s, \hat{y}) \lim_{h \downarrow 0} q_h(\hat{y})\, dy \,. \tag{37}$$

Wenden wir nun das Lemma 6.1 an, so erhalten wir nach partieller Integration

$$d(t, \bar{y}) = \int p(t, \bar{y}, s, \hat{y}) \left[\sum_{i=1}^{n} f_i(\hat{x}, s, \hat{z}) \frac{\partial}{\partial x^{(i)}} g(\hat{y}) + \sum_{k=1}^{m} a_k^Z(s, \hat{z}) \frac{\partial}{\partial \hat{z}^{(k)}} g(\hat{y}) \right.$$

$$\left. + \frac{1}{2} \sum_{j,k=1}^{m} b_{jk}^Z(s, \hat{z}) \frac{\partial^2}{\partial \hat{z}^{(j)} \partial \hat{z}^{(k)}} g(\hat{y}) \right] d\hat{y}$$

$$= \int p(\hat{y}) \left\{ - \sum_{i=1}^{n} \frac{\partial}{\partial \hat{x}^{(i)}} [f_i(\hat{x}, s, \hat{z})\, p(t, \bar{y}, s, \hat{y})] \right.$$

$$- \sum_{k=1}^{m} \frac{\partial}{\partial \hat{z}^{(k)}} [a_k(s, \hat{z})\, p(t, \bar{y}, s, \hat{y})]$$

$$\left. + \sum_{j,k=1}^{m} \frac{\partial^2}{\partial \hat{z}^{(j)} \partial \hat{z}^{(k)}} [b_{jk}^Z(s, \hat{z})\, p(t, \bar{y}, s, \hat{y})] \right\} d\hat{y} \,. \tag{38}$$

Da die Gleichungen (36) und (38) für beliebige Funktionen g mit den anfangs geforderten Eigenschaften gelten, folgt die behauptete Gleichung (35).

Bemerkung. Analog zum Satz 6.3 kann man Bedingungen für X_0, f und Z_t finden, unter denen (34) erfüllt ist.

Beispiel 1. Wir betrachten die stochastische Differentialgleichung

$$\dot{X}_t = [A(t) + B(t)\, U_t]\, X_t + C(t)\, V_t \,, \tag{39}$$

wobei A, B und C auf T_0 stetige Matrixfunktionen sind und die Elemente U_t^{ik} des Matrixprozesses U_t und die Komponenten $V_t^{(i)}$ des Vektorprozesses V_t unabhängige Wiener-Prozesse sind. Es sei $X_0 \in L_n^2$ von (U_t, V_t), $t \in T_0$, unabhängig. Da wegen (2) für jeden Wiener-Prozeß W_t und für jedes $s > t$ die zufällige Variable $Q_s = \sup_{\tau \in [t,s]} (W_\tau - W_t)$ normalverteilt ist, sind die Voraussetzung 1 des Satzes 6.2 und die Voraussetzungen des Satzes 6.3 mit

$$Z_t = (U_t^{11}, U_t^{12}, \ldots, U_t^{ll}, V_t^{(1)}, \ldots, V_t^{(m)}) \,,$$

$$z = (u^{11}, u^{12}, \ldots, u^{ll}, v^{(1)}, \ldots, v^{(m)}) \,,$$

$$M(t, z) = ||A(t)|| + ||B(t)||\, ||u||$$

$$N(t, z) = ||C(t)||\, ||v||\,.$$

erfüllt. Es ist also $Y_t' = (X_t', Z_t')$ ein Diffusionsprozeß mit

$$a^Y(t, x, z) = \begin{pmatrix} [A(t) + B(t)\, u]\, x + C(t)\, v \\ 0 \end{pmatrix}$$

und

$$B^Y(t, x, z) = \begin{pmatrix} 0 & 0 \\ 0 & I \end{pmatrix}.$$

Beispiel 2. Wir betrachten die Differentialgleichung 2. Ordnung

$$\ddot{U}_t + a\,\dot{U}_t + b\,U_t = c\,Z_t\,, \tag{40}$$

wobei Z_t ein WIENER-Prozeß ist. Es sei der Anfangswert $(U_{t_0}, \dot{U}_{t_0})' \in L_2^2$ von Z_t, $t \in T_0$, unabhängig.

Mit $X_t' = (U_t, \dot{U}_t)$ erhalten wir aus (40) das Differentialgleichungssystem

$$\dot{X}_t = \begin{pmatrix} 0 & 1 \\ -b & -a \end{pmatrix} X_t + \begin{pmatrix} 0 \\ c \end{pmatrix} Z_t$$

als Spezialfall von (39). Es ist also $Y_t' = (U_t, \dot{U}_t, Z_t)$ ein Diffusionsprozeß mit

$$a^Y(t, y) = a^Y(t, u, \dot{u}, z) = \begin{pmatrix} \dot{u} \\ -b\,u \quad -a\,\dot{u} \quad +c\,z \\ 0 \end{pmatrix}$$

und

$$B^Y(t, y) = \begin{pmatrix} 0 & 0 & 0 \\ 0 & 0 & 0 \\ 0 & 0 & 1 \end{pmatrix}.$$

Nehmen wir an, daß Y_t eine Übergangsdichte p mit den in Satz 6.4 geforderten Regularitätsbedingungen hat, dann genügt sie der partiellen Differentialgleichung

$$\frac{\partial}{\partial s} p(t, \bar{y}, s, y) = -\dot{u}\frac{\partial}{\partial u} p(t, \bar{y}, s, y) - \frac{\partial}{\partial u}[\{c\,z - b\,u - a\,u\}\, p(t, \bar{y}, s, y)]$$
$$+ \frac{1}{2}\frac{\partial^2}{\partial z^2} p(t, \bar{y}, s, y)\,.$$

6.4. Stabilität von Differentialgleichungen, die von Diffusionsprozessen abhängen

Wir betrachten die Differentialgleichung

$$\dot{X}_t = f(X_t, t, Z_t)\,, \tag{41}$$

bei der Z_t, $t \in T$, Lösung einer m-dimensionalen ITO-Differentialgleichung

$$dZ_t = n(t, Z_t)\,dt + \sum_{j=1}^{k} m_j(t, Z_t)\,dU_t^{(j)} \tag{42}$$

ist. Derartige Differentialgleichungen sind auch von H. J. KUSHNER in [13] und R. Z. HAS'MINSKIĬ in [14] untersucht worden. (41) erfülle die in 5.3 genannten Voraussetzungen.

In (42) sind $U_t^{(j)}$ unabhängige WIENER-Prozesse auf T mit $U_0^{(j)} = 0$. Z_0 sei unabhängig vom Prozeß $U_t - U_{t_0}$, $t \in T$. Es sei $t_0 \in T$, und S_n^0 sei die Menge aller $X_0 \in S_n$, für die $Y_0' = (X_0, Z_{t_0})$ vom Prozeß $U_t - U_{t_0}$, $t \in T_0$, unabhängig ist. X_t sei die R-Lösung von (41) zur Anfangsbedingung (X_0, t_0) mit $X_0 \in S_n^0$. Der Vektorprozeß X_t kann zur Lösung Y_t einer ITO-Differentialgleichung ergänzt werden, denn es genügt $Y_t = \begin{pmatrix} X_t \\ Z_t \end{pmatrix}$ mit den Bezeichnungen

$$y = \begin{pmatrix} x \\ z \end{pmatrix}, \quad \bar{n}(t, y) = \begin{pmatrix} f(x, t, z) \\ n(t, z) \end{pmatrix}, \quad \bar{m}_j(t, y) = \begin{pmatrix} 0 \\ m_j(t, z) \end{pmatrix}$$

der ITO-Differentialgleichung

$$dY_t = \bar{n}(t, Y_t)\, dt + \sum_{j=1}^{k} \bar{m}_j(t, Y_t)\, dU_t^{(j)}, \tag{43}$$

falls (43) den Voraussetzungen des Lemmas 6.3 genügt.

Wir setzen im weiteren voraus, daß dies erfüllt ist. Sind die Funktionen $n(t, z)$, $m_j(t, z)$ $(j = 1, \ldots, k)$ und $f(x, t, z)$ periodisch, so folgt die Periodizität der Übergangsfunktion des Prozesses (X_t, Z_t) (vgl. Lemma 6.3). Insbesondere folgt dann die Homogenität des MARKOVschen Prozesses (X_t, Z_t), falls diese Funktionen von t unabhängig sind.

Wir wollen nun unter Ausnutzung des oben beschriebenen Zusammenhangs zur ITO-Differentialgleichung Stabilitätsaussagen für die Differentialgleichung (41) ableiten. Es sei $\gamma_0(K) = S_n^0 \cap \gamma(K)$. Der folgende Satz entspricht dem Satz VII, 7.2 von R. Z. HAS'MINSKIĬ in [14]. Bei den hierbei verwendeten LJAPUNOVschen Funktionen wird nicht die Differenzierbarkeit im Punkte Null gefordert, da dies bei ITO-Differentialgleichungen eventuell eine Einschränkung bedeuten kann (vgl. Bemerkung 2, V, 3 von R. Z. HAS'MINSKIĬ in [14]).

Satz 6.5. *Es sei $R_K^n = \{x \in R^n : \|x\| \leq K\}$. Existiert eine auf $R^n \times T \times R^m$ definierte reelle stetige Funktion $u(x, t, z)$, die für ein $K > 0$ in $(R_K^n - \{0\}) \times T \times R^m$ stetige partielle Ableitungen* 1. *und* 2. *Ordnung nach z besitzt, gilt $v(x, t, \omega) = u(x, t, Z_t(\omega)) \in F(K)$, und gilt für alle $(x, t, z) \in R_K^n - \{0\} \times T \times Z$*

$$\begin{aligned}[L\, u](x, t, z) = {} & \frac{\partial}{\partial t} u(x, t, z) + \sum_{i=1}^{n} f_i(x, t, z) \frac{\partial}{\partial x^{(i)}} u(x, t, z) \\ & + \sum_{\mu=1}^{m} n_\mu(t, z) \frac{\partial}{\partial z^{(\mu)}} u(x, t, z) \\ & + \frac{1}{2} \sum_{\nu, \mu=1}^{m} b_{\nu\mu}^Z(t, z) \frac{\partial}{\partial z^{(\nu)}\, \partial z^{(\mu)}} u(x, t, z) \leqq 0,\end{aligned} \tag{44}$$

dann ist die Nullösung von (41) *gleichmäßig W-stabil bezüglich $\gamma_0(K)$.*

Beweis. Es sei $t_0 \in T$ und X_0 ein Anfangswert aus $\gamma_0(K)$. Wie in 6.1 angenommen, seien die der Definition der stochastischen ITO-Differentialgleichung zugrunde gelegten σ-Algebren durch $\mathfrak{A}_t = \sigma[X_0, Z_{t_0}, U_\tau : \tau \in [t_0, t]]$, $t \in T_0$, gegeben. Wir wählen zunächst ein beliebiges $J > 0$. Bei festem $t \in T_0$ können wir nun das Lemma 6.4 mit

$$H = H_J = \{x \in R^n: J^{-1} \leqq ||x|| \leqq K\} \times \{z \in R^m: ||z|| \leqq J\}$$

und

$$\tau_J[s] = \sup \{\tau \in [t, s]: Y_\Theta \in H_J, \Theta \in [t, \tau]\}$$

auf die Lösung $Y_\tau, \tau \in T_0$, der Differentialgleichung (43) mit der Anfangsbedingung $Y'_{t_0} = (X'_0, Z'_{t_0})$ anwenden und erhalten für fast alle ω aus

$$\Omega_J = \{\omega \in \Omega: Y_\tau(\omega) \in H_J, \tau \in [t_0, t]\}$$

die Gleichung

$$u(Y_{\tau_J[s]}, \tau_J[s]) - u(Y_t, t) = \int_t^{\tau_J[s]} [L\, u]\,(Y_\tau, \tau)\, d\tau + Q_J\,, \tag{45}$$

wobei

$$u(Y_\tau, \tau) = u(X_\tau, \tau, Z_\tau)$$

und

$$Q_J = \sum_{j=1}^{k} \sum_{\mu=1}^{m} \int_t^{\tau_J[s]} M_j^{(\mu)} \frac{\partial}{\partial z^{(\mu)}} u(Y_\tau, \tau)\, dU_\tau^{(j)}\,, \qquad M_{j\tau} = m_j(\tau, Z_\tau)$$

gesetzt ist.

Wegen der Stetigkeitsvoraussetzungen über m_j und u sind die Funktionen

$$g_{\mu,j,J}(\tau, \omega) = \begin{cases} M_{j\tau}^{(\mu)}(\omega) \dfrac{\partial}{\partial z^{(\mu)}} u(Y_\tau(\omega), \tau): & \tau \leqq \tau_J[s] \\ 0: & \text{sonst} \end{cases}$$

auf $[t, s] \times \Omega_J$ beschränkt. Deshalb können wir die Eigenschaft (4) des Ito-Integrals ausnutzen und erhalten mit

$$\chi_J(\omega) = \begin{cases} 1: & \omega \in \Omega_J \\ 0: & \omega \notin \Omega_J \end{cases}$$

die Äquivalenz

$$E\,\{\chi_J(\omega)\, Q_J/\mathfrak{A}_t\} \triangleq \sum_{j=1}^{k} \sum_{\mu=1}^{m} E \left\{ \int_t^s g_{\mu,j,J}\, dU_\tau^{(j)}/\mathfrak{A}_t \right\} \triangleq 0\,. \tag{46}$$

Wegen der R-Stetigkeit des Prozesses Y_t gilt nun für fast alle $\omega \in \Omega^K = \{\omega \in \Omega: 0 < ||X_\tau(\omega)|| \leqq K, \tau \in [t_0, t]\}$

$$\lim_{J\to\infty} \tau_J[s] = \tau[s] = \sup \{\tau \in [t, s]: ||X_\Theta|| \leqq K, \tau \in [t, \tau]\}\,. \tag{47}$$

Weiterhin gilt

$$\lim_{J\to\infty} \chi_J \triangleq \chi^K = \begin{cases} 1: & \omega \in \Omega^K \\ 0: & \omega \notin \Omega^K. \end{cases} \tag{48}$$

Wir erhalten aus (44), (45), (46), (47) und (48)

$$\begin{aligned} &\lim_{J\to\infty} E\,\{\chi_J\,[u(Y_{\tau_J[s]}, \tau_J[s]) - u(Y_t, t)]/\mathfrak{A}_t\} \\ &\qquad \triangleq E\,\{\chi^K[u(Y_{\tau[s]}, \tau[s]) - u(Y_t, t)]/\mathfrak{A}_t\} \mathrel{\widehat{\leqq}} 0\,. \end{aligned} \tag{49}$$

Hier konnten Grenzwert- und Erwartungswertbildung vertauscht werden, da mit der Funktion ψ aus der Definition von $F(K)$ ($v(x, t, \omega) \leqq \psi(x)$) und mit $\psi^*(K) = \max_{x \in R^n_K} \psi(x)$ die Abschätzung

$$|\chi_J [u(Y_{\tau_j[s]}, \tau_j[s]) - u(Y_t, t)]| \mathrel{\widehat{\leqq}} \psi(\|X_{\tau_j[s]}\|) \leqq \psi^*(K) \qquad (j = 1, 2, \ldots)$$

gilt.

Wir verwenden nun die Bezeichnungen $t(\omega)$ und W_t aus Satz 5.5. Für fast alle $\omega \in \Omega$ mit $X_t(\omega) = 0$ gilt $W_s(\omega) = W_t(\omega) = 0$. Für fast alle $\omega \in \Omega$ mit $t(\omega) \leqq t$ gilt $W_s(\omega) = W_t(\omega)$. Für fast alle $\omega \in \Omega$ mit $t(\omega) > t$ gilt $W_s(\omega) = u(Y_{\tau[s]}, \tau[s])$. Hieraus und aus (49) folgt für $t_0 \leqq t < s$:

$$E\{W_s - W_t/\mathfrak{A}_t\} = E\{\chi^K [u(Y_{\tau[s]}, \tau[s]) - u(Y_t, t)]/\mathfrak{A}_t\} \leqq 0. \tag{50}$$

Da X_t ein $\mathfrak{A}_t$-meßbarer Prozeß ist und für jedes $t \in T_0$

$$\{\omega \in \Omega : t(\omega) \geqq t\} = \{\omega \in \Omega : \sup_{\tau \in [t_0, t]} \|X_\tau\| \leqq K\} \in \mathfrak{A}_t$$

gilt, ist W_t ein $\mathfrak{A}_t$-meßbarer Prozeß.

$(W_t, \mathfrak{A}_t)$ ist also ein positives Supermartingal, und die Behauptung des Satzes folgt aus Satz 5.5.

Satz 6.6. *Es seien die Voraussetzungen des Satzes 6.5 und darüber hinaus*

$$[L u](x, t, z) \leqq -\varrho(\|x\|), \qquad (x, t, z) \in R^n_K - \{0\} \times T \times R^m \tag{51}$$

erfüllt, wobei ϱ eine monoton nichtfallende stetige Funktion mit $\varrho(r) > 0$, $r > 0$, ist. Dann ist die Nullösung von (41) gleichmäßig asymptotisch W-stabil bezüglich $\gamma_0(K)$.

Beweis. Aus Lemma 6.4 erhalten wir für $t_0 \leqq t < s$ analog zu (45) und (50)

$$E\{W_s - W_t\} = E\{\chi^K [W_s - W_t]\} = E\left\{\chi^K \int_t^{\tau[s]} [L u](Y_\tau, \tau)\, d\tau\right\}. \tag{52}$$

Mit

$$\eta(\omega) = \begin{cases} 1: & \|X_\tau(\omega)\| \leqq K, \quad \tau \in T, \\ 0: & \text{sonst} \end{cases}$$

und

$$Y_{t,s} = \eta \int_t^s \varrho(\|X_\tau\|)\, d\tau$$

folgt aus (51) und (52)

$$E\{W_s - W_t\} \leqq -E\left\{\chi^K \int_t^{\tau[s]} \varrho(\|X_\tau\|)\, d\tau\right\} \leqq -E\{Y_{t,s}\}.$$

Die Behauptung folgt nun aus Satz 5.6, denn es gilt für fast alle $\omega \in \Omega_0^{t_0}$ mit $\inf_{\tau > t} W_\tau(\omega) \geqq a$ die Ungleichung

$$Y_{t,s}(\omega) \geqq (s - t)\, b(a),$$

wobei $b(a) = \min_{x \in R^n : \psi(x) \geqq a} \varrho(\|x\|)$ gesetzt ist.

Bemerkung. Die Behauptungen der Sätze 6.5 bzw. 6.6 gelten auch, wenn die Bedingungen (α) und (β) aus Lemma 6.3 nur in jedem Teilbereich $C_H = R_H^n \times T \times R^m$ ($K \leqq H < \infty$) von $C = R^n \times T \times R^m$ gefordert werden, so daß beispielsweise für f keine einheitliche LIPSCHITZ-Konstante gefordert werden muß. Bezeichnet $x^{[H]}$ die Projektion von $x \in R^n$ auf R_H^n, dann stimmen die Funktionen

$$\bar{n}^{(H)}(t, x, z) = \bar{n}(t, x^{[H]}, z) , \qquad \bar{m}_j^{(H)}(t, x, z) = \bar{m}_j(t, x^{[H]}, z)$$

in C_H mit den Funktionen $\bar{n}$, $\bar{m}_j$ überein, und es erfüllt die Differentialgleichung

$$dY_t = \bar{n}^{(H)}(t, Y_t)\, dt + \sum_{j=1}^{k} \bar{m}_j^{(H)}(t, Y_t)\, dU_t^j \tag{A}$$

die Bedingungen (α) und (β) in ganz C. Nach Lemma 6.3 gibt es zu jeder Anfangsbedingung $(Y_0, t_0) = (X_0, Z_{t_0}, t_0)$ mit $X_0 \in \gamma_0(K)$, $t_0 \in T$, eine eindeutige R-stetige Lösung $Y_t^{(H)}$ von (A) in T_0. Sie verweilt bis zum Zeitpunkt

$$t^{(H)} = \sup \{t \geqq t_0 \colon Y_\tau^{(H)} \in R_H^n \times R^m, \tau \in [t_0, t]\}$$

in $R_H^n \times R^m$. Mit Hilfe der Bedingung (44) kann man zeigen, daß $t^{(K)} \mathrel{\widehat{\leqq}} t^{(K+1)} \mathrel{\widehat{\leqq}} \cdots \mathrel{\widehat{\leqq}} \lim_{H\to\infty} t^{(H)} \mathrel{\hat{=}} \infty$ gilt und daß durch

$$\breve{Y}_t = \begin{pmatrix} \breve{X}_t \\ \breve{Z}_t \end{pmatrix} = Y_t^{(H)} = \begin{pmatrix} X_t^{(H)} \\ Z_t^{(H)} \end{pmatrix} \qquad (t < t^{(H)},\ H = K, K+1, \ldots)$$

ein R-stetiger MARKOVscher Prozeß Y_t definiert ist, der die eindeutige R-stetige Lösung von (43) zur Anfangsbedingung (Y_0, t_0) darstellt (vgl. Satz 1.5 und Satz III, 4.1 in R. Z. HAS'MINSKIĬ [14]). Da die ITO-Differentialgleichung (42) die Voraussetzungen des Lemmas 6.3 erfüllt, gilt $Z_t \overset{T_0}{=} \breve{Z}_t \overset{T_0}{=} Z_t^{(H)}$. Hieraus und aus der Eindeutigkeit der R-Lösung von (41) zur Anfangsbedingung (X_0, t_0) folgt $X_t \overset{T_0}{=} \breve{X}_t$. Somit überträgt sich die gleichmäßige W-Stabilität (bzw. die gleichmäßige asymptotische W-Stabilität) der Nullösung von

$$\frac{d}{dt} X_t^{(K)} = f^{(K)}(X_t^{(K)}, t, Z_t) ,$$

die aus Satz 6.5 bei (44) bzw. aus Satz 6.6 bei (51) folgt, auf die Nullösung der Differentialgleichung (41). Beispielsweise gibt es dann zu jedem $\varepsilon \in (0, K)$ und $p \in (0, 1)$ Zahlen $\delta \in (0, K)$, $\gamma \in (0, 1)$ mit

$$P\{\|X_t\| < \varepsilon, t \in T_0\} = P\{\|\breve{X}_t\| < \varepsilon, t \in T_0\} = P\{\|X_t^{(K)}\| < \varepsilon\} > p$$

für $t_0 \in T$ und $\|X_0\| \overset{\gamma}{<} \delta$ $(X_0 \in \gamma_0(K))$.

Mit ähnlichen Überlegungen erhalten wir auch Bedingungen für die exponentielle h-Stabilität, wobei h im folgenden eine Funktion mit den in Definition 5.3 vorausgesetzten Eigenschaften ist.

Satz 6.7. *Existiert eine auf $R^n \times T \times R^m$ definierte stetige reelle Funktion $u(x, t, z)$ mit stetigen partiellen Ableitungen 1. Ordnung nach t und x und 1. und 2. Ordnung nach z und mit*

$$a\, h[x] \leqq u(x, t, z) \leqq b\, h[x], \qquad (a, b > 0) \tag{53}$$

$$[L\, u]\,(x, t, z) \leqq -\, c\, h[x] \qquad (c > 0) \tag{54}$$

für $(x, t, z) \in R^n \times T \times R^m$, dann ist die Nullösung von (41) exponentiell h-stabil bezüglich S_n^0.

Beweis. Die Behauptung folgt mit $v(x, t, \omega) = u(x, t, Z_t(\omega))$ aus dem Satz 5.1, denn es ist Voraussetzung 5 wegen (53) und Voraussetzung 6 wegen der aus Lemma 6.4 und (54) für $t_0 \in T$ und $t \geqq t_0$ folgenden Ungleichung

$$v(t) - v(t_0) = E\,\{u(X_t, t, Z_t) - u(X_{t_0}, t_0, Z_{t_0})\}$$

$$= E\left\{\int_{t_0}^{t} [L\, u]\,(X_\tau, \tau, Z_\tau)\, d\tau\right\} \leqq -\, c\, E\left\{\int_{t_0}^{t} h[X_\tau]\, d\tau\right\} = -\, c \int_{t_0}^{t} h(\tau)\, d\tau$$

erfüllt.

Beispiel 1. Wir betrachten die Differentialgleichung

$$\frac{dX_t}{dt} = f(X_t, t) + g(X_t, t, Z_t)\,, \tag{55}$$

bei der Z_t Lösung der ITO-Differentialgleichung (8) ist, welche die Voraussetzungen des Lemmas 6.3 erfüllen soll. f sei auf $R^n \times T$ definiert und stetig und besitze dort eine stetige beschränkte Ableitung $\frac{\partial f}{\partial x}$. Weiterhin seien die folgenden Voraussetzungen erfüllt:

$$f(0, t) = g(0, t, z) = 0 \qquad (t \in T, z \in R^m)\,,$$

$$\|g(x, t, z)\| \leqq L\,(1 + \|x\| + \|z\|)\,, \qquad (x, t, z) \in R^n \times T \times R^m\,,$$

$$\|g(x, t, z) - g(\bar{x}, t, \bar{z})\| \leqq L\,(\|x - \bar{x}\| + \|z - \bar{z}\|) \qquad t \in T;\, x, \bar{x} \in R^n;\, z, \bar{z} \in R^m\,.$$

Setzen wir nun voraus, daß die deterministische Differentialgleichung $\dot{x} = f(x, t)$ exponentiell stabil im Ganzen ist, gilt also für die Lösung $x(t, x_0, t_0)$ dieser Differentialgleichung zur Anfangsbedingung (x_0, t_0)

$$\|x(t, x_0, t_0)\| \leqq b\, \|x_0\|\, e^{-a(t-t_0)} \qquad (t_0 \in T, t \geqq t_0, x_0 \in R^n)\,,$$

dann existiert (vgl. 5.2) eine auf $R^n \times T$ stetige reelle Funktion $v(x, t)$ mit stetigen partiellen Ableitungen und mit (2) aus 6.2.

Gilt nun $\|g(x, t, z)\| \leqq c_5\, \|x\|$ mit $c_5 < c_4^{-1}\, c_3$, dann ist

$$[L\, v]\,(x, t, z) \leqq -\,(c_3 - c_5\, c_4)\, \|x\|^2$$

erfüllt, und es ist nach Satz 6.6 und nach Satz 6.7 die Nullösung von (55) gleichmäßig asymptotisch W-stabil bezüglich $\gamma_0(K)$ bei beliebigem $K > 0$ und exponentiell q.M.-stabil ($h = \|x\|^2$) bezüglich S_n^0.

Beispiel 2. Wir betrachten die HILLsche Differentialgleichung

$$\frac{d^2 Y_t}{dt^2} + a(Z_t)\, Y_t = 0\,, \tag{56}$$

bei der $a(z)$ eine auf R^1 definierte zweimal stetig differenzierbare positive Funktion mit $0 < c \leqq a(z) \leqq d$, $z \in R^1$, und mit beschränkter Ableitung $a'(z)$ ist. Z_t sei Lösung einer eindimensionalen ITO-Differentialgleichung

$$dZ_t = n(t, Z_t)\, dt + m(t, Z_t)\, dU_t\,, \tag{57}$$

bei der die Voraussetzungen des Lemmas 6.3 erfüllt seien. Wählen wir für das zu (56) äquivalente Differentialgleichungssystem

$$\frac{dX_t}{dt} = A(Z_t)\, X_t = \begin{pmatrix} 0 & 1 \\ -a(Z_t) & 0 \end{pmatrix} \begin{pmatrix} X_t^{(1)} \\ X_t^{(2)} \end{pmatrix}$$

die LJAPUNOVsche Funktion $u(x, z) = a(z)\, x_1^2 + x_2^2$, dann ergibt sich aus

$$[L\, u]\,(x, t, z) = [m(t, z)\, a''(z) + n(t, z)\, a'(z)]\, x_1^2$$

die hinreichende Bedingung

$$m(t, z)\, a''(z) + n(t, z)\, a'(z) \leqq 0\,, \qquad (t, z) \in T \times R^1\,, \tag{58}$$

für die gleichmäßige W-Stabilität bezüglich $\gamma_0(K)$ bei beliebigem positiven K.

Wählt man

$$u(x, z) = e^{a(z)}\, [a(z)\, x_1^2 + x_2^2]\,,$$

dann ergibt sich aus

$$[L\, u]\,(x, t, z) = e^{a(z)}\, \{x_1^2\, [m(t, z)\, a''(z) + [a(z) + n(t, z)]\, a'(z)] + x_2^2\, a'(z)\} \leqq -\varrho \|x\|^2$$

mit $\varrho > 0$ die hinreichende Bedingung

$$a'(z) \leqq -\varrho\,;\; m(t, z)\, a''(z) + [a(z) + n(t, z)]\, a'(z) \leqq -\varrho\,, \qquad z \in R^1\,,\; t \in T\,, \tag{59}$$

für die gleichmäßige asymptotische W-Stabilität bezüglich $\gamma_0(K)$ bei beliebigem $K > 0$. Nach Satz 6.7 folgt aus (59) auch die exponentielle q.M.-Stabilität bezüglich S_n^0.

Im Spezialfall eines WIENER-Prozesses Z_t, bei dem $n \equiv 0$ und $m \equiv 1$ ist, ergibt sich z. B.

$$a''(z) \leqq 0$$

oder auch

$$a'(z) \leqq 0 \quad \text{und} \quad a''(z) + a(z)\, a'(z) \leqq 0\,, \qquad z \in R^1\,,$$

als Bedingung für die gleichmäßige W-Stabilität.

Im Spezialfall $n \equiv 1$ und $m \equiv 0$, in dem (56) der deterministischen Differentialgleichung $\ddot{x} + a(t)\, x = 0$ äquivalent ist ($Z_t \overset{T}{=} t$), ergibt sich z. B. die bekannte Bedingung $a'(t) \leqq -\varrho \leqq 0$, $t \in T$, für die gleichmäßige (bei $\varrho > 0$ exponentielle) Stabilität.

6.5. Stabilität von Differentialgleichungen, die von MARKOVschen Stufenprozessen abhängen

Wir betrachten die Differentialgleichung

$$\frac{dX_t}{dt} = f(X_t, t, Z_t) , \tag{60}$$

mit $f(0, t, z) = 0, t \in T, z \in \mathfrak{Z}$, bei der Z_t ein MARKOVscher Stufenprozeß mit kompaktem Phasenraum $\mathfrak{Z} \in \mathfrak{B}^m$ (vgl. 6.1) ist. f sei auf $R^n \times T \times R^m$ stetig und erfülle eine LIPSCHITZ-Bedingung

$$||f(x_1, t, z) - f(x_2, t, z)|| \leqq L(t) \, ||x_1 - x_2|| , \qquad x_1, x_2 \in R^n , \quad t \in T , \quad z \in \mathfrak{Z} ,$$

wobei L eine auf T stetige Funktion ist. Dann gibt es zu jeder Anfangsbedingung $(X_*, t_*) \in S_n \times T$ eine eindeutige R-Lösung e. S. $X_t\,(X_*, t_*)$, und es ist (X_t, Z_t), $t \in [t, \infty)$, ein MARKOVscher Prozeß, falls X_* und der Prozeß Z_t, $t \in T$, unabhängig sind.

Zu jedem $k > 0$, $t_1 \in T$ und $h > k$ gibt es ein $t_2 > t_1$, so daß für $||X_1|| \overset{\wedge}{\leqq} k$ die Abschätzung

$$||X_t(X_1, t_1)|| \overset{[t_1,t_2]}{\leqq} h \tag{61}$$

gilt.

Es sei nun S_n^0 die Menge der zufälligen Vektoren aus S_n, die vom stochastischen Prozeß Z_t, $t \in T$, unabhängig sind, und es sei für ein $K > 0$ $\gamma_0(K) = S_n^0 \cap \gamma(K)$. Es sei $t_0 \in T$, $X_0 \in S_n^0$ und X_t die in 6.2 eingeführte R-Lösung e. S. von (60) zur Anfangsbedingung (X_0, t_0). u sei eine auf $R^n \times T \times \mathfrak{Z}$ definierte stetige reelle Funktion mit stetigen partiellen Ableitungen 1. Ordnung nach t und x. Wir führen die folgenden Bezeichnungen ein:

$$v(x, t, \omega) = u(x, t, Z_t(\omega)) , \qquad V_t = v(X_t, t, \omega) ,$$

$$\tau_s = \sup \{\tau \in [t_0, s]: ||X_\Theta(\omega)|| < K \quad \text{für} \quad \Theta \in [t_0, \tau]\} ,$$

$$[L\, u]\,(x, t, z) = \frac{\partial}{\partial t} u(x, t, z) + \left[\frac{\partial}{\partial x} u(x, t, z)\right]' f(x, t, z)$$

$$+ q(t, z) \int\limits_{\mathfrak{Z}-\{z\}} [u(x, t, \bar{z}) - u(x, t, z)] \, \pi\,(d\bar{z}/t, z) ,$$

$$\Omega_s = \{\omega \in \Omega: ||x(t, \omega, X_0(\omega), t_0)|| < K, t \in [t_0, s]\} ,$$

$$\chi_A(\omega) = \begin{Bmatrix} 1 & \omega \in A \\ 0 & \omega \notin A \end{Bmatrix} ,$$

$$w(s/t, x, z) = E\,\{\chi_{\Omega_t} \, V_{\tau_s}/X_t = x, Z_t = z\} .$$

Lemma 6.7. *Ist Z_t, $t \in T_0$, ein FELLERscher Stufenprozeß, bei dem q und für jede auf $\mathfrak{Z}$ definierte stetige Funktion auch*

$$\psi(t, z) = \int\limits_{\mathfrak{Z}-\{z\}} \varphi(\bar{z}) \, \pi(d\bar{z}/t, z)$$

stetige Funktionen auf $T_0 \times \mathfrak{Z}$ *sind. (Dies ist z. B. bei endlichem* $\mathfrak{Z} = \{z_i: i = 1, \ldots, k\}$ *erfüllt, falls die Funktionen* $q_{ij}(t)$ *auf* T_0 *stetig sind* (vgl. (9)). *Dann gilt für* $t \in T_0$, $s > t$, $x \in R^n$, $z \in \mathfrak{Z}$

$$\frac{d^+}{ds} w(s/t, x, z) = \lim_{h \downarrow 0} h^{-1} [w(s + h/t, x, z) - w(s/t, x, z)]$$
$$= E\{\chi_{\Omega_s}[L\, u]\,(X_s, s, Z_s)/X_t = x, Z_t = z\}\,, \qquad (62)$$

$w(s/t, x, z)$ *ist eine stetige Funktion auf* (t, ∞), *und* $\frac{d^+}{ds} w(s/t, x, z)$ *ist eine rechtsseitig stetige Funktion auf* $[t, \infty)$.

Beweis. Es sei $t \in T_0$, $s > t$, ε eine beliebige positive Zahl und

$$\Omega_1^\varepsilon = \{\omega \in \Omega_s: \|X_s(\omega)\| \leqq K - \varepsilon\}$$

und

$$\Omega_2^\varepsilon = \{\omega \in \Omega_s: K - \varepsilon < \|X_s(\omega)\| < K\}\,.$$

Wegen (61) existiert ein $h_\varepsilon > 0$, so daß für alle $\omega \in \Omega_1^\varepsilon$ und $h \in (0, h_\varepsilon)$

$$\|X_\tau(\omega)\| < K\,, \qquad \tau \in [t_0, s + h]\,,$$

also $\tau_{s+h}(\omega) = s + h$ gilt.

Wir erhalten

$$\frac{d^+}{ds} w(s/t, x, z) = \lim_{h \downarrow 0} h^{-1} E\{\chi_{\Omega_s}[V_{\tau_{s+h}} - V_s]/X_t = x, Z_t = z\}$$
$$= \lim_{h \downarrow 0} E\Bigg\{\chi_{\Omega_s}\Bigg[\frac{\partial}{\partial t} u(X_{\tau_{s+h}}, \Theta_h, Z_{\tau_{s+h}}) +$$
$$+ \left[\frac{\partial}{\partial x} u(X_{\tilde{\Theta}_h}, s, Z_{\tau_{s+h}})\right]' f(X_{\tilde{\Theta}_h}, s, Z_{\tau_{s+h}})\Bigg]\Big/ X_t = x, Z_t = z\Bigg\}$$
$$+ \lim_{h \downarrow 0} E\{\chi_{\Omega_s} h^{-1} E\{u(X_s, s, Z_{\tau_{s+h}})$$
$$- u(X_s, s, Z_s)/X_s, Z_s\}/X_t = x, Z_t = z\}\,, \qquad (\Theta_h, \widetilde{\Theta}_h \in [s, \tau_{\tau_{s+h}}])\,. \qquad (63)$$

Da es wegen der Kompaktheit von $\mathfrak{Z}$ und der Stetigkeit von f, $\frac{\partial u}{\partial t}$ und $\frac{\partial u}{\partial x}$ ein $\varkappa < \infty$ mit

$$\chi_{\Omega_s}\left|\frac{\partial}{\partial t} u(X_{\tau_{s+h}}, \Theta_h, Z_{\tau_{s+h}}) + \left[\frac{\partial}{\partial x} u(X_{\tilde{\Theta}_h}, s, Z_{\tau_{s+h}})\right]' f(X_{\tilde{\Theta}_h}, s, Z_{\tau_{s+h}})\right| \widehat{\leqq} \varkappa\,, \qquad h < h_\varepsilon$$

gibt, können wir Grenzwertbildung und Integration im ersten Ausdruck in (63) vertauschen und erhalten wegen der rechtsseitigen R-Stetigkeit des Prozesses (X_t, Z_t)

$$\frac{d^+}{ds} w(s/t, x, z) = E\Bigg\{\chi_{\Omega_1^\varepsilon}\Bigg[\frac{\partial}{\partial t} u(X_s, s, Z_s) + \left[\frac{\partial}{\partial x} u(X_s, s, Z_s)\right]'$$
$$\times f(X_s, s, Z_s)\Bigg]\Big/ X_t = x, Z_t = z\Bigg\}$$
$$+ \lim_{h \downarrow 0} E\{h^{-1} E\{\chi_{\Omega_s}[u(X_s, s, Z_{\tau_{s+h}^s})$$
$$- u(X_s, s, Z_s)]/X_s, Z_s\}/X_t = x, Z_t = z\} + \lim_{h \downarrow 0} r_\varepsilon(h)\,, \quad (64)$$

wobei $\tau_{s+h}^{s} = \max\{s, \tau_{s+h}\}$ und

$$|r_s(h)| = \left|E\left\{\chi_{\Omega_2^\varepsilon}\left[\frac{\partial}{\partial t}u(X_s, s, Z_s) + \left[\frac{\partial}{\partial x}u(X_s, s, Z_s)\right]' f(X_s, s, Z_s)\right] \Big/ X_t = x, Z_t = z\right\}\right|$$

$$\leqq \varkappa\, P\,\{\Omega_2^\varepsilon / X_t = x, Z_t = z\} \qquad (h > 0)$$

gilt.

Der zweite Ausdruck in (64) ist gleich

$$\lim_{h\downarrow 0} E\,\{\chi_{\Omega_1^\varepsilon}\, h^{-1}\, E\,\{u(X_s, s, Z_{s+h}) - u(X_s, s, Z_s)/X_s, Z_s\}/X_t = x, Z_t = z\}$$

$$+ \lim_{h\downarrow 0} E\,\{\chi_{\Omega_2^\varepsilon}\, h^{-1}\, E\,\{u(X_s, s, Z_{\tau_{s+h}^s}) - u(X_s, s, Z_s)/X_s, Z_s\}/X_t = x, Z_t = z\}\,.$$

Wegen der bezüglich (t, z) gleichmäßigen Konvergenz in (10) und wegen der DYNKINschen Formel (13) läßt sich dieser Ausdruck umformen, und wir erhalten dafür

$$E\,\{\chi_{\Omega_1^\varepsilon}[\tilde{A}\, u]\,(X_s, s, Z_s)/X_t = x, Z_t = z\} + \lim_{h\downarrow 0} \tilde{r}_s(h)\,, \tag{66}$$

wobei

$$|\tilde{r}_s(h)| = \left|E\left\{\chi_{\Omega_2^\varepsilon}\, h^{-1}\, E\left\{\int_s^{\tau_{s+h}^s} q(\Theta, Z_\Theta) \int_{\mathfrak{Z}} [u(X_s, s, \bar{z}) - u(X_s, s, Z_\Theta)]\right.\right.\right.$$

$$\left.\left.\left.\times\, \pi\,(d\bar{z}/\Theta, Z_\Theta)/X_s, Z_s\right\} \Big/ X_t = x, Z_t = z\right\}\right| d\Theta$$

$$\leqq \tilde{\varkappa}\, P\,\{\Omega_2^\varepsilon/X_t = x, Z_t = z\}\,, \qquad (h \in (0, h_\varepsilon))\,.$$

$$\tilde{\varkappa} = 2 \sup_{\substack{\Theta\in T\\ \bar{z}\in\mathfrak{Z}}} |q(\Theta, \bar{z})| \sup_{\substack{\bar{x}\in R_K^n\\ \bar{z}\in\mathfrak{Z}}} |u(\bar{x}, s, \bar{z})|\,.$$

Da ε beliebig gewählt werden kann und

$$\lim_{\varepsilon\downarrow 0} P\,\{\Omega_2^\varepsilon/X_t = x, Z_t = z\} = 0$$

und

$$\lim_{\varepsilon\downarrow 0} \chi_{\Omega_1^\varepsilon} \triangleq \chi_{\Omega_t}$$

gilt, folgt aus (63), (64), (65) und (66) die Behauptung (62). Da es wegen (61) zu jedem $s > t$ positive Zahlen a, b mit

$$|V_{\tau_{s+h}}| = |u(X_{\tau_{s+h}}, \tau_{s+h}, Z_{\tau_{s+h}})| \,\hat{<}\, a \qquad (|h| < b)$$

gibt und der Prozeß (X_t, Z_t) an jeder Stelle s fast sicher stetig ist (vgl. 6.1) und für alle $\omega \in \Omega_t$ $\lim_{h\to 0} \tau_{s+h}(\omega) = \tau_s(\omega)$ gilt, ist auch die zweite Behauptung richtig:

$$\lim_{h\to 0} (w(s + h/t, x, z) = \lim_{h\to 0} E\,\{\chi_{\Omega_t} V_{\tau_{s+h}}/X_t = x, Z_t = z\}$$

$$= E\,\{\chi_{\Omega_t} \lim_{h\to 0} V_{\tau_{s+h}}/X_t = x, Z_t = z\} = w(s/t, x, z)\,, \qquad s \in (t, \infty)\,.$$

Analog beweist man die dritte Behauptung.

Entsprechend kann auch folgendes Lemma gezeigt werden:

Lemma 6.8. *$v(t) = E\{V_t\}$ und*

$$\frac{d^+}{dt} v(t) = E\{[L\,u]\,(X_t, t, Z_t)\} \tag{67}$$

sind stetige Funktionen auf T_0.

Mit Hilfe dieser Lemmata können wir Stabilitätsbedingungen für die Differentialgleichung (60) finden.

Satz 6.8. *Ist u eine auf $R^n \times T \times \mathfrak{Z}$ definierte stetige reelle Funktion mit stetigen partiellen Ableitungen 1. Ordnung nach t und x, genügt $v(x, t, \omega) = u(x, t, Z_t(\omega))$ den Voraussetzungen 1 und 2 des Satzes 5.1 mit $M \subset S_n^0$ und gilt*

$$[L\,u]\,(x, t, z) \leqq 0\,, \qquad (x \in R^n, t \in T, z \in \mathfrak{Z}) \tag{68}$$

dann ist die Nullösung von (60) h-stabil bezüglich M.

Beweis. Die Behauptung folgt aus Satz 5.1, denn es gilt nach Lemma 6.8 für $t_0 \in T$ und $t \geqq t_0$

$$v(t) - v(t_0) = \int_{t_0}^{t} \frac{d^+}{d\tau} v(\tau)\, d\tau = \int_{t_0}^{t} E\{[L\,u]\,(X_\tau, \tau, Z_\tau)\}\, d\tau \leqq 0\,.$$

Satz 6.9. *Sind die Voraussetzungen von Satz 6.8 erfüllt, genügt v der Voraussetzung 5 des Satzes 5.1 und gilt mit einer positiven Konstante c*

$$[L\,u]\,(x, t, z) \leqq -c\,h[x]\,, \qquad (x \in R^n, t \in T, z \in \mathfrak{Z})\,,$$

dann ist die Nullösung von (60) exponentiell h-stabil bezüglich S_n^0.

Beweis. Die Behauptung folgt aus Satz 5.1, da für jedes $t_0 \in T$ und $t \geqq t_0$

$$v(t) - v(t_0) = \int_{t_0}^{t} E\{[L\,u]\,(X_\tau, \tau, Z_\tau)\}\, d\tau - c \int_{t_0}^{t} E\{h[X_\tau]\}\, d\tau$$

gilt.

Satz 6.10. *Sind die Voraussetzungen des Lemmas 6.7 erfüllt, ist $v \in F(K)$ und gilt (68), dann ist die Nullösung von (60) gleichmäßig W-stabil bezüglich $\gamma_0(K)$.*

Beweis. Zum Beweis verwenden wir die Bezeichnungen aus Satz 5.5 und aus dem Lemma 6.7. Nach 6.2 ist mit $t_0 \in T$ und $\mathfrak{A}_t = \sigma\,[X_0, Z_\tau{:}\ \tau \in [t_0, t]]$ $x(t, \omega, X_0(\omega), t_0)$ für festes $t \in T_0$ eine $\mathfrak{A}_t$-meßbare Funktion. Deshalb gilt für jedes $t \in T_0$:

$$\{\omega \in \Omega{:}\ t(\omega) > t\} = \{\omega \in \Omega{:}\ ||X_\tau(\omega)|| < K \quad \text{für} \quad \tau \in [t_0, t]\} \in \mathfrak{A}_t\,,$$

und es sind X_t, Z_t, V_t und W_t $\mathfrak{A}_t$-meßbare stochastische Prozesse. Nach Lemma 6.6 und wegen der Markovschen Eigenschaft von (X_t, Z_t) (vgl. 6.2) gilt für $t \in T_0$

und $s > t$

$$\begin{aligned} E\{W_s - W_t/\mathfrak{A}_t\} &\triangleq E\{\chi_{\Omega_t}[V_{\tau_s} - V_t]/\mathfrak{A}_t\} \triangleq E\{\chi_{\Omega_t}[V_{\tau_s} - V_t]/X_t, Z_t\} \\ &\triangleq \int_t^s E\{\chi_{\Omega_\Theta}[L\,u](X_\Theta, \Theta, Z_\Theta)X_t, Z_t\}\,d\Theta \\ &\triangleq E\left\{\int_t^s \chi_{\Omega_\Theta}[L\,u](X_\Theta, \Theta, Z_\Theta)\,d\Theta/X_t, Z_t\right\} \\ &\triangleq E\left\{\chi_{\Omega_t}\int_t^{\tau_s}[L\,u](X_\Theta, \Theta, Z_\Theta)\,d\Theta/X_t, Z_t\right\} \mathrel{\widehat{\leqq}} 0\,. \end{aligned} \tag{69}$$

$(W_t, \mathfrak{A}_t)$ ist also ein nichtnegatives Supermartingal, woraus nach Satz 5.5 die Behauptung folgt.

Satz 6.11. *Sind die Voraussetzungen des Satzes* 6.10 *erfüllt und gilt*

$$[L\,u](x, t, z) \leqq -\varrho(||x||)\,, \qquad (x \in R_K^n, t \in T, z \in \mathfrak{Z})\,, \tag{70}$$

wobei ϱ *eine nichtnegative monoton wachsende stetige Funktion mit* $\varrho(0) = 0$ *ist, dann ist die Nullösung von* (60) *gleichmäßig asymptotisch* W*-stabil bezüglich* $\gamma_0(K)$.

Beweis. Der Beweis wird auf der Grundlage des Satzes 5.6 analog zum Beweis von Satz 6.6 mit Hilfe der aus (69) und (70) folgenden Abschätzung

$$\begin{aligned} E\{W_s - W_t\} &= E\left\{E\left\{\chi_{\Omega_t}\int_t^{\tau_s}[L\,u](X_\Theta, \Theta, Z_\Theta)\,d\Theta/X_t, Z_t\right\}\right\} \\ &\leqq -c\,E\left\{\chi_{\Omega_t}\int_t^{\tau_s}\varrho(||X_\Theta||)\,d\Theta\right\}, \qquad t_0 \leqq t \leqq s\,, \end{aligned}$$

geführt.

Bemerkung. Die Behauptungen der Sätze 6.10 und 6.11 gelten auch, wenn f nur in $C_K = R_K^n \times T \times \mathfrak{Z}$ (anstelle von $C = R^n \times T \times \mathfrak{Z}$) die lokale LIPSCHITZ-Bedingung

$$||f(x_1, t, z) - f(x_2, t, z)|| \leqq L(t)\,||x_1 - x_2|| \tag{71}$$

erfüllt und ansonsten die in 6.2 genannten Voraussetzungen für (60) gelten. Zum Beweis betrachtet man analog zur Bemerkung zu den Sätzen 6.5 und 6.6 die Funktion $f^{(K)}(x, t, z) = f(x^{[K]}, t, z)$, die in C_K mit f übereinstimmt und in C eine LIPSCHITZ-Bedingung (71) erfüllt.

Auf die Differentialgleichung

$$\frac{dX_t}{dt} = f^{(K)}(X_t, t, Z_t) \tag{72}$$

kann dann Satz 6.10 bzw. Satz 6.11 angewendet werden, und die gleichmäßige bzw. gleichmäßig asymptotische W-Stabilität der Nullösung von (72) überträgt sich auf die Nullösung von (60). Erweitert man den Begriff einer R-Lösung e. S. von (60) auf Vektorfunktionen $X_t(\omega)$, die auf $T_0 \times \Omega$ definiert sind und die für fast alle $\omega \in \Omega$ eine Lösung e. S. der deterministischen Differentialgleichung (15) in einem Intervall $[t_0, t_\omega]$ darstellen, dann kann man auf die Annahmen aus 6.2 verzichten und fordern, daß f auf C_K definiert und stetig ist und in C_K die LIPSCHITZ-Bedingung (71) erfüllt. Es gibt dann bei vorgegebener Anfangsbedingung $(X_0, t_0) \in \gamma_0(K) \times T$ für fast alle $\omega \in \Omega$ eine im Intervall $[t_0, t_\omega]$ mit

$$t_\omega = \sup \{t \geqq t_0 \colon X_\tau \in R_K^n, \tau \in [t_0, t]\}$$

eindeutige Lösung e. S. $X_t(\omega)$ von (15) zur Anfangsbedingung $(X_0(\omega), t_0)$. Bezeichnet $X_t^{(K)}$ die R-Lösung e. S. von (72) zur Anfangsbedingung (X_0, t_0), dann gilt für fast alle $\omega \in \Omega$

$$X_t(\omega) = X_t^{(K)}(\omega)\,, \qquad t \in [t_0, t_\omega)\,.$$

Hiermit kann man wieder zeigen, daß es unter den Voraussetzungen von Satz 6.10 für jedes $\varepsilon > 0$ und $p \in (0, 1)$ Zahlen $\delta \in (0, K)$ und $\gamma \in (0, 1)$ mit

$$P\{||X_t(\omega)|| < \varepsilon\,, t \in T_0\} > p$$

für $t_0 \in T$ und $||X_0|| \overset{(\gamma)}{<} \delta$ gibt, bzw. unter den Voraussetzungen von Satz 6.11 darüber hinaus zu jedem $\pi \in (0, 1)$ Zahlen $\eta \in (0, K)$, $\varkappa \in (0, 1)$ mit

$$P\left\{\lim_{t\to\infty} ||X_t(\omega)|| = 0\right\} > \pi$$

für $||X_0|| \overset{(\varkappa)}{<} \eta$ existieren.

Beispiel 1. Wir betrachten die Differentialgleichung (55) aus Abschnitt 6.4, setzen aber jetzt voraus, daß Z_t ein MARKOVscher Stufenprozeß ist, der die Voraussetzungen des Lemmas 6.5 erfüllt. Es seien wieder die beim Beispiel 1 in 6.4 genannten Voraussetzungen erfüllt, und v sei die dort eingeführte Funktion. Es gilt dann

$$[L\,v]\,(x, t, z) \leqq -\,(c_3 - c_5\,c_4)\,||x||^2\,,$$

und es ist die Nullösung von (55) nach Satz 6.11 gleichmäßig asymptotisch W-stabil bezüglich $\gamma_0(K)$, wobei K eine beliebige positive Zahl ist. Weiterhin ist die Nullösung von (55) exponentiell q.M.-stabil bezüglich S_n^0.

Beispiel 2. Wir betrachten die lineare Differentialgleichung

$$\frac{dX_t}{dt} = A(Z_t)\,X_t\,, \tag{73}$$

bei der Z_t ein Stufenprozeß mit kompaktem Phasenraum ist und die auf $\mathfrak{Z}$ definierte Matrixfunktion A dort beschränkt und stetig ist und die Bedingungen

$$\operatorname{Re} \lambda_i[A(z)] \leqq -\varrho < 0 \qquad (z \in \mathfrak{Z},\ i = 1, \ldots, n)$$

erfüllt. Ist nun $B(z)$ die eindeutig bestimmte symmetrische positiv definite Lösung der Gleichung $A'(z)\,B(z) + B(z)\,A(z) = -E$, dann gilt für $u(x, z) = x'\,B(z)\,x$

$$c_1\,||x||^2 \leqq u(x, z) \leqq c_2||x||^2$$

mit positiven Konstanten c_1 und c_2 und

$$[L\, u]\,(x, t, z) = -\,||x|| + q(t, z) \int_{\mathfrak{Z}} [u(x, \bar{z}) - u(x, z)]\, \pi\,(d\bar{z}/t, z)\,.$$

Ist $\mathfrak{Z} = [a, b]$ ein beschränktes Intervall im R^1 und hat $A(z)$ auf $\mathfrak{Z}$ eine stetige Ableitung, dann kann man die Existenz eines $c_3 > 0$ mit

$$\left|\frac{\partial}{\partial z} u(x, z)\right| \leqq c_3\, ||x||^2 \qquad (z \in \mathfrak{Z},\, x \in R^n)$$

zeigen (vgl. E. A. LIDSKII [2]). Dann gilt

$$[L\, u]\,(x, t, z) \leqq -\,[1 - c_3\, q(t, z) \int_a^b |\bar{z} - z|\, \pi\,(d\bar{z}/t, z)]\, ||x||^2\,.$$

Sind also beim Stufenprozeß Z_t die durchschnittlichen Zuwächse hinreichend klein

$$\int_a^b |\bar{z} - z|\, \pi\,(d\bar{z}/t, z) < [c_3\, q(t, z)]^{-1}\,, \tag{74}$$

dann ist die Nullösung von (73) exponentiell q.M.-stabil bezüglich S_n^0 bzw., falls Z_t die Voraussetzungen des Lemmas 6.7 erfüllt, für ein beliebiges $K > 0$ gleichmäßig asymptotisch W-stabil bezüglich $\gamma_0(K)$. Hat das Wahrscheinlichkeitsmaß π eine in $\bar{z}$ stetige Dichte $p(\bar{z}/t, z)$, dann gilt

$$\int_a^b |\bar{z} - z|\, \pi(d\bar{z}/t, z) = |z^* - z|\, p(z^*/t, z)\,,$$

und es ist

$$p(\bar{z}/t, z) < [c_3\,(b - a)\, q(t, z)]^{-1}\, (\bar{z} - z)^{-1} \qquad (t \in T;\, z, \bar{z} \in \mathfrak{Z})$$

eine hinreichende Bedingung für (74). Ist $\mathfrak{Z}$ diskret, dann ergibt sich die Bedingung

$$\sum_{j=1} |z_j - z_i|\, q_{ij}(t) < c_3^{-1} \qquad (t \in T;\, i, j = 1, 2, \ldots)\,.$$

7. NÄHERUNGSMETHODEN ZUR UNTERSUCHUNG VON R-LÖSUNGEN STOCHASTISCHER DIFFERENTIALGLEICHUNGEN

7.1. Näherung von R-Lösungen stochastischer Differentialgleichungen durch Lösungen von Ito-Differentialgleichungen

Das stochastische Ito-Integral wurde ursprünglich in der Theorie der Markovschen Prozesse eingeführt (K. Itô [1]), um Diffusionsprozesse zu konstruieren, deren Übergangswahrscheinlichkeiten bestimmten Fokker-Planck-Gleichungen genügen und deren Realisierungen gewisse Regularitätseigenschaften besitzen. So hat sich die Theorie der Ito-Differentialgleichungen als selbständige Theorie entwickelt, die zunächst nicht im engeren Zusammenhang mit der Theorie der gewöhnlichen Differentialgleichungen stand. Das Ito-Integral wurde derart eingeführt, daß sich gewisse einfache mathematische Beziehungen bzw. Rechenregeln ergaben (vgl. z. B. Gleichungen (4) und (5) in 6.1). Daraus ergab sich aber andererseits ein formaler Unterschied in den Formeln für das Ito-Differential. Im Lemma 6.2 tritt beispielsweise der Term

$$\left[\frac{1}{2} \sum_{j=1}^{k} \sum_{i,l=1}^{n} M_{jt}^{(i)} M_{jt}^{(l)} \frac{\partial^2}{\partial x^{(i)} \partial x^{(l)}} w(x, t)\bigg|_{(x,t)=(X_t,t)}\right] dt \tag{1}$$

auf, welcher beim gewöhnlichen Differential nicht vorhanden ist. Trotz dieser zunächst getrennten Entwicklung erweist es sich für die Theorie stochastischer dynamischer Systeme als nützlich, Beziehungen zu den Ito-Differentialgleichungen herzustellen, da die Theorie dieser Gleichungen weitausgearbeitet ist und viele Probleme erfolgreich behandelt worden sind (vgl. z. B. E. B. Dynkin [1], I. I. Gihman und A. V. Skorohod [2], R. Z. Has'minskiĭ [14]).

Wir betrachten die stochastische Differentialgleichung

$$\frac{dX_t}{dt} = n(X_t, t) + \sum_{\mu=1}^{l} g_\mu(X_t, t)\, A_t^{(\mu)}\,, \tag{2}$$

bei der n eine auf $R^n \times T$ definierte n-dimensionale Vektorfunktion, $g_\mu (\mu = 1, \dots, l)$ auf $R^n \times T$ definierte reelle Funktionen und $A_t^{(\mu)}$ $(\mu = 1, \dots, l)$ R- und q.M.-stetige n-dimensionale Gausssche Vektorprozesse mit $E\{A_t^{(\mu)}\} = 0$ sind. Für die Kovarianzmatrizen dieser Prozesse nehmen wir eine Näherung im Sinne des „weißen Rauschens" an (vgl. 3.11). Es gelte

$$K(t, s) = E\{Z_t Z_s'\} \approx \delta(t - s)\, \Lambda = \widetilde{K}(t, s) \quad \text{mit} \quad Z_t = \begin{pmatrix} A_t^{(1)} \\ \vdots \\ A_t^{(l)} \end{pmatrix},$$

wobei δ die Diracsche Deltafunktion ist und Λ eine positiv semidefinite Matrix mit Rang k bezeichnet. Dann gibt es eine nichtsinguläre quadratische Matrix Q

mit

$$Q\,\lambda\,Q' = \begin{pmatrix} I_k & 0 \\ 0 & 0 \end{pmatrix} \quad (I_k\text{: Einheitsmatrix der Ordnung } k).$$

Für den Gaussschen Prozeß $Y_t = Q\,Z_t$ gilt $m^Y(t) = 0$ und

$$K^Y(t, s) \approx \breve{K}^Y(t, s) = \delta\,(t - s) \begin{pmatrix} I_k & 0 \\ 0 & 0 \end{pmatrix}. \tag{3}$$

Mit

$$Q^{-1} = \begin{pmatrix} Q^{(1)} \\ \vdots \\ Q^{(n\cdot l)} \end{pmatrix}, \qquad Q^{(\mu)} = (q^{\mu,1}, \ldots, q^{\mu,n\cdot l}),$$

$$Z_t = Q^{-1}\,Y_t \quad \text{und} \quad A_t^{(\mu)} = Q^{(\mu)}\,Y_t = \sum_{j=1}^{n\cdot l} Y_t^{(j)}\,q^{\mu,j}$$

erhalten wir aus (2) die Differentialgleichung

$$\frac{dX_t}{dt} = n(X_t, t) + \sum_{j=1}^{n\cdot l} m_j(X_t, t)\,Y_t^{(j)}, \qquad m_j(X_t, t) = \sum_{\mu=1}^{l} g_\mu(X_t, t). \tag{4}$$

Dabei sind die Prozesse $Y_t^{(j)}$ $(j = k + 1, \ldots, n\,l)$ näherungsweise gleich Null $(E\{(Y_t^{(j)})^2\} \approx 0$, vgl. (3)), und die Prozesse $Y_t^{(j)}$ $(j = 1, \ldots, k)$ sind näherungsweise unabhängige Prozesse (vgl. (3)) und können als „weißes Rauschen" und und näherungsweise als „Ableitung" von stochastisch unabhängigen Wiener-Prozessen $U_t^{(i)}, j = 1, \ldots, k$, aufgefaßt werden[1]). Eine heuristische Begründung hierfür ergibt die Tatsache, daß für jedes j das R-Integral $U_t^{(j)} = \int_0^t Y_\tau^{(j)}\,d\tau$ ein Gaussscher Prozeß mit $U_0^{(j)} \triangleq 0$, Varianz

$$E\{|U_t^{(j)}|^2\} = \int_0^t\int_0^t K^{Y^{(j)}}(\tau_1, \tau_2)\,d\tau_1\,d\tau_2 \approx \int_0^t\int_0^t \delta(\tau_1 - \tau_2)\,d\tau_1\,d\tau_2 = t$$

und näherungsweise unabhängigen Zuwächsen ist, also bei $t_1 < t_2 \leqq s_1 < s_2$

$$E\{(U_{s_2}^{(j)} - U_{s_1}^{(j)})\,(U_{t_2}^{(j)} - U_{t_1}^{(j)})\} = \int_{s_1}^{s_2}\int_{t_1}^{t_2} E\{Y_{\tau_1}^{(j)}\,Y_{\tau_2}^{(j)}\}\,d\tau_1\,d\tau_2 \approx 0.$$

Verwendet man genauer den in 3.11 erwähnten Grenzwert zur Charakterisierung des „weißen Rauschens", setzt man also $K(t, s) = 2^{-1}\,\varrho\,e^{-\varrho|t-s|}\,\Lambda$ und führt den Grenzübergang $\varrho \to \infty$ durch, dann ergibt sich in Übereinstimmung mit der vorhergehenden Näherung

$$\lim_{\varrho\to\infty} E\{|U_t^{(j)}|^2\} = \lim_{\varrho\to\infty} 2^{-1}\,\varrho \int_0^t\int_0^t e^{-\varrho|\tau_1-\tau_2|}\,d\tau_1\,d\tau_2 = t,$$

$$\lim_{\varrho\to\infty} E\{(U_{s_2}^{(j)} - U_{s_1}^{(j)})\,(U_{t_2}^{(j)} - U_{t_1}^{(j)})\} = \lim_{\varrho\to\infty} \int_{s_1}^{s_2}\int_{t_1}^{t_2} e^{-\varrho|\tau_1-\tau_2|}\,d\tau_1\,d\tau_2 = 0.$$

[1]) Vgl. auch Fußnote auf Seite 64. Im Unterschied zu Kapitel 3 kann jedoch die Differentialgleichung (4) im allgemeinen nicht im Rahmen der Theorie der verallgemeinerten Prozesse behandelt werden, da das Produkt verallgemeinerter Prozesse bis jetzt nicht sinnvoll definiert ist.

Auf diesem Wege käme man also zu dem Schluß, daß die Differentialgleichung (2) bzw. (4) näherungsweise einer Differentialgleichung

$$dX_t = n(X_t, t)\, dt + \sum_{j=1}^{k} m_j(X_t, t)\, dU_t^{(j)} \tag{5}$$

entspricht. Da der WIENER-Prozeß nicht R-differenzierbar ist (an jeder Stelle $t \in T$ gilt sogar $\limsup_{h\to 0} h^{-1} [U_{t+h}^{(j)} - U_t^{(j)}] \triangleq \infty$ (vgl. J. L. DOOB [1])), hat (5) als gewöhnliche stochastische Differentialgleichung keinen Sinn. (5) kann aber exakt als ITO-Differentialgleichung behandelt werden. Der formale Übergang von der gewöhnlichen stochastischen Differentialgleichung der Gestalt (4) zur ITO-Differentialgleichung der Gestalt (5) ist aber mathematisch unbegründet und führt wegen des eingangs beschriebenen Unterschieds zwischen dem stochastischen Differential und dem R-Differential zu Widersprüchen.

Unter den erforderlichen Regularitätsbedingungen für die auf R^n definierte eineindeutige Vektorfunktion w genügt der mit einer Lösung von (4) gebildete Prozeß $W_t = w(X_t)$ einer Differentialgleichung

$$\frac{dW_t}{dt} = \left.\frac{dw}{dx}\right|_{x=w^{-1}(W_t)} \left[n(w^{-1}(W_t), t) + \sum_{j=1}^{k} m_j(w^{-1}(W_t), t)\, Y_t^{(j)}\right]. \tag{6}$$

Die durch den oben beschriebenen formalen Übergang aus (6) gewonnene ITO-Differentialgleichung stimmt im allgemeinen nicht mit der ITO-Differentialgleichung überein, die man durch Anwendung der ITO-Formel (vgl. Lemma 6.2) auf die Funktion $\widetilde{W}_t = w(\widetilde{X}_t)$ der Lösung $\widetilde{X}_t$ der ITO-Differentialgleichung (5) erhält.

Exakte Untersuchungen der bei der Beschreibung des „weißen Rauschens" verwendeten Grenzübergänge zeigen, daß anstelle von (5) die ITO-Differentialgleichung

$$dX_t = \left[n(X_t, t) + \frac{1}{2} \sum_{j=1}^{k} \frac{dm^{(j)}(X_t, t)}{dx} m^{(j)}(X_t, t)\right] dt + \sum_{j=1}^{k} m^{(j)}(X_t, t)\, dU_t^{(j)} \tag{7}$$

für die Beschreibung einer Differentialgleichung (4), bei der die Prozesse $Y_t^{(j)}$ als „weißes Rauschen" angesehen werden, geeignet ist. Der formale Übergang von der Differentialgleichung der Gestalt (4) zur ITO-Differentialgleichung (7) führt jetzt nicht mehr zu dem oben beschriebenen Widerspruch, denn man erhält, wie man leicht nachprüft, durch Anwendung der ITO-Formel auf (7) dieselbe ITO-Differentialgleichung für $W_t = w(X_t)$ wie bei einem (7) entsprechenden Übergang von (6) zu einer ITO-Differentialgleichung. Wir geben hier zur Begründung des Übergangs zu (7) einige interessante Resultate von E. WONG und M. ZAKAI [1] und R. L. STRATONOVIČ [3] wieder.

Es sei U_t ein WIENER-Prozeß auf T. n und m seien auf $R^1 \times T$ definierte reelle Funktionen, welche die Voraussetzungen des Lemmas 6.3 erfüllen. Weiterhin soll m auf $R^1 \times T$ stetige partielle Ableitungen 1. Ordnung besitzen, und es soll die ITO-Differentialgleichung

$$dX_t = \left[n(X_t, t) + \frac{1}{2} m(X_t, t) \frac{\partial}{\partial x} m(X_t, t)\right] dt + m(X_t, t)\, dU_t \tag{8}$$

die Voraussetzungen des Lemmas 6.3 erfüllen. Es sei X_0 eine vom Prozeß $U_t - U_{t_0}$ ($t_0 \in T$) unabhängige zufällige Variable. Dann gibt es zur Anfangsbedingung (X_0, t_0) eine eindeutige R-stetige Lösung X_t von (8).

Wir betrachten weiter eine Folge $U_t^{[i]}$ ($i = 1, 2, \ldots$) von stochastischen Prozessen auf T_0, bei denen jeweils fast alle Realisierungen stückweise stetige Ableitungen besitzen und für fast alle $\omega \in \Omega$ positive Zahlen k_ω, γ_ω mit

$$|U_t^{[i]}(\omega)| \leqq \gamma(\omega), \qquad i > k(\omega)\,, \qquad t \geqq t_0\,,$$

existieren.

Jede der stochastischen Differentialgleichungen

$$\frac{dX_t}{dt} = n(X_t\, t) + m(X_t, t) \frac{dU_t^{[i]}}{dt} \tag{9}$$

besitzt eine eindeutige R-Lösung e. S. $X_t^{[i]}$ zur Anfangsbedingung (X_0, t_0).

Satz 7.1. *Es seien die obigen Voraussetzungen und*

a) $m(x, t) \geqq \beta > 0$ (*oder* $-m(x, t) \geqq \beta > 0$),

b) $\frac{\partial}{\partial t} m(x, t) \leqq c\, m^2(x, t)$ $(x \in R^1,\ t \in T)$

erfüllt. Dann folgt aus $\lim\limits_{i\to\infty} U_t^{[i]} \triangleq U_t$, $t \in T_0$, *die Konvergenz*

$$\lim_{i\to\infty} X_t^{[i]} \triangleq X_t\,, \qquad t \in T_0\,. \tag{10}$$

R. L. STRATONOVIČ betrachtet einen andersartigen Grenzübergang durch eine „Dehnung" der Zeitachse. Y_t sei ein R-stetiger stationärer GAUSSscher Prozeß mit $E\{Y_t\} = 0$ und Korrelationsfunktion $R(\tau)$, für die $\int\limits_0^\infty R(\tau)\, d\tau = 1$ erfüllt sei. Die Folge stochastischer Prozesse auf T

$$U_t^{[k]} = \int_0^t Z_\tau^{[k]}\, d\tau \qquad (k = 1, 2, \ldots)$$

mit $Z_t^{[k]} = k\, Y_{k^2 t}$ konvergiert in Verteilung gegen einen WIENER-Prozeß U_t (die endlichdimensionalen Verteilungen konvergieren gegen die entsprechenden Verteilungen von U_t). Sind nun n und m auf R^1 unendlich oft differenzierbare reelle Funktionen, dann konvergieren die R-Lösungen $X_t^{[k]}$ von

$$\frac{dX_t}{dt} = n(X_t) + m(X_t)\, Z_t^{[k]}$$

zu vorgegebener Anfangsbedingung (X_0, t_0) in Verteilung gegen die Lösung X_t der ITO-Differentialgleichung

$$dX_t = \left[n(X_t) + \frac{1}{2} m(X_t) \frac{d}{dx} m(X_t)\right] dt + m(X_t)\, dU_t \tag{11}$$

zur Anfangsbedingung (X_0, t_0). Hierbei wird vorausgesetzt, daß X_0 unabhängig von $U_t - U_{t_0}$, $t \in T_0$, ist und daß (11) den Voraussetzungen des Lemmas 6.3 genügt.

Weitergehende Untersuchungen derartiger Grenzübergänge findet man bei R. Z. HAS'MINSKIĬ [7].

Es ist bemerkenswert, daß durch eine veränderte symmetrische Definition des stochastischen Integrals erreicht werden kann, daß sich stochastische Differentiale analog wie gewöhnliche Differentiale verhalten und nicht diese Unterschiede, wie sie bei der ITO-Formel auftraten, entstehen. R. L. STRATONOVIČ [2] führte ein neues stochastisches Integral $\int M_t \, d^*U_t$ und analog zur ITO-Differentialgleichung entsprechende mit dem neuen Integral definierte stochastische Differentialgleichungen ein, indem anstelle der Summe in (3) in 6.1 ein symmetrischer Ausdruck

$$\int_a^b M_t \, d^*U_t = \sum_{i=1}^{n-1} 2^{-1} [M_{t_{i+1}} + M_{t_i}] [U_{t_{i+1}} - U_{t_i}]$$

gewählt wird. Genügt der n-dimensionale stochastische Prozeß X_t einer ITO-Differentialgleichung (7), dann genügt er einer STRATONOVIČ-Differentialgleichung

$$dX_t = n(X_t, t) + \sum_{j=1}^{k} m_j(X_t, t) \, d^*U_t^{(j)} \tag{12}$$

und umgekehrt. Hierbei werden wieder die Existenz stetiger partieller Ableitungen 1. Ordnung von m_j und die Erfüllung der Voraussetzungen des Lemmas 6.3 durch die Koeffizienten der Differentialgleichung (7) und (12) vorausgesetzt. Auf Grund des obigen Zusammenhangs ist also im Fall des „weißen Rauschens" der formale Übergang von einer Differentialgleichung der Gestalt (4) zu einer analogen STRATONOVIČ-Differentialgleichung (12) begründet.

Beispiel. Wir betrachten die lineare Differentialgleichung $\dot{x} = \alpha x$ $(\alpha \neq 0)$, deren Nullösung bei $\alpha < 0$ exponentiell stabil und bei $\alpha > 0$ exponentiell instabil ist. Möchte man eine Störung des Koeffizienten α durch „weißes Rauschen" Y_t beschreiben, dann setzt man eine stochastische Differentialgleichung der oben beschriebenen Gestalt (3) an:

$$\frac{dX_t}{dt} = (\alpha + \sigma Y_t) X_t .$$

Würde man formal zur ITO-Differentialgleichung

$$d\tilde{X}_t = \alpha \tilde{X}_t \, dt + \sigma \tilde{X}_t \, dU_t \tag{13}$$

übergehen, dann hätte man bei vorgegebener Anfangsbedingung $(x_0, t_0) \in R^n \times T$ die Lösung

$$\tilde{X}_t = x_0 \exp\left[\left(\alpha - \frac{1}{2}\sigma^2\right)(t - t_0) + \sigma (U_t - U_{t_0})\right]$$

(vgl. I. I. GIHMAN und A. V. SKOROHOD [2]) von (13) zu betrachten.

Geht man stattdessen zur Ito-Differentialgleichung (7) über, also zu

$$dX_t = \left(\alpha + \frac{1}{2}\sigma^2\right) X_t\, dt + \sigma\, X_t\, dU_t\,, \tag{14}$$

dann erhält man die Lösung

$$X_t = x_0 \exp\left[\alpha\,(t - t_0) + \sigma\,(U_t - U_{t_0})\right].$$

In beiden Fällen ergibt sich ein unterschiedliches Stabilitätsverhalten. Es ist

$$E\{|\tilde{X}_t|^r\} = |x_0|^r \exp\left\{\left[\alpha + \frac{1}{2}(r-1)\,\sigma^2\right] r\,(t - t_0)\right\}$$

und

$$E\{|X_t|^r\} = |x_0|^r \exp\left\{\left[\alpha + \frac{1}{2}r\,\sigma^2\right] r\,(t - t_0)\right\}.$$

Die Nullösung von (13) ist exponentiell stabil im r-Mittel, falls

$$\alpha < 0 \quad \text{und} \quad \frac{1}{2}(r-1)\,\sigma^2 < |\alpha|$$

bzw.

$$\alpha > 0\,, \qquad r < 1 \quad \text{und} \quad \frac{2\alpha}{1-r} < \sigma^2$$

gilt.

Die Nullösung von (14) ist exponentiell stabil im r-Mittel, falls

$$\alpha < 0 \quad \text{und} \quad \frac{1}{2}r\,\sigma^2 < |\alpha|$$

ist.

Beim unbegründeten Übergang zur Differentialgleichung (13) hätte man also beispielsweise nachgewiesen, daß ein instabiles nichtstochastisches System $\dot{x} = \alpha\, x$ bei Überlagerung eines additiven „weißen Rauschens" $\sigma\, Y_t$ mit genügend großer Intensität eine gewisse Stabilisierung erfahren kann. Auch im Falle $\alpha < 0$ erhält man unterschiedliche Voraussetzungen an die Intensität des „weißen Rauschens", um Stabilität zu gewährleisten (vgl. auch die Resultate in 4.7).

Es ist bemerkenswert, daß man durch den Übergang zur Ito-Differentialgleichung (7) zeigen kann, daß bei linearen Differentialgleichungssystemen durch Überlagerung der Koeffizienten mit „weißem Rauschen" manchmal eine Stabilisierung möglich ist (vgl. Beispiel 1, 6.9. in R. Z. Has'minskiĭ [14]).

7.2. Die Methode der Fokker-Planck-Gleichung

Untersuchungen von Differentialgleichungen, die von stochastischen Prozessen von der Art des „weißen Rauschens" abhängen, sind bereits vor mehreren Jahrzehnten vor Entwicklung einer exakten mathematischen Theorie stochastischer Differentialgleichungen durch Physiker, Mathematiker, Astronomen und Ingenieure durchgeführt worden. Hierzu kann man die Arbeiten von Raleigh,

BACHELIER und EINSTEIN zählen, in denen die ersten und einfachsten Versionen von partiellen Differentialgleichungen für die Wahrscheinlichkeitsdichte der Lösung angegeben wurden, sowie auch Arbeiten von SMOLUCHOWSKI, LANGEVIN, FOKKER, PLANCK, ORNSTEIN, BURGER, FURTH und KRAMERS (vgl. z. B. A. T. FULLER [2]). Solche partiellen Differentialgleichungen, die FOKKER-PLANCK-Gleichungen (vgl. 6.1) genannt wurden, sind später in der Theorie der MARKOVschen Prozesse bzw. der Diffusionsprozesse exakt abgeleitet und untersucht worden. Andererseits wurden für Differentialgleichungen der oben beschriebenen Art FOKKER-PLANCK-Gleichungen für die Dichte bzw. Übergangsdichte (bzw. Übergangswahrscheinlichkeit) und entsprechende Differentialgleichungen für die Momente der Lösung (Erwartungswert, Korrelationsfunktion, Varianz) und für die Spektraldichte der Lösung auf Grund verschiedenartiger Näherungsverfahren oder formaler Rechnungen abgeleitet. Hierzu gehören z. B. die Arbeiten von A. A. ANDRONOV, L. S. PONTRJAGIN und A. A. VITT [1], M. C. WANG und G. E. UHLENBECK [1], R. L. STRATONOVIČ [1], K. CHUANG [1], J. F. BARRETT [2], V. I. TIHONOV [1], A. T. FULLER [1], E. H. HAZEN [1], V. S. PUGAČEV [1], A. A. PERVOZVANSKIĬ [3], S. T. ARIARATNAM [1], R. H. LYON [2], S. H. CRANDALL [2], M. A. LEIBOWITZ [1], T. K. CAUGHEY [6], J. L. BOGDANOFF und F. KOZIN [2], T. K. CAUGHEY und J. K. DIENES [2], A. H. GRAY [1], J. K. DIENES [1].

FOKKER-PLANCK-Gleichungen ohne Annahmen vom Typ des „weißen Rauschens" sind für Differentialgleichungen abgeleitet worden, die von MARKOVschen Stufenprozessen (vgl. S. K. SRINIVASAN [1]) bzw. von Diffusionsprozessen abhängen (vgl. A. BLAQUIÈRE [1]).

Typisch für die obengenannten Arbeiten ist die Annahme, daß die betrachtete Lösung der stochastischen Differentialgleichung ein MARKOVscher Prozeß ist, wobei keine exakte Definition der Lösung der vom „weißen Rauschen" abhängigen Differentialgleichung zugrunde gelegt wird und für die MARKOVsche Eigenschaft höchstens heuristische Begründungen angegeben werden. Teilweise führten die verschiedenen Näherungen zu widersprüchlichen Ergebnissen (vgl. J. L. BOGDANOFF und F. KOZIN [3], T. K. CAUGHEY und J. K. DIENES [2], A. H. GRAY und T. K. CAUGHEY [2], N. K. KULMAN [1], A. H. GRAY [1]).

Wir veranschaulichen diese Näherungsmethoden an einem Beispiel. Es wird ein Diffusionsprozeß X_t als formale Lösung der Differentialgleichung

$$\dot{x} = (a + k Z_t) x$$

betrachtet, wobei Z_t als „weißes Rauschen" mit der Intensität 1 angesetzt ist. Der Übergangskoeffizient und die Diffusionsmatrix werden unter Benutzung der Eigenschaft des „weißen Rauschens" und einer formalen Vertauschung der Reihenfolge von Grenzwertbildung und Bildung des bedingten Erwartungswertes „berechnet" (vgl. J. L. BOGDANOFF und F. KOZIN [2]):

$$\begin{aligned} a(t, x) &= \lim_{h \downarrow 0} h^{-1} E\{X_{t+h} - X_t / X_t = x\} \\ &= E\left\{\frac{d}{dt} X_t / X_t = x\right\} = E\{a X_t / X_t = x\} + k x E\{Z_t / X_t = x\} = a x \end{aligned}$$

und

$$B(x, t) = \lim_{h \downarrow 0} h^{-1} E\{(X_{t+h} - X_t)^2 / X_t = x\} = E\left\{2 X_t \frac{d}{dt} X_t / X_t = x\right\} = k^2 x^2 .$$

Die zugehörige FOKKER-PLANCK-Gleichung für die Übergangsdichte $p(t, \bar{x}, s, x)$ des Prozesses X_t (vgl. 6.1) ist dann

$$\frac{\partial p}{\partial s} = -a \frac{\partial}{\partial x}[x p] + \frac{1}{2} k^2 \frac{\partial^2}{\partial x^2} p . \tag{15}$$

Dieser FOKKER-PLANCK-Gleichung entspricht übrigens der Lösung der ITO-Differentialgleichung

$$dX_t = a X_t dt + k X_t Z_t ,$$

die man durch den in 7.1 diskutierten formalen Übergang erhält.

Eine mathematisch exakte Ableitung der FOKKER-PLANCK-Gleichung ist möglich, wenn man das „weiße Rauschen" durch die in 7.1 angegebene stochastische „STRATONOVIČ-Differentialgleichung" oder die entsprechende modifizierte ITO-Differentialgleichung beschreibt. Die Lösung der Differentialgleichung zu einem vorgegebenen Anfangswert ist dann ein Diffusionsprozeß, und es kann die zugehörige FOKKER-PLANCK-Gleichung aufgestellt werden (vgl. 6.1). Für das oben betrachtete Beispiel würde man dann anstelle von (15) die FOKKER-PLANCK-Gleichung

$$\frac{\partial p}{\partial s} = -\left(a + \frac{k^2}{2}\right) \frac{\partial}{\partial x}[x p] + \frac{k^2}{2} \frac{\partial^2}{\partial x} p$$

erhalten.

Mehrere der obengenannten Näherungen (A. H. GRAY [1], T. K. CAUGHEY und J. K. DIENES [2], A. H. GRAY und T. K. CAUGHEY [2], N. K. KULMAN [1]) führen ebenfalls zu FOKKER-PLANCK-Gleichungen, die der stochastischen STRATONOVIČ-Gleichung entsprechen (vgl. 7.1).

7.3. Statistische Linearisierung

Wir betrachten die Differentialgleichung

$$\frac{dX_t}{dt} = F(X_t, t) + Z_t = A(t) X_t + f(X_t, t) + Z_t , \tag{16}$$

bei der $A(t)$ eine auf T definierte $n \times n$-Matrixfunktion, f eine auf $R^n \times T$ definierte n-dimensionale Vektorfunktion und Z_t ein n-dimensionaler stochastischer Vektorprozeß ist.

Die Differentialgleichung (16) soll nun näherungsweise durch die lineare Differentialgleichung

$$\frac{dY_t}{dt} = A(t) Y_t + C_n(t) Y_t + c(t) + Z_t \tag{17}$$

ersetzt werden, die mit den Methoden aus Kapitel 3 behandelt werden kann und Grundlage für einfache Näherungslösungen verschiedenartiger Probleme sein kann. Verschiedene Linearisierungsverfahren, die in der technischen Literatur verwendet werden, beschreibt beispielsweise V. S. PUGAČEV in [2]. Wir werden einen allgemeinen Zugang zum Problem der linearen Näherung angeben, ausgehend vom Kriterium der mittleren quadratischen Abweichung, das für Spezialfälle von B. C. BOOTON in [2], von I. E. KAZAKOV und B. G. DOSTUPOV in [1] und von I. E. KAZAKOV z. B. in [2] und von L. G. EVLANOV und I. E. KAZAKOV in [1] und in [2] und von A. A. PERVOZVANSKIĬ in [2] betrachtet wurde.

Es wird bei konkreten Fällen zur Vereinfachung der Berechnung einer optimalen Linearisierung manchmal günstig sein, die lineare Funktion nur als Funktion eines Teils y^1 der Komponenten von y zu suchen. Dabei nimmt man natürlich eine Verschlechterung der Näherung in Kauf. In diesem Fall kann das Herauslösen eines „stabilen" linearen Anteils $A(t)\, X_t$ mit möglichst kleinem „zu linearisierenden" Rest $f = F - A(t)\, X_t$ eine bessere Näherung ergeben, als es eine direkte Näherung der Differentialgleichung (16) mit ($A(t) \equiv 0$) durch eine lineare Funktion von y^1 ermöglicht. Wir suchen also bei festem $m \leqq n$ eine n-dimensionale Vektorfunktion

$$l(y, t) = C(t)\, y^1 + c(t)\,, \qquad y = \begin{pmatrix} y^1 \\ y^2 \end{pmatrix} \in R^n\,, \qquad y^1 \in R^m\,, \tag{18}$$

welche die mittlere quadratische Abweichung

$$\varrho_t[l] = E\,\{||f(X_t, t) - l(X_t, t)||^2\} \tag{19}$$

für alle $t \in T$ minimiert. Dabei ist X_t eine feste R-Lösung e. S. von (16). Außerdem sei vorausgesetzt, daß $\varrho_t[l]$ für alle $t \in T$ und l der Gestalt (18) definiert ist.

Ist die Nullösung der Differentialgleichung

$$\dot{y} = [A(t) + C_n(t)]\, y \qquad (C_n\, y = (C, 0)\; y = C\, y^1)$$

q.M.-stabil bezüglich ständig wirkender zufälliger Störungen (vgl. 5.11), und ist $\varrho_t(l)$ für alle $t \in T$ hinreichend klein, dann wird die Differenz zwischen der Lösung X_t von (16) und der Lösung Y_t von (17) zur gleichen Anfangsbedingung ($X_{t_0} \triangleq Y_{t_0}$) im Mittel klein sein, d. h., es wird $E\,\{||W_t||^2\}$ mit $W_t = X_t - Y_t$ klein sein. Es gilt nämlich

$$\frac{dW_t}{dt} = [A(t) + C_n(t)]\, W_t + f(X_t, t) - l(X_t, t)\,.$$

Satz 7.2. *$\varrho_t[l]$ wird für jedes $t \in T$ unter allen Vektorfunktionen l der Gestalt* (18) *minimal bei*

$$\left.\begin{aligned} l^*(y, t) &= C^*(t)\, y^1 + c^*(t)\,, \\ C^*(t) &= \Gamma(t)\, [K(t)]^{-1}\,, \\ \Gamma(t) &= E\,\{f(X_t, t)\, [X_t^1 - E\,\{X_t^1\}]'\}\,, \\ K(t) &= E\,\{[X_t^1 - E\,\{X_t^1\}]\, [X_t^1 - E\,\{X_t^1\}]'\}\,, \\ c^*(t) &= E\,\{f(X_t, t)\} - C^*(t)\, E\,\{X_t^1\}\,. \end{aligned}\right\} \tag{20}$$

Hierbei wird die Regularität von $K(t)$ vorausgesetzt.

Beweis. Es sei l eine beliebige Vektorfunktion der Gestalt (18). Wir führen für festes $t \in T$ die folgenden Abkürzungen ein:

$$\begin{aligned} f &= f(X_t, t)\,, & U &= X_t^1 - E\{X_t^1\} \\ C &= C(t)\,, & C^* &= C^*(t) \\ c &= c(t) + C\,E\{X_t^1\}\,, & c^* &= c^*(t) + C^*\,E\{X_t^1\} \\ B &= C - C^*\,, & b &= c - c^*\,. \end{aligned}$$

Es gelten die folgenden Gleichungen:

$$\min_{a \in R^n} E\{\|f - a\|^2\} = E\{\|f - E\{f\}\|^2\} = E\{\|f - c^*\|^2\}$$

und

$$E\{c^{*\prime}\,B\,U\} = E\{b'\,[C^* + B]\,U\} = 0\,.$$

Hiermit erhalten wir die Abschätzung

$$\begin{aligned} \varrho_t[l] &= E\{\|f - C\,U - c\|^2\} = E\{\|f - [C^* + B]\,U - c^* - b\|^2\} \\ &= E\{\|f - c^* - b\|^2\} + E\{\|[C^* + B]\,U\|^2\} \\ &\quad - 2\,E\{[f - c^* - b]'\,[C^* + B]\,U\} \\ &\geqq E\{\|f - c^*\|^2\} - 2\,E\{|f - c^*|'\,C^*\,U\} \\ &\quad + E\{\|C^*\,U\|^2\} + E\{\|B\,U\|^2\} \\ &\quad + 2\,E\{[C^*\,U]'\,B\,U\} - 2\,E\{f'\,B\,U\} \\ &\geqq \varrho_t[l^*] + 2\,E\{U'[C^*]'\,B\,U\} - 2\,E\{f'\,B\,U\}\,. \end{aligned} \tag{21}$$

Unter Berücksichtigung der Definition von C^* und der Symmetrie von $K(t)$ gelangen wir zu folgender Umformung:

$$\begin{aligned} E\{U'[C^*]'\,[B\,U]\} &= E\{\mathrm{Spur}\,([C^*]'\,[B\,U]\,U')\} \\ &= \mathrm{Spur}\,([C^*]'\,B\,E\{U\,U'\}) = \mathrm{Spur}\,(B\,K(t)\,[C^*]') \\ &= \mathrm{Spur}\,(B[\Gamma(t)]') = E\{\mathrm{Spur}\,B\,U\,f'\} = E\{f'\,B\,U\}\,. \end{aligned} \tag{22}$$

Aus (21) und (22) folgt $\varrho_t[l] \geqq \varrho_t[l^*]$ für jedes $t \in T$.

Bemerkung 1. Die lineare Näherung (17) hängt bei $m < n$ davon ab, welches lineare Glied $A(t)\,X_t$ auf der rechten Seite von (16) vorgegeben wird. Im Falle $m = n$ ergibt sich aber jeweils die gleiche lineare Differentialgleichung als Näherung.

Gibt man nämlich ein anderes Glied $\tilde{A}(t)\,X_t$ vor, setzt man also

$$\begin{aligned} F(x, t) &= A(t)\,x + f(x, t) = \tilde{A}(t)\,x + f(x, t) + \{A(t) - \tilde{A}(t)\}\,x \\ &= \tilde{A}(t)\,x + \tilde{f}(x, t)\,, \end{aligned}$$

dann ergibt sich im Falle $m = n$ aus Satz 7.2 die gleiche lineare Differentialgleichung

$$\frac{dY_t}{dt} = A(t)\,Y_t + l^*(Y_t, t) + Z_t = \tilde{A}(t)\,Y_t + \tilde{l}^*(Y_t, t) + Z_t$$

als Näherung von (16) bzw. der mit (16) übereinstimmenden Differentialgleichung

$$\frac{dX_t}{dt} = \tilde{A}(t)\, X_t + \tilde{f}(X_t, t) + Z_t\,.$$

Dies folgt aus

$$\tilde{\Gamma}(t) = \Gamma(t) + (A - \tilde{A})\, K(t)\,,$$

$$\tilde{C}^* = \tilde{\Gamma}(t)\,[K(t)]^{-1} = C^* + A - \tilde{A}\,,$$

$$\tilde{c}^* = E\{\tilde{f}\} - \tilde{C}^*\, E\{X_t\} = E\{f\} + (A - \tilde{A})\, E\{X_t\}$$
$$- [C^* + A - \tilde{A}]\, E\{X_t\} = c^*\,.$$

Bemerkung 2. Das Ergebnis im Satz 7.2 läßt sich leicht verallgemeinern. Wir betrachten dazu die Differentialgleichung

$$\frac{dX_t}{dt} = f(X_t, t, \omega) + g(X_t, t, \omega)$$

und suchen eine lineare Näherung von f, welche

$$E\{\|f(X_t, t, \omega) - l(X_t, t)\|^2\}$$

für alle $t \in T$ minimiert. Eine solche Näherung ist durch (20) gegeben, wenn $C^*(t)$ eine Lösung der Gleichung

$$C^*(t)\, K(t) = E\{f(X_t, t, \omega)\, [X_t^1 - E\{X_t^1\}]'\}$$

ist und

$$c^*(t) = E\{f(X_t, t, \omega)\} = C^*(t)\, E\{X_t^1\}$$

gilt. Hierbei kann $K(t)$ auch singulär sein.

Bemerkung 3. Wir betrachten die Differentialgleichung n-ter Ordnung

$$Q_t^{[n]} + a_n(t)\, Q_t^{[n-1]} + \cdots + a_1(t)\, Q_t + g(Q_t, \ldots, Q_t^{[m-1]}) = V_t\,, \tag{23}$$

bei der V_t ein eindimensionaler stochastischer Prozeß und $m \leqq n$ ist $\left(Q_t^{[i]} = \frac{d^i Q_t}{dt^i}\right)$.

(23) entspricht dem Differentialgleichungssystem

$$\frac{dX_t}{dt} = A(t)\, X_t + f(X_t, t) + Z_t \tag{24}$$

mit

$$X_t = \begin{pmatrix} Q_t \\ Q_t^{[1]} \\ \vdots \\ Q_t^{[n-1]} \end{pmatrix},$$

$$A(t) = \begin{pmatrix} 0 & 1 & 0 & 0 \\ 0 & 0 & 1 & 0 \\ 0 & 0 & 0 & 0 \\ \vdots & \vdots & \vdots & \vdots \\ 0 & 0 & 0 & 1 \\ -a_1(t) & -a_2(t) & -a_3(t) \cdots & -a_n(t) \end{pmatrix},$$

$$f = \begin{pmatrix} 0 \\ \vdots \\ 0 \\ -g(X_t^{(1)}, \ldots, X_t^{(m)}, t) \end{pmatrix} = \begin{pmatrix} 0 \\ \vdots \\ 0 \\ -g(X_t^1, t) \end{pmatrix},$$

$$Z_t = \begin{pmatrix} 0 \\ \vdots \\ 0 \\ V_t \end{pmatrix}.$$

Die lineare Näherung von (24) mit minimalem ϱ_t ist dann von der Gestalt

$$\frac{dY_t}{dt} = A(t)\, Y_t + \begin{pmatrix} 0 \\ \vdots \\ 0 \\ \lambda(t) \end{pmatrix} + Z_t\,,$$

$$\lambda(t) = \sum_{l,j=1}^{m} \gamma_l(t)\, k^{lj}(t)\, [Y_t^{(j)} - E\{X_t^{(j)}\}] - \alpha(t)\,,$$

$$\begin{aligned} k_{lj}(t) &= E\{[X_t^{(l)} - E\{X_t^{(l)}\}][X_t^{(j)} - E\{X_t^{(j)}\}]\} \\ &= E\{[Q_t^{[l-1]} - E\{Q_t^{[l-1]}\}]\,[Q_t^{[j-1]} - E\{Q_t^{[j-1]}\}]\}\,, \\ K(t) &= (k_{lj}(t))_{j=1,\ldots,m}^{l=1,\ldots,m}\,, \\ K^{-1}(t) &= (k^{lj}(t))_{j=1,\ldots,m}^{l=1,\ldots,m}\,, \qquad (K(t) \text{ sei regulär}). \\ \gamma_l(t) &= E\{g(Q_t, \ldots, Q_t^{[m-1]}, t)\,[Q_t^{[l-1]} - E\{Q_t^{[l-1]}\}]\}\,, \\ \alpha(t) &= E\{g(Q_t, \ldots, Q_t^{[m-1]}, t)\}\,. \end{aligned}$$

Sie entspricht der linearen Differentialgleichung n-ter Ordnung

$$\left.\begin{aligned} S_t^{[n]} + a_1(t)\, S_t^{[n-1]} + \cdots + a_n(t)\, S_t + \beta(t) + \sum_{l,j=1}^{m} \gamma_l(t)\, k^{lj}(t)\, S_t^{[j-1]} = V_t\,, \\ \beta(t) = \alpha(t) - \sum_{l,j=1}^{m} \gamma_l(t)\, k^{lj}(t)\, E\{Q_t^{[j-1]}\}\,. \end{aligned}\right\} \quad (25)$$

Beispiel. Wir betrachten die Differentialgleichung 2. Ordnung

$$\frac{d^2}{dt^2} Q_t + a_1(t) \frac{d}{dt} Q_t + a_2(t)\, Q_t + g(Q_t, t) = V_t\,. \quad (26)$$

Suchen wir eine Linearisierung von (26) der Gestalt

$$\frac{d^2}{dt^2} S_t + a_1(t) \frac{d}{dt} S_t + a_2(t) S_t + \eta(t) S_t + \beta(t) = V_t , \tag{27}$$

bei der die mittlere quadratische Abweichung

$$\varrho_t^{[l]} = E \{[g(Q_t, t) - \eta(t) Q_t - \beta(t)]^2\}$$

bei vorgegebener R-Lösung Q_t von (26) minimal wird. Dann setzen wir nach Bemerkung 2

$$\eta(t) = E \{g(Q_t, t) [Q_t - E \{Q_t\}]\} [E \{(Q_t - E \{Q_t\})^2\}]^{-1} ,$$
$$\beta(t) = E \{g(Q_t, t)\} - \eta(t) E \{Q_t\} .$$

Da die Verteilung von X_t unbekannt ist, können C^* und c^* aus Satz 7.2 im allgemeinen nur näherungsweise bestimmt werden. Wir nehmen im weiteren zum Zwecke dieser Näherung an, daß A und f nicht von t abhängen, und daß der Prozeß X_t streng stationär ist (zur Existenz streng stationärer Lösungen nichtlinearer Differentialgleichungen vgl. Kapitel V) oder daß X_t gegen einen streng stationären Prozeß X_t^0 konvergiert und X_t^0 als Näherung für X_t verwendet wird. Hat X_t geeignete Ergodizitätseigenschaften (vgl. Kapitel III), dann kann man durch Beobachtungen X_{t_μ} ($\mu = 1, \ldots, N$) des Prozesses X_t zu geeigneten Zeitpunkten t_μ Schätzungen für C^* und c^* in der Gestalt

$$\hat{C}^* = \hat{\Gamma}[\hat{K}]^{-1} ,$$
$$\hat{\Gamma} = N^{-1} \sum_{\mu=1}^{N} f(X_{t_\mu}) [X_{t_\mu}^1 - \overline{X}^1]' ,$$
$$\overline{X}^1 = N^{-1} \sum_{\mu=1}^{N} X_{t_\mu}^1 ,$$
$$\hat{K} = N^{-1} \sum_{\mu=1}^{N} [X_{t_\mu}^1 - \overline{X}^1] [X_{t_\mu}^1 - \overline{X}^1]' ,$$
$$\hat{c}^* = N^{-1} \sum_{\mu=1}^{N} f(X_{t_\mu}) - \hat{C}^* \overline{X}^1$$

erhalten.

Sind derartige Beobachtungen nicht möglich, dann können C^* und c^* unter der Annahme, daß Z_t und auch die Lösung Y_t der linearen Näherung

$$\frac{dY_t}{dt} = A\, Y_t + C^* Y_t + c^* + Z_t \tag{28}$$

stationäre R-stetige Gausssche Prozesse sind, numerisch und bei einfachen Fällen evtl. graphisch mit folgendem Verfahren genähert werden:

Es wird angenommen, daß die streng stationäre Lösung Y_t von (17) eine gute Näherung für X_t in dem Sinne darstellt, daß $C^* \approx \tilde{C}$ und $c^* \approx \tilde{c}$ gilt, mit

$$\tilde{C} = \tilde{\Gamma}\tilde{K}^{-1}, \qquad \tilde{c} = E\{f(Y_t)\} - \tilde{C}E\{Y_t^1\}, \tag{29}$$

$$\tilde{\Gamma} = E\{f(Y_t)[Y_t^1 - E\{Y_t^1\}]'\}, \tag{30}$$

$$K = E\{[Y_t^1 - E\{Y_t^1\}][Y_t^1 - E\{Y_t^1\}]'\} \tag{31}$$

und Y_t näherungsweise als die durch Satz 3.5 gegebene streng stationäre R-Lösung $\tilde{Y}_t$ der Differentialgleichung

$$\frac{d\tilde{Y}_t}{dt} = A\,\tilde{Y}_t + \tilde{C}\,\tilde{Y}_t^1 + \tilde{c} + Z_t = [A + \tilde{C}_n]\,\tilde{Y}_t + \tilde{c} + Z_t \tag{32}$$

($\tilde{C}_n = (\tilde{C}\;0)$) angesehen werden kann. Es sind also Größen $\tilde{C}$, $\tilde{c}$ zu finden, die (29), (30), (31) für die R-Lösung $\tilde{Y}_t$ von (32) erfüllen. Aus Kapitel 3 ergibt sich nun für die Momente der Lösung $\tilde{Y}_t$ von (32)

$$m^{\tilde{Y}} = \tilde{m} = \int_0^\infty e^{\alpha(A+\tilde{C}_n)}(m^Z + \tilde{c})\,d\alpha = -[A + \tilde{C}_n]^{-1}(m^Z + \tilde{c}) = m[\tilde{C}, \tilde{c}],$$

$$m^{\tilde{Y}^1} = \tilde{m}^1 = m^1[\tilde{C}, \tilde{c}],$$

$$K^{\tilde{Y}}(t, t) = \tilde{K} = \int_0^\infty\int_0^\infty e^{\alpha_1(A+\tilde{C})}K^Z(\alpha_2 - \alpha_1)\,[e^{\alpha_2(A+\tilde{C})}]'\,d\alpha_1\,d\alpha_2 = K[\tilde{C}, \tilde{c}],$$

$$K^{\tilde{Y}^1}(t, t) = \tilde{K}^1 = K^1[\tilde{C}, \tilde{c}].$$

m^1 und K^1 sind hierbei die $\tilde{Y}^1$ entsprechenden Teilblöcke in m bzw. K.

Durch $\tilde{m}$ und $\tilde{K}$ ist für jedes $t \in T$ die Wahrscheinlichkeitsdichte $p(y)$ des normalverteilten Vektors $\tilde{Y}_t$ festgelegt, und man erhält

$$p(y) = p(y/\tilde{C}, \tilde{c}) = (2\pi \det K[\tilde{C}, \tilde{c}])^{-n/2} \exp\left[-\frac{1}{2}(y - m[\tilde{C}, \tilde{c}])' \times (K[\tilde{C}, \tilde{c}])^{-1}(y - m[\tilde{C}, \tilde{c}])\right],$$

$$E\{f(\tilde{Y}_t)\} = \int_{R^n} f(y)\,p(y/\tilde{C}, \tilde{c})\,dy = \varphi[\tilde{C}, \tilde{c}],$$

$$\tilde{\Gamma} = \int_{R^n} f(y)\,(y^{-1} - m^1[\tilde{C}, \tilde{c}])'\,p(y/\tilde{C}, \tilde{c})\,dy = \Gamma[\tilde{C}, \tilde{c}].$$

$\tilde{C}$ und $\tilde{c}$ sind demnach als Lösungen des Gleichungssystems

$$\tilde{C} = \Gamma[\tilde{C}, \tilde{c}]\,(K^1[\tilde{C}, \tilde{c}])^{-1}, \qquad \tilde{c} = \varphi[\tilde{C}, \tilde{c}] - \Gamma[\tilde{C}, \tilde{c}]\,(K^{-1}[\tilde{C}, \tilde{c}])^{-1}\,m^1[\tilde{C}, \tilde{c}] \tag{33}$$

zu bestimmen.

Im Falle, daß $f(y) = f^1(y^1)$ nur von y^1 abhängt, kann man eine Vereinfachung durch die folgende Umformung erreichen:

Bezeichnet $\hat{p}(\hat{y})$ die mit $\tilde{m}^1$ und $\tilde{K}^1$ analog zu $p(y)$ gebildete Wahrscheinlichkeitsdichte des zufälligen Vektors $\tilde{Y}_t^1$, dann gilt

$$\frac{\partial E\{f(\tilde{Y}_t)\}}{\partial \tilde{m}} = \int\limits_{R^m} \left[\frac{\partial \hat{p}(\hat{y})}{\partial \tilde{m}^1}\right] [f^1(y^1)]'\, dy^1 = \int\limits_{R^m} [-p^1(y^1)\, (\tilde{K}^1)^{-1}]\, [f^1(y^1)]'\, dy^1$$

$$= -\left[\left\{\int\limits_{R^m} f^1(y^1)\, p^1(y^1)\, dy^1\right\}(\tilde{K}^1)^{-1}\right]' = \tilde{\Gamma}(\tilde{K}^1)^{-1},$$

und daraus folgt wegen $\frac{\partial}{\partial \tilde{m}^1} p^1(y^1) = -\frac{\partial}{\partial y^1} p^1(y^1)$ mit partieller Integration unter den erforderlichen Regularitätsvoraussetzungen für f

$$\tilde{\Gamma}(\tilde{K}^1)^{-1} = \int \frac{\partial p^1(y^1)}{\partial \tilde{m}^1} [f^1(y^1)]'\, dy^1$$

$$= \left[\int\limits_{-\infty}^{\infty} \cdots \int\limits_{-\infty}^{\infty} \left[-\frac{\partial p^1(y^1)}{\partial y^{(i)}} f_j^1(y^1)\, dy^{(i)}\right] dy^{(1)} \ldots dy^{(i-1)}\, dy^{(i+1)} \ldots dy^{(m)}\right]_{j=1,\ldots,m}^{i=1,\ldots,m}$$

$$= \left[\int\limits_{-\infty}^{\infty} \cdots \int\limits_{-\infty}^{\infty} \left[\int\limits_{-\infty}^{\infty} p^1(y^1) \frac{\partial f_j^1(y^1)}{\partial y^{(i)}}\, dy^{(i)}\right] dy^{(1)} \ldots dy^{(i-1)}\, dy^{(i+1)} \ldots dy^{(m)}\right]_{j=1,\ldots,m}^{i=1,\ldots,m}$$

$$= \int p^1(y^1) \frac{df^1(y^1)}{dy^1}\, dy^1 = E\left\{\left.\frac{df^1(y^1)}{dy^1}\right|_{y^1=\tilde{Y}_t^1}\right\} = H[\tilde{C}, \tilde{c}].$$

Man kann dann (33) durch das Gleichungssystem

$$\tilde{C} = H[\tilde{C}, \tilde{c}], \quad \tilde{c} = \varphi[\tilde{C}, \tilde{c}] - H[\tilde{C}, \tilde{c}]\, m[\tilde{C}, \tilde{c}] \tag{34}$$

ersetzen.

B e i s p i e l. Wir betrachten die nichtlineare Differentialgleichung 2. Ordnung

$$\frac{d^2 Q_t}{dt^2} + 2\,a \frac{dQ_t}{dt} + b\, Q_t\, |Q_t| = U_t \tag{35}$$

(Schwinger mit nichtlinearer Rückstellkraft und zufälliger Erregung U_t), wobei wir $a > 0$ und $b > 0$ voraussetzen.

(35) soll durch die lineare Differentialgleichung

$$\frac{d^2 S_t}{dt^2} + 2\,a \frac{dS_t}{dt} + \beta\, S_t + \gamma = U_t \tag{36}$$

linearisiert werden. (35) entspricht dem Differentialgleichungssystem $\dot{X}_t = A\, X_t + f(Y_t) + Z_t$, mit

$$X_t = \begin{pmatrix} Q_t \\ \dot{Q}_t \end{pmatrix}, \quad A = \begin{pmatrix} 0 & 1 \\ 0 & -2\,a \end{pmatrix}, \quad f(X_t) = \begin{pmatrix} 0 \\ -b\, Q_t \end{pmatrix}, \quad Z_t = \begin{pmatrix} 0 \\ U_t \end{pmatrix}$$

und (36) dem Differentialgleichungssystem $\dot{Y}_t = A\,Y_t + \widetilde{C}\,Y_t + \tilde{c} + Z_t$, mit

$$\widetilde{C} = \begin{pmatrix} 0 \\ -\beta \end{pmatrix}, \qquad \tilde{c} = \begin{pmatrix} 0 \\ -\gamma \end{pmatrix}.$$

Mit den obigen Bezeichnungen gilt unter der Voraussetzung, daß U_t ein stationärer R-stetiger GAUSSscher Prozeß ist, dessen Spektraldichte näherungsweise konstant gleich Φ_0 ist (U_t ist also als „weißes Rauschen" angesetzt, vgl. 3.11):

$$m[\widetilde{C}, \tilde{c}] = -[A + \widetilde{C}_n]^{-1}(m^Z + \tilde{c}) = \begin{pmatrix} \beta^{-1}(m^U - \gamma) \\ 0 \end{pmatrix},$$

$$m^1[\widetilde{C}, \tilde{c}] = \beta^{-1}(m^U - \gamma) = m_{\beta,\gamma},$$

$$K^1[\widetilde{C}, \tilde{c}] \approx k_\beta = \pi\,\Phi_0(2\,a\,\beta)^{-1},$$

$$\widetilde{\Gamma}[\widetilde{C}, \tilde{c}] = \begin{pmatrix} 0 \\ h_{\beta,\gamma} \end{pmatrix},$$

$$h_{\beta,\gamma} = \int y\,|y|\,[y - m_{\beta,\gamma}]\,(2\,\pi\,k_\beta)^{-1/2} \exp[-(2\,k_\beta)^{-1}(y - m_{\beta,\gamma})^2]\,dy$$
$$= \pi^{-1/2}(2\,k_\beta)^{3/2} + m_{\beta,\gamma}(m_{\beta,\gamma}^2 + 3\,k_\beta^2) - m_{\beta,\gamma}\,l_{\beta,\gamma},$$

$$l_{\beta,\gamma} = \varphi[\widetilde{C}, \tilde{c}] = (2\,\pi)^{1/2}\{[2\,\Phi(k^{-1/2}\,m_{\beta,\gamma}) - 1]\,[m_{\beta,\gamma}^2 + k_\beta]$$
$$- 6\,m_{\beta,\gamma}\,k_\beta^{1/2} \exp[-m_{\beta,\gamma}^2\,k_\beta^{-1}]\}.$$

Demnach sind β und γ (evtl. graphisch) aus den (33) entsprechenden beiden Gleichungen

$$-\beta = h_{\beta,\gamma}\,k_\beta^{-1}, \qquad -\gamma = l_{\beta,\gamma} - h_{\beta,\gamma}\,k_\beta^{-1}\,m_{\beta,\gamma}$$

zu bestimmen.

B e m e r k u n g 4. Ein Spezialfall der Differentialgleichung aus Bemerkung 2 ist die lineare Differentialgleichung

$$\frac{dX_t}{dt} = A_t\,X_t + Z_t = f(X_t, t, \omega) + Z_t \tag{37}$$

mit stochastischer Koeffizientenmatrix A_t. Wir suchen eine lineare Näherung

$$\frac{dY_t}{dt} = C(t)\,Y_t + c(t) + Z_t$$

und setzen dabei voraus, daß die stochastischen Prozesse X_{t_0}, Z_t und A_t stochastisch unabhängig sind. Führen wir ähnlich wie bei (28), (29) und (30) eine Näherung durch, indem wir in den Formeln für $C^*(t)$ und $c^*(t)$ (bei $m = n$) X_t durch die Lösung Y_t der linearen Gleichung mit $Y_{t_0} \triangleq X_{t_0}$ ersetzen, dann erhalten wir wegen

$$E\{f(Y_t, t, \omega)\,[Y_t - E\{Y_t\}]'\} = E\{A_t\}\,E\{[Y_t - E\{Y_t\}]\,[Y_t - E\{Y_t\}]'\}:$$

$$\widetilde{C}^0(t) = E\{A_t\}, \qquad \tilde{c}^0(t) = 0.$$

Eine Näherung von (37) mit nichtstochastischer Koeffizientenmatrix ist also durch

$$\frac{dY_t}{dt} = E\{A_t\}\, Y_t + Z_t$$

gegeben.

7.4. Stochastische Differentialgleichungen mit kleinem Parameter

Da die Behandlung nichtlinearer Differentialgleichungen meist sehr schwierig ist, sind in der Literatur verschiedene Näherungsmethoden vorgeschlagen worden. Eine besondere Bedeutung haben die asymptotischen Methoden von A. N. Krylov und N. N. Bogoljubov erlangt. Diese Methoden wurden in Verbindung mit der Methode der Fokker-Planck-Gleichung von V. G. Kolomiec in [1] bis [7] auf Differentialgleichungen angewendet, die „weißes Rauschen" in Verbindung mit einem kleinen Parameter enthalten. Entsprechende Untersuchungen für die zugehörige stochastische Ito-Differentialgleichung sind dann von I. I. Gihman [2], von I. Vrkoč [4], von R. Z. Has'minskiĭ [15] und von Ju. A. Mitropolskiĭ und V. G. Kolomiec [1] durchgeführt worden. Man betrachtet Lösungen X_t^ε von Ito-Differentialgleichungen der Form

$$dX_t = A(\varepsilon^{-1}\, t, X_t)\, dt + \sum_{j=1}^{r} M_j(\varepsilon^{-1}\, t, X_t)\, dU_t^{(j)}$$

zur Anfangsbedingung (x_0, t_0). Wenn die folgenden Grenzübergänge gleichmäßig in s und t gelten:

$$\lim_{t\to\infty} t^{-1} \int_s^{s+t} N(\tau, x)\, d\tau = \overline{N}(x)\,,$$

$$\lim_{t\to\infty} t^{-1} \int_s^{s+t} \sum_{j=1}^{r} M_j(\tau, x)\, [M_j(\tau, x)]'\, d\tau = Q(x) = \overline{M}(x)\, [\overline{M}(x)]'$$

$$(\overline{M} = \overline{M}^{(1)}, \ldots, \overline{M}^{(r)})\,,$$

und bestimmte Regularitätsbedingungen erfüllt sind, dann konvergiert für $\varepsilon \to 0$ der Prozeß X_t^ε in einem bestimmten Intervall $\tau_1 = [t_0, t_1]$ schwach (vgl. z. B. Ju. V. Prohorov [1]) gegen die Lösung X_t der Ito-Differentialgleichung

$$dX_t = \overline{N}(X_t)\, dt + \sum_{j=1}^{r} \overline{M}^{(j)}(X_t)\, dU_t^{(j)}$$

mit Anfangswert x_0. Die X_t zugeordneten endlichdimensionalen Verteilungsfunktionen konvergieren gegen die entsprechenden Verteilungsfunktionen von X_t.

Ein weiterer Zugang zur Behandlung von Ito-Differentialgleichungen mit kleinem Parameter stellt die Anwendung der Mittelungsmethode von A. N. Kry-

LOV und N. N. BOGOLJUBOV auf die entsprechende FOKKER-PLANCK-Gleichung dar (vgl. R. Z. HAS'MINSKIĬ [4]).

Für R-Lösungen von stochastischen Differentialgleichungen mit kleinem Parameter bieten die von R. Z. HAS'MINSKIĬ in [7] und [8] bewiesenen Sätze eine Grundlage zur Anwendung einer Mittelungsmethode. Hierbei wird in $T = (0, \infty)$ die R-Lösung X_t^ε der Differentialgleichung

$$\frac{dX_t}{dt} = \varepsilon f(X_t, t, \omega) \tag{38}$$

zum Anfangswert $X_0^\varepsilon = x_0 \in R^n$ betrachtet. Unter bestimmten Regularitätsvoraussetzungen über f, z. B. der Voraussetzung

$$\|f(x, t, \omega) - f(x', t, \omega)\| \leqq L \|x - x'\|, \qquad x, x' \in R^n, t \in T, \tag{39}$$

folgt aus der Ergodizitätseigenschaft

$$\lim_{t\to\infty} \sup_{s\in T} E\left\{\|t^{-1}\int_s^{s+t} f(x, \tau, \omega)\, d\tau - f(x)\|\right\} = 0 \tag{40}$$

für jedes $K > 0$

$$\lim_{\varepsilon\downarrow 0} \sup_{0\leqq t\leqq K} E\{\|X^\varepsilon_{t\cdot\varepsilon^{-1}} - x(t)\|\} = 0, \tag{41}$$

wobei $x(t)$ die Lösung der Differentialgleichung $\dot{x} = f(x)$ zum Anfangswert $x(0) = x_0$ ist.

Auf Grund dieses Resultates wird für beliebiges $K > 0$ bei genügend kleinem ε die Funktion $x(t \cdot \varepsilon)$ im Intervall $0 \leqq t \leqq \varepsilon^{-1} K$ eine Näherung für die R-Lösung $X_t^{(\varepsilon)}$ von (1) darstellen.

Ein weiteres Resultat ermöglicht eine genauere Näherung von X_t^ε. Gilt mit $W(x, \tau, \omega) = f(x, \tau, \omega) - E\{f(x, \tau, \omega)\}$

$$\lim_{t\to\infty} t^{-1} \int_s^{s+t} E\{f(x, \tau, \omega)\}\, d\tau = f(x),$$

$$\lim_{t\to\infty} t^{-1} \int_s^{s+t}\int_s^{s+t} E\{W(x, \tau, \omega)\,[W(x, \sigma, \omega)]'\}\, d\tau\, d\sigma = A(x)$$

gleichmäßig bezüglich s und x, dann konvergiert unter bestimmten Regularitätsbedingungen der Prozeß $\varepsilon^{-1/2}\,[X_{t\cdot\varepsilon^{-1}} - X_t]$ in einem Intervall $[0, K]$ schwach gegen den GAUSSschen Diffusionsprozeß Y_t, der R-Lösung von

$$\frac{dY_t}{dt} = \left.\frac{df}{dx}\right|_{x=x(t)} Y_t + W_t \tag{42}$$

mit $Y_0 = 0$ ist, wobei W_t ein GAUSSscher Prozeß mit unabhängigen Zuwächsen

$$E\{W_t\} = 0 \quad \text{und} \quad E\{W_t W_t'\} = \int_0^t A[x(\tau)]\, d\tau \tag{43}$$

ist. Y_t genügt ebenfalls der ITO-Differentialgleichung

$$dY_t = \left.\frac{df}{dx}\right|_{x=x(t)} Y_t\, dt + N[x(t)]\, dU_t, \qquad N(x)\,[N(x)]' = A(x). \tag{44}$$

Übergangsdichte und Momente für Y_t lassen sich mit den Methoden aus Kapitel 3 aus (42) und (43) berechnen. Auf Grund dieses Resultates ist für genügend kleines ε der Prozeß $x(t\,\varepsilon) + \sqrt{\varepsilon}\; Y_{t\cdot\varepsilon}$ im Intervall $0 \leqq t \leqq \varepsilon^{-1} K$ eine Näherung für X_t. Hieraus kann man im Falle bestimmter asymptotischer Eigenschaften weitere Näherungen gewinnen. Gilt z. B. $\lim_{t\to\infty} x(t) = 0$, und gibt es einen stochastischen Prozeß Z_t mit $\lim_{t\to\infty} ||Z_t - Y_t|| \triangleq 0$, dann ist für genügend kleine ε und $t \cdot \varepsilon$ genügend groß $\sqrt{\varepsilon}\; Z_{t\cdot\varepsilon}$ eine Näherung für X_t^{ε}.

Diese Resultate werden von R. Z. Has'minskiĭ in [7] auf Differentialgleichungen mit

$$f(x, t, \omega) = g(x, t) + h(x, t)\, Z_t(\omega)\,,$$

bei denen g und h für festes x Θ-periodische Funktionen sind und Z_t ein stationärer Prozeß 2. Ordnung ist und auf Differentialgleichungen der Gestalt

$$\frac{d^2}{dt} X_t + \mu^2 X_t = \varepsilon \left[f\left(\frac{dX_t}{dt}, X_t, \nu\, t\right) + \varphi\left(\frac{d}{dt} X_t, X_t\right) Z_t \right]$$

bzw. der Gestalt

$$\frac{dX_t}{dt} = \varepsilon\, [Z_t^{(1)} X_t + Z_t^{(2)}]$$

angewendet.

Eine weitere Methode zur Behandlung von quasilinearen stochastischen Differentialgleichungen 2. Ordnung mit periodischen Koeffizienten und kleinem Parameter stellt die Störungsmethode dar, die von S. H. Crandall in [6] verwendet wurde und von V. I. Grišakov und S. N. Šimanov in [1] und [2] in allgemeiner Form begründet wurde.

Man betrachtet eine Differentialgleichung

$$\frac{d^2 X_t}{dt^2} + \varkappa^2 X_t = Z_t + \varepsilon\, \Phi\left(\frac{dX_t}{dt}, X_t, t, \varepsilon, \omega\right). \tag{45}$$

Dabei ist Z_t ein streng $2\,\pi$-periodischer Prozeß der Gestalt

$$Z_t = \sum_k [V_k \cos k\,t + W_k \sin k\,t]$$

mit zufälligen Koeffizienten V_k und W_k. $\Phi(\dot{x}, x, t, \varepsilon, \omega)$ ist eine Funktion der Gestalt

$$\Phi = \sum_l [A_l \cos l\,t + B_l \sin l\,t]\,,$$

wobei A_l und B_l Polynome in den Veränderlichen $\dot{x}$, x, ε mit zufälligen Koeffizienten sind.

Wir beschreiben den Fall, in dem $\varkappa$ nicht in der Nähe einer ganzen Zahl liegt (keine Resonanz). Der Resonanzfall wird von V. I. Grišakov und S. N. Šimanov in [1, II] untersucht. Es sei Z_t R-stetig auf $I = [0, 2\,\pi]$, und es existieren Konstanten K, H, h, M, so daß folgendes gilt:

$$Z_t \overset{T}{\leqq} K < \infty\,;$$

für $||\dot{x}|| \leqq \varkappa H$, $||x|| \leqq H$, $|\varepsilon| \leqq h$ ist

$$\sup_{t \in I} |\Phi(\dot{x}, x, t, \varepsilon, \omega)| \mathrel{\widehat{\leqq}} M \; ;$$

aus $\sup_{t \in I} |\Phi(\dot{x}, x, t, \varepsilon, \omega)| \leqq M$ folgen für ein $N > 0$ die Ungleichungen

$$\sup_{t \in I} \left| \frac{\partial}{\partial x} \Phi(\dot{x}, x, t, \varepsilon, \omega) \right| \leqq N , \qquad \sup_{t \in I} \left| \frac{\partial}{\partial \dot{x}} \Phi(\dot{x}, x, t, \varepsilon, \omega) \right| \leqq N .$$

Dann gibt es ein $\varepsilon_* > 0$, so daß für alle $|\varepsilon| \leqq \varepsilon_*$ eine eindeutige R-Lösung X_t^ε von (38) der Gestalt

$$X_t^\varepsilon = \sum_{h=0}^{\infty} [C_h \cos h\, t + D_h \sin h\, t] \tag{46}$$

mit zufälligen Koeffizienten C_h und D_h existiert, die eine Reihenentwicklung

$$X_t^\varepsilon = \sum_{m=0}^{\infty} Y_t^{(m)} \varepsilon^m$$

besitzt.

Die stochastischen Prozesse

$$Y_t^{(m)} = \sum_k [C_k^{(m)} \cos k\, t + D_k^m \sin k\, t]$$

sind dabei rekursiv bestimmbare streng $2\,\pi$-periodische R-Lösungen von linearen Differentialgleichungen

$$\frac{d^2 X_t^0}{dt^2} + \varkappa^2 X_t^{(0)} = Z_t , \qquad \frac{d^2 X^{(1)}}{dt^2} + \varkappa^2 X_t^{(1)} = \Phi(\dot{X}_t^{(0)}, X_t^{(0)}, t, 0, \omega) \tag{47}$$

usw.

Für kleines ε wird z. B. $X_t^{(0)} + \varepsilon X_t^{(1)}$ als Näherung für X_t^ε verwendet. Hiermit können Näherungen für die statistischen Charakteristiken von X_t^ε berechnet werden, z. B.

$$m^{X^\varepsilon}(t) \approx m^{X^{(0)}}(t) + \varepsilon\, m^{X^{(1)}}(t) ,$$

$$K^{X^\varepsilon}(t, s) \approx K^{X^{(0)}}(t, s) + \varepsilon [K^{X^{(0)}, X^{(1)}}(t, s) + K^{X^{(1)}, X^{(0)}}(t, s)] + \varepsilon^2 K^{X^{(1)}}(t, s) .$$

Die statistischen Charakteristiken $m^{X^{(i)}}$, $K^{X^{(i)}}$, $K^{X^{(0)} X^{(1)}}$ können mit den Methoden aus Kapitel 3 aus den linearen Differentialgleichungen (47) gewonnen werden.

LITERATUR

ADOMIAN, G.

[1] Linear stochastic operators. Rev. Modern Phys. **35** (1963), 185–207.
[2] Stochastic Green's functions. Proc. Symp. Appl. Math., Amer. Math. Soc. **16** (1964), 1–39.
[3] Linear Stochastic Operators. Academic Press, New York 1967.

AHMETKALIEV, T.

[1] Über Zusammenhänge zwischen der Stabilität stochastischer Differenzen- und Differentialsysteme [russ.]. Differencial'nye Uravnenija **1** (1965), 1016–1026.
[2] Stability of difference stochastic systems under constantly acting perturbations [russ.]. Differencial'nye Uravnenija **2** (1966), 1161–1169.

ALEKSANDROV, V. M., A. M. BATKOV, A. N. STAROVEROV, B. A. CUKIN

[1] Untersuchungen nichtlinearer nichtstationärer Systeme mit Hilfe der Methode der statistischen Linearisierung [russ.]. Avtomat. i Telemeh. **26**, 3 (1965).

ALIMOV, JU. I.

[1] Über eine Klasse von Wahrscheinlichkeitscharakteristiken erzwungener Lösungen von linearen Differentialgleichungen mit konstanten Koeffizienten [russ.]. Differencial'nye Uravnenija **4** (1968), 2184–2194.

ANDRONOV, A. A., L. S. PONTRJAGIN, A. A. VITT

[1] Über die statistische Betrachtung dynamischer Systeme [russ.]. Ž. Èksper. Teoret. Fiz. **3** (1933), 165–180.

AOKI, M.

[1] Optimization of Stochastic Systems. Academic Press, New York 1967.

ARIARATNAM, S. T.

[1] Random vibrations of non-linear suspensions. J. Mechanical Enggr. Sci. **2** (1960), 195–201.
[2] Response of a loaded nonlinear string for random excitation. Trans. ASME Ser. E, J. Appl. Mech. **29** (1962), 483–485.
[3] Dynamic stability of a column under random loading. Dynamic Stability of Structures. Proc. Internat. Conf., Pergamon, Oxford (1967), 267.

ARIARATNAM, S. T., P. GRAEFE

[1] Linear systems with stochastic coefficients, I, II, III. Internat. J. Control **2**, 1 (1965), 239–248, **2**, 2 (1965), 161–169, **2**, 3 (1965), 205–211.

ÅSTRÖM, K. J.

[1] On a first-order stochastic differential equation. Internat. J. Control **1** (1965), 301–326.

ATKINSON, J. D., T. K. CAUGHEY

[1] Spectral density of piecewise first oder systems excited by white noise. Internat. J. Nonlinear Mech. 3 (1968), 137–156.

[2] First order piecewise linear systems with random parametric excitation. Internat. J. Nonlinear Mech. 3 (1968), 399–411.

BABUŠKA, I.

[1] Random differential equations [tschech.]. Apl. Mat. 4 (1959), 227–232.

BARBAŠIN, E. A.

[1] Programmsteuerung von Systemen mit zufälligen Parametern [russ.]. Prikl. Mat. Meh. 25 (1961), 818–823.

[2] Einführung in die Theorie der Stabilität [russ.]. Nauka, Moskau 1967.

BARETT, J. F.

[1] Problems arising in the analysis of randomly disturbed nonlinear control systems. Ph. D. Thesis, Univ. of Cambridge, 1958.

[2] Application of Kolmogorov's equation to randomly disturbed automatic control systems. Proc. 1th Internat. Congr. IFAC, Moscow 1960.

BARETT, J. F., J. F. COALES

[1] An introduction to the analysis of nonlinear control systems with random inputs. Proc. IEE, part C, 109 (1956), Nr. 3.

BARTLETT, M. S.

[1] An Introduction to Stochastic Processes. Cambridge Univ. Press, Cambridge 1955.

BAUM, R. F.

[1] The correlation function of Gaussian noise passed through nonlinear devices. IEEE Trans. Information Theory IT-15 (1969), 448–457.

BELLACH, J.

[1] Lineare Differentialgleichungen, deren Koeffizienten von stationären stochastischen Prozessen abhängen. Dipl.-Arbeit Humboldt-Univ., Berlin 1966.

BELLMAN, R.

[1] Stability Theory of Differential Equations. McGraw-Hill, New York 1953.

[2] Kronecker products and the second method of Ljapunov. Math. Nachr. 20 (1959), 17–19.

[3] Stochastic transformations and functional equations. IEEE Trans. Automatic Control AC-7 (1962), Nr. 5.

[4] Perturbation Techniques in Mathematics, Physics and Engineering. Holt, Rinehart and Winston, New York 1964.

BELLMAN, R., R. KALABA

[1] The theory of dynamic programming and feedback control systems. Proc. 1th Internat. Congr. IFAC, Moscow 1961.

BELLMAN, R., J. M. RICHARDSON

[1] Self-consistent solutions of deterministic and stochastic nonlinear differential equations. Symp. on Nonlinear Vibrations, Kiew 1961, 10 S.

[2] Perturbation techniques. Proc. Internat. Symp. on Nonlinear Oscillations, Kiew 1962.

[3] Relative invariants, closure and stochastic differential equations. J. Math. Anal. Appl. 14 (1966), 294–296.

BENDAT, J. S.

[1] Principles and Applications of Random Noise Theory. Wiley, New York 1958.

BERGEN, A. R.

[1] Stability of systems with randomly time-varying parameters. IEEE Trans. Automatic Control AC-5 (1960), 265–269.

BERGMANN, P. G.

[1] Propagation of radiation in a medium with random inhomogeneities. Phys. Rev. 70 (1946), 486–492.

BERNSTEIN, S.

[1] Equations différentielles stochastiques. Actualités Sci. Indust. 738 (1938), 5–31.

BERTRAM, J. E., P. E. SARACHIK

[1] Stability of circuits with randomly time-varying parameters. IEEE Trans. Circuit Theory CT-6 (1959), 5, 260–270.

BHARUCHA, B. H.

[1] On the stability of randomly varying systems. Ph. D. Thesis, Dept. of Electrical Enggr., Univ. of California, Berkeley, July 1961.

BHARUCHA-REID, A. T.

[1] On random operator equations in Banach spaces. Bull. Acad. Polon. Sci. Sér. Sci. Math. Astronom. Phys. 7 (1959), 561–564.
[2] On random solutions of integral equations in Banach space. Trans. 2nd Prague Conf. Information Theory, 27–48 (Publ. House Czechoslovak. Acad. Sci., Prague 1960).
[3] Approximate solutions of random operator equations. Notices Amer. Math. Soc. 7 (1960), 361.
[4] Elements of the Theory of Markov Processes and their Applications. McGraw-Hill, New York 1960.
[5] On the theory of random equations. Proc. Symp. Appl. Math., Amer. Math. Soc. 16 (1964), 40–69.
[6] Random Integral Equations and their Applications. Academic Press, New York.

BLACKMAN, R. B., J. W. TUKEY

[1] The measurement of power spectra from the point of view of communications engineering. Bell System Tech. J. 37 (1958), 185–282. 485–569. Reprinted in book form by Dover, New York 1959.

BLAQUIÈRE, A.

[1] Nonlinear System Analysis. Academic Press, New York 1965.

BOGDANOFF, J. L.

[1] Influence on the behavior of a linear dynamical system of some imposed rapid motions of small amplitude. J. Acoust. Soc. Amer. 34 (1962), 1055–1062.

BOGDANOFF, J. L., S. J. CITRON

[1] On the stabilization of the inverted pendulum. Proc. 9th Midwestern Mechanics Conf. (1965).

BOGDANOFF, J. L., J. E. GOLDBERG

[1] On the transient behavior of a system under a random disturbance. 4th Middlewestern Conf. on Solid Mech., Univ. of Texas, Sept. 1959, 488–496.

BOGDANOFF, J. L., F. KOZIN

[1] Comment on "Reliability of aircraft structures in resisting chance failure". Operations Res. 9 (1961), 123–126.
[2] Moments of the output of linear random systems. J. Acoust. Soc. Amer. 34 (1962), 1063–1066.
[3] A comment on "The behavior of linear systems with random parametric excitation". J. Math. and Phys. 42 (1963), 336–337.

BOGOLJUBOV, N. N.

[1] Über einige statistische Methoden in der mathematischen Physik [russ.]. Izv. Akad. Nauk SSSR, Kiew 1945.

BOGOLJUBOV, N. N., J. A. MITROPOLSKI

[1] Asymptotische Methoden in der Theorie der nichtlinearen Schwingungen. Akademie-Verlag, Berlin 1965.

BOLOTIN, V. V.

[1] Statistische Methoden in der Baumechanik [russ.]. Iz. lit. po stroi., 1965.

BOOKER, H. G., W. E. GORDON

[1] A theory of radio scatterings in the toposphere. Proc. IRE 41 (April 1950).

BOOTON, B. C.

[1] The analysis of nonlinear control systems with random input. Proc. Symp. on Nonlinear Circuit Anal. 2 (1953), 369.
[2] Nonlinear control systems with random inputs. IEEE Trans. Circuit Theory CT-1 (1954), 9–18.

BOURRET, R. C.

[1] Stochastically perturbed fields, with applications to wave propagation in random media. Nuovo Cimento 26 (1962), 1–31.
[2] Propagation of randomly perturbed fields. Canad. J. Phys. 40 (1962), 782–790.
[3] Fiction theory of dynamical systems with noisy parameters. Canad. J. Phys. 43 (1965), 619–639.
[4] Examples of stochastic systems equivalent to second quantized systems. Canad. J. Phys. 44 (1966), 2519.

BOYCE, W. E.

[1] Random vibration of elastic strings and bars. Proc. 4th US Nat. Congr. Appl. Mech. (Univ. of California, Berkeley 1962) 1, 77–85, Amer. Soc. Mech. Engrs., New York 1962.
[2] Stochastic nonhomogeneous Sturm-Liouville problems. J. Franklin Inst. 282 (1966), 206–215.

BUCHAN, J. F., R. S. RAVEN

[1] Gain modulation of servomechanism. IRE Wescon Convention Record, p. 4, Aug. 1957.

BUCY, R. S.

[1] Stability and positive supermartingales. J. Differential Equations 1 (1965), 151–155.

BUNKE, H.

[1] Zur Stabilität stochastischer Differentialgleichungssysteme. Diss., Humboldt-Univ., Berlin 1963.

[2] Stabilität bei stochastischen Differentialgleichungssystemen. Z. Angew. Math. Mech. 43 (1963), 63—70.
[3] Über die fast sichere Stabilität linearer stochastischer Systeme. Z. Angew. Math. Mech. 43 (1963), 533—535.
[4] Zur Bestimmung der Stabilitätswahrscheinlichkeit stochastischer Systeme. Monatsb. Deutsch. Akad. Wiss. Berlin 5 (1963), 277—280.
[5] Über das asymptotische Verhalten von Lösungen linearer stochastischer Differentialgleichungssysteme. Z. Angew. Math. Mech. 45 (1965), 1—9.
[6] Über Probleme bei der Verallgemeinerung der direkten Ljapunovschen Methode zur Stabilitätsuntersuchung bei stochastischen Differentialgleichungen. Abh. Deutsch. Akad. Wiss. Berlin Kl. Math. Phys. Tech. (1965), 221—228.
[7] Bemerkungen zum asymptotischen Verhalten der Lösungen linearer stochastischer Differentialgleichungssysteme. Z. Angew. Math. Mech. 47 (1967), 64.
[8] Zum asymptotischen Verhalten der Lösungen im quadratischen Mittel von linearen stochastischen Differentialgleichungssystemen. Z. Angew. Math. Mech. 48 (1968), 70—71.
[9] On the stability of stochastic systems which depend on Markov processes. Proc. Fourth Conf. on Nonlinear Oscillations (held in Prague on Sept. 1967), Prague 1968, 131—135.
[10] Stabilität von linearen Differentialgleichungen mit Markovschen Koeffizienten. Monatsb. Deutsch. Akad. Wiss. Berlin 10 (1968), 406—411.
[11] Über die Wahrscheinlichkeit, daß der Phasenpunkt eines Systems bei zufälliger Beeinflussung in einem vorgegebenen Gebiet bleibt. Math. Nachr. 37 (1968), Heft 1/2.
[12] Zur exponentiellen Stabilität stochastischer Differentialgleichungssysteme mit periodischen Koeffizienten. Monatsb. Deutsch. Akad. Wiss. Berlin 11 (1969), 20—22.
[13] Über die Stabilitätseigenschaften im Mittel von Differentialgleichungssystemen mit stochastischen Parametern. Monatsb. Deutsch. Akad. Wiss. Berlin 12 (1970), 734 bis 740.
[14] On the stability of ordinary differential equations under persistent random disturbances. Z. Angew. Math. Mech., 51 (1971), 543—546.
[15] Statistische Linearisierung. Z. angew. Math. Mech., 52 (1972), 79—84.

CAŇ ČŽAN-CIAAŇ

[1] Über die Lösung des Randwertproblems bei stochastischen Differentialgleichungen [russ.]. Dopovidi Akad. Nauk Ukrain. RSR 11 (1962), 1421—1424.

ČANDRASEKAR, S.

[1] Stochastische Probleme in Physik und Astronomie [russ.]. Inostr. Lit., Moskau 1947.

ČANTLADZE, T. L.

[1] Über stochastische Differentialgleichungen im Hilbertraum [russ.]. Soobšč. Akad. Nauk Gruzin. SSR 23 (1964), 529—534.

CAR'KOV, E. F.

[1] On stochastic differential equations with retardation [russ.]. Latvijas PSR Zinātņu Akad. Vēstis Fiz. Tehn. Zinātņu Sēr. (1966), 2, 57—64.
[2] Nichtlineare Schwingungssysteme mit konstanter Retardierung unter der Wirkung von Zufallskräften [russ.]. Latvijas mat. Ežegodnik, Riga 3 (1968), 337—346.
[3] On the stability of linear stochastic differential equation of second order with delay [russ.]. Latvijas mat. Ežegodnik, Riga 4 (1968), 369—387.

CARKOVS, J.

[1] The stability of second order linear stochastic differential equation with lag [russ.]. Latvian Math. Yearbook 4 [russ.], S. 369—387, Izdat. „Zinatne", Riga 1968.

Carrier, G. F.

[1] On the non-linear vibration problem of the elastic string. Quart. Appl. Math. 3 (1945), 157–165.

Caughey, T. K.

[1] Response of a nonlinear string to random loading. Trans. ASME Ser. E, J. Appl. Mech. 26 (1959), 341–344.
[2] Response of Van der Pol's oscillator to random excitation. Trans. ASME Ser. E, J. Appl. Mech. 26 (1959), 345–348.
[3] Random excitation of a system with bilinear hysteresis. Trans. ASME Ser. E, J. Appl. Mech. 27 (1960), 649–652.
[4] Random excitation of loaded nonlinear string. Trans. ASME Ser. E, J. Appl. Mech. 27 (1960), 575–578.
[5] Comments on "On the stability of random systems". J Acoust. Soc. Amer. 32 (1960), 1356.
[6] Derivation and application of the Fokker-Planck equation to discrete nonlinear dynamic systems subjected to white random excitation. J. Acoust. Soc. Amer. 35 (1963), 1683 bis 1692.
[7] Equivalent linearization techniques. J. Acoust. Soc. Amer. 35 (1963), 1706–1711.
[8] On the response of a class of nonlinear oscillators to stochastic excitation. Colloques Internationaux du Centre National de la Recherche Scientifique, Marseille 1964. Ed. du Centre National de la Recherche Scientifique, Paris, 1965, Nr. 148, 393–405.
[9] Note on "Response of a loaded nonlinear string to random excitation" (Trans. ASME Ser. E, J. Appl. Mech. 29 (1962), 483–485). Trans. ASME Ser. E, J. Appl. Mech. 30 (1963), 634–636.

Caughey, T. K., J. K. Dienes

[1] Analysis of a nonlinear first-order system with a white noise input. J. Appl. Phys. 32 (1961), 2476–2479.
[2] The behavior of linear systems with random parametric excitation. J. Math. and Phys. 41 (1962), 300–318.

Caughey, T. K., A. H. Gray, Jr.

[1] On the almost sure stability of linear dynamic systems with stochastic coefficients. Trans. ASME Ser. E, J. Appl. Mech. 32 (1965), 365–372.
[2] A controversy in problems involving random parametric excitation. J. Math. and Phys. 44 (1965), 288–296.

Caughey, T. K., H. J. Paine

[1] On the response of a class of self-excited oscillators to stochastic excitation. Internat. J. Non-linear Mech. 2 (1967), 125–151.

Caughey, T. K., H. J. Stumpf

[1] Transient response of a dynamic system under random excitation. Trans ASME Ser. E, J. Appl. Mech. 28 (1961), 563.

Čelpanov, I. B.

[1] Schwingungen eines Systems zweiter Ordnung bei zufällig veränderlichen Parametern. Prikl. Mat. Meh. 26 (1962), 762–766.

Čerenkov, A. P.

[1] A control by a single switching operation when small random perturbations are present [russ.]. Teor. Verojatnost. i Primenen. 9 (1964), 277–290 (Translated by B. Seckler).

Černeckiĭ, V. I.

[1] Bestimmung der Wahrscheinlichkeitsverteilungsfunktion am Ausgang nichtlinearer automatischer Steuerungssysteme [russ.]. Izv. Akad. Nauk SSSR, OTN Ser. Ènerget. i Avtomat. (1961), 85–91.

Cesari, L.

[1] Asymptotic Behaviour and Stability Problems in Ordinary Differential Equations. Springer, Berlin 1959.

Chen Wang, Paul Keng

[1] Stabilisé à une classe de systèmes stochastiques linèaires. C.R. Acad. Sci. Paris 263 (1963), 467–469.

Chernov, L. A.

[1] Wave Propagation in a Random Medium. McGraw-Hill, New York 1960.

Chung, K.

[1] A study of state spaces and conditional probability distributions of a class of distributed parameter stochastic systems. Internat. J. Control 5 (1967), 171–177.

Chung, K., L. F. Kazda

[1] A study of nonlinear systems with random inputs. Trans. AIEE Applications and Industry (1959), 42, 100–105.

Clark, J. M. C.

[1] The representation of nonlinear stochastic systems with applications to filtering. Ph. D. Thesis Univ. London Imp. Coll. (1966).

Clifton, J., A. Cemal

[1] On stochastic linear systems. J. Math. and Phys. 38 (1959), 83–103.

Coddington, E. A., N. Levinson

[1] Theory of Ordinary Differential Equations. McGraw-Hill, New York 1955.

Coleman, J. J.

[1] Reliability of aircraft structures in resisting chance failure. Operations Res. 7 (1959), 639–645.

Cox, H.

[1] On the estimation of state variables and parameters for noisy dynamic systems. IEEE Trans. Automatic Control (1969), 5.

Cramér, H.

[1] On extreme values of certain stochastic processes. Bull. Amer. Math. Soc. 68 (1962), 512–516.

Cramér, H., M. R. Leadbetter

[1] Stationary and Related Stochastic Processes. Wiley, New York 1967.

Crandall, S. H.

[1] (ed.) Random Vibration. Technology Press and Wiley, New York 1958.
[2] Random vibration of system with nonlinear restoring forces. Proc. Internat. Symp. on Nonlinear Oscillations, Kiew 1961.

[3] The envelope of random vibration of a lightly-damped nonlinear oscillators. Proc. 2nd Conf. Nonlinear Vibrations, Warschau 1962.
[4] Random vibration of a nonlinear system with a set-up-spring. Trans. ASME Ser. E, J. Appl. Mech. 29 (1962), 477–482.
[5] Zero crossings, peaks, and other statistical measures of random responses. J. Acoust. Soc. Amer. 35 (1963), 1693–1699.
[6] Perturbation techniques for random vibration of nonlinear systems. J. Acoust. Soc. Amer. 35 (1963), 1700–1705.

Crandall, S. H., W. D. Mark

[1] Random Vibration in Mechanical Systems. Academic Press, New York 1963.

Cumming, I. G.

[1] Derivation of the moments of a continuous stochastic system. Internat. J. Control 5 (1967), 85–90.

Curry, R. E., W. E. van der Velde

[1] An extended criterion for statistical linearization. IEEE Trans. Automatic Control (1970), 106–108.

Curtis, A. J., T. R. Boykin, Jr.

[1] Response of two-degree-of-freedom systems to white noise base excitation. J. Acoust. Soc. Amer. 33 (1961), 655–663.

Dambis, K. Z.

[1] Stochastische Integralgleichungen im Hilbertraum [russ.]. Diploma thesis, Moscow State Univ. 1959.

Dashevski, M. L., R. Sh. Lipster

[1] Simulation of stochastic differential equations connected with the "disorder" problem by means of analog computers. Automat. Remote Control 27 (1966), 665–673.

Davenport, W. B., W. L. Root

[1] An Introduction to the Theory of Random Signals and Noise. McGraw-Hill, New York 1958.

Demuch, V. I.

[1] Näherungsmethoden zur Analyse der Genauigkeit nichtlinearer Systeme [russ.]. Avtomat. i Telemeh. 26 (1965), Nr. 6.
[2] Näherungsmethoden zur Bestimmung der Korrelationsfunktion nichtlinearer dynamischer Systeme [russ.]. Avtomat. i Telemeh. 30 (1969), 30–35.

Dienes, J. K.

[1] Some applications of the theory of continuous Markov processes to random oscillation problems. Ph. D. Thesis, California Inst. of Technol. 1961.

Dimentberg, M. F.

[1] Schwingungen nichtlinearer Systeme mit einem Freiheitsgrad bei Einwirkung einer zufälligen Kraft und zufälliger Veränderung der Eigenfrequenz [russ.]. Inj. Jurn. MTT (1966), Nr. 4, 176–178.
[2] Amplituden-Frequenzcharakteristik eines Systems mit zufällig veränderlichen Parametern [russ.]. Inj. Jurn. MTT (1966), Nr. 2, 178–182.
[3] Zur Frage nach den Schwingungen eines Systems mit nichtlinearer Charakteristik unter der Wirkung einer zufälligen Kraft [russ.]. Prikladna. Meh. II (1966), 10–15.

[4] Subharmonische Resonanz in einem System mit zufälliger Veränderung der Eigenfrequenz [russ.]. Prikl. Mat. Meh. **31** (1967), 747–748.
[5] Bestimmung der statistischen Charakteristiken linearer dynamischer Systeme auf Grund der Messung ihrer Bewegung [russ.]. Prikl. Mat. Meh. **31** (1967), 1089–1094.

DIMENTBERG, M. F., K. W. FROLOV
[1] Der Sommerfeldsche Effekt in einem System mit zufällig veränderlicher Eigenfrequenz [russ.]. Dokl. Akad. Nauk SSSR **171** (1966), 1293–1296.

DINCĂ, F., C. TEODOSIU
[1] Vibraţii neliniare şi aleatoare. Edit. Academ. Repub., Bucureşti 1969.

DMITRIEV, S. P.
[1] Über die Invarianz von Systemen mit zufälliger Störfunktion [russ.]. Izv. Akad. Nauk SSSR, OTN Ser. Ènerget. i Avtomat. (1961), 149–152.

DOOB, J. L.
[1] Stochastic Processes. Wiley, New York 1953.

DOROGEVCEV, A. JA.
[1] Einige Bemerkungen über Differentialgleichungen, die durch einen periodischen stochastischen Prozeß gestört sind [russ.]. Ukrain. Mat. Ž. **14** (1962), 119–128.

DOSTUPOV, B. G.
[1] Näherungsweise Bestimmung der Wahrscheinlichkeitscharakteristik der Ausgangskoordinaten eines nichtlinearen Systems [russ.]. Avtomat. i Telemeh. **18** (1957), 999.

DOSTUPOV, B. G., V. S. PUGAČEV
[1] Gleichungen zur Bestimmung des Verteilungsgesetzes eines Integrals von Differentialgleichungssystemen [russ.]. Avtomat. i Telemeh. **18** (1957), Nr. 4.

DOWSON, D. C.
[1] On the linear control of a linear system having a normal stationary stochastic input. J. Roy. Statist. Soc. Ser. B **30** (1968), 381–395.

DREXLER, J., O. KROPAČ
[1] One class of nonlinear stochastic differential equations characterized by random excitation. Proc. 12th Internat. Congr. Appl. Mech., Stanford Univ. 1968, 179–191 (1969).

DYN, H.
[1] Stationary measures for the flow of a linear differential equation driven by white noise. Trans. Amer. Math. Soc. **123** (1966), 130–164.

DYNKIN, E. B.
[1] Markovsche Prozesse [russ.]. Fizmatgiz, Moskau 1963.

EDWARDS, D. A., J. E. MOYAL
[1] Stochastic differential equations. Proc. Cambridge Philos. Soc. **51** (1955), 663–677.

ELLISON, T. H.
[1] The propagation of sound waves through a medium with very small random variations of refractive index. J. Atmos. and Theor. Phys. **2** (1951).

EVLANOV, L. G., I. E. KAZAKOV

[1] Statistische Untersuchung nichtlinearer selbstschwingender stationärer Systeme [russ.]. Avtomat. i Telemeh. 30 (1969), 18–26.
[2] Statistische Untersuchung nichtlinearer selbstschwingender stationärer Systeme [russ.]. Avtomat. i Telemeh. 31 (1970), 45–53.

FEINSTEIN, J.

[1] Some stochastic problems in wave propagation II. IEEE Trans. Antennas and Propagation AP-2 (1954), 23–30.

FORD, G., M. KAC, P. MAZUR

[1] Statistical mechanics of assemblies of coupled oscillators. J. Mathematical Phys. 6 (1965), 504–515.

FRIEDLAND, B., F. E. THAU, P. E. SARACHIK

[1] Stability problems in randomly excited dynamic systems. Proc. 1966 Joint Automatic Control Conf., Seattle 1966, 848–861.

FRISCH, U.

[1] Wave propagation in random media. I: A theory of multiple scattering. Institut d'Astrophysique, Paris 1965.
[2] Wave propagation in random media. II: Multiple scattering by N bodies. Institut d'Astrophysique, Paris 1965.
[3] Sur la résolution des équations différentielles stochastiques à coefficients Markoviens. C. R. Acad. Sci. Paris Sér. A 262 (1966), 762–765.
[4] Wave Propagation in Random Media. Probabilistic Methods in Applied Mathematics. Ed. by A. T. Bharucha-Reid, Vol. 1, Academic Press, New York, London 1968.

FULLER, A. T.

[1] Optimization of nonlinear control systems with random inputs. J. Electronic Control 9 (1960), 5.
[2] Analysis of nonlinear stochastic systems by means of the Fokker-Planck equation. Internat. J. Control 9 (1969), 603–655.

GABASOV, R.

[1] Über die Stabilität stochastischer Systeme mit kleinen Parametern bei den Ableitungen [russ.]. Uspehi Mat. Nauk 20, 1 (1965), 189–196.

GANIN, I. A.

[1] Hinreichende Bedingungen für die Stabilität in Wahrscheinlichkeit von Regelungssystemen mit veränderlicher Struktur [russ.]. Dokl. Akad. Nauk SSSR 183 (1968), 801–802.

GANTMACHER, F. R.

[1] Matrizenrechnung. Deutscher Verlag der Wissenschaften, Berlin 1958.

GERMAIDZE, V. E., I. JA. KAC

[1] A problem of stability in the first approximation for stochastic systems [russ.]. Ural. Politehn. Inst. Sb. 139 (1964), 27–35.

GETOOR, R. K.

[1] Markov processes and potential theory. Stochastic Differential Equations. Lecture Series in Differential Equations, Session 7, Catholic Univ., March 1967.

GIHMAN, I. I.

[1] Zur Theorie der Differentialgleichungen zufälliger Prozesse [russ.]. Ukrain Mat. Ž. 2, 3 (1950), 45–69.
[2] Differentialgleichungen mit zufälligen Funktionen [russ.]. Zimnea scola po teorii verojatnostei i matematicieskoi statistike, Kiev, AN USSR (1964), 41–86.
[3] Über die Stabilität von Lösungen stochastischer Differentialgleichungen. Sbornik: „Grenzwertsätze und stochastische Ausgänge" [russ.]. Taskent, Izd. „Fan" Uzb., 1966, 14–45.

GIHMAN, I. I., A. JA. DOROGEVCEV

[1] Über die Stabilität der Lösungen stochastischer Differentialgleichungen [russ.]. Ukrain. Mat. Ž. 17, 6 (1965), 3–21.

GIHMAN, I. I., A. V. SKOROHOD

[1] Einführung in die Theorie der zufälligen Prozesse [russ.]. Nauka, Moskau 1965.
[2] Stochastische Differentialgleichungen [russ.]. Naukova dumka, Kiev 1968.

GILOI, W.

[1] Simulation und Analyse stochastischer Vorgänge. R. Oldenbourg, München–Wien 1967.

GOLDSTEIN, J. A.

[1] An existence theorem for linear stochastic differential equations. J. Differential Equations 3 (1967), 78–87.

GRAEFE, P. W. U.

[1] On the stabilization on unstable linear systems by white noise coefficient variations. Ing.-Arch. 35 (1966), 276–282.

GRAY, A. H., JR.

[1] Stability and related problems in randomly exited systems. Ph. D. Thesis, Calif. Inst. Technol. 1964.
[2] First-passage time in a random vibrational system. Trans. ASME Ser. E, J. Appl. Mech. 32 (1965), 187–191.
[3] Behavior of linear systems with random parametric excitation. J. Acoust. Soc. Amer. 37 (1965), 235–239.
[4] Uniqueness of steady-state solutions to the Fokker-Planck equation. J. Mathematical Phys. 6 (1965), 644–647.
[5] Frequency dependent almost sure stability conditions for a parametrically excited random vibrational system. Trans. ASME Ser. E, J. Appl. Mech. 34 (1967), 1017–1019.

GRAY, A. H., JR., T. K. CAUGHEY

[1] A controversy in problems involving random parametric excitation. J. Math. and Phys. 44 (1965), 288–296.

GRIŠAKOV, V. I., S. N. ŠIMANOV

[1] The existence of random periodic regimes for quasi linear stochastic differential equations [russ.]. Izv. Vysš. Učebn. Zaved. Matematika (1967) 5, 13–21 (I); 12, 20–26 (II).
[2] Über die Frage nach der Existenz von zufälligen periodischen Lösungen linearer stochastischer Differenzen- und Differentialsysteme [russ.]. Differencial'nye Uravnenija 4 (1968), 675–680.

GROSSBERG, S.

[1] On the global limits and oscillations of a system of nonlinear differential equations describing a flow on a probabilistic network. J. Differential Equations 5 (1969), 531 to 563.

GUSEV, M. I.

[1] Investigation of nonlinear unsteady-state systems which are acted upon by discontinuous random disturbances [russ.]. Avtomat. i Telemeh. 22 (1961), 1593–1600.

HAFNER, E.

[1] The effects of noise in oscillators. Proc. IEEE 54 (1966), 179–198.

HAHN, W.

[1] Stability of Motion. Springer, Berlin 1967.

HAS'MINSKIĬ, R. Z.

[1] Ergodic properties of recurrent diffusion processes and stabilization of the solution to the Cauchy problem for parabolic equations [russ.]. Teor. Verojatnost. i Primenen. 5 (1960), 196.

[2] On the stability of the trajectories of Markov processes [russ.]. Prikl. Mat. Meh. 26 (1962), 1554.

[3] Über die Arbeitsweise selbstschwingender Systeme unter dem Einfluß kleinen Rauschens [russ.]. Prikl. Mat. Meh. 27 (1963), 683–688.

[4] Über das Mittelungsprinzip für parabolische und elliptische Differentialgleichungen und Markovsche Prozesse mit kleiner Diffusion [russ.]. Teor. Verojatnost. i Primenen. 8 (1963), 3–25.

[5] Über Gleichungen mit zufälligen Störungen [russ.]. Teor. Verojatnost. i Primenen. 10 (1965), 394–397.

[6] Über die Stabilität von Systemen bei konstant wirkenden zufälligen Störungen [russ.]. Teorija peredači informacii, Opoznanije Obrazov, Sb. „Nauka", Moskau (1965), 74–87.

[7] Über zufällige Prozesse, die durch Differentialgleichungen mit kleinen Parametern definiert sind [russ.]. Teor. Verojatnost. i Primenen. 11 (1966), 240–259.

[8] Grenzwertsätze für Lösungen von Differentialgleichungen mit zufälliger rechter Seite [russ.]. Teor. Verojatnost. i Primenen. 11 (1966), 444–461.

[9] Über die Stabilität von nichtlinearen stochastischen Systemen [russ.]. Prikl. Mat. Meh. 30 (1966), 915–921.

[10] Bemerkungen über den Artikel von M. C. Šur „Über lineare Differentialgleichungen mit zufällig gestörten Parametern" [russ.]. Izv. Akad. Nauk SSSR Ser. Mat. (1966), 1311–1314.

[11] Einige Grenzwertsätze für Lösungen von Differentialgleichungen mit zufälliger rechter Seite [russ.]. Dokl. Akad. Nauk SSSR 168 (1966), 755–762.

[12] Notwendige und hinreichende Bedingungen für die asymptotische Stabilität linearer stochastischer Systeme [russ.]. Teor. Verojatnost. i Primenen. 12 (1967), 167–172.

[13] Über die Stabilität nach der ersten Näherung bei stochastischen Systemen [russ.]. Prikl. Mat. Meh. 31 (1967), 1021–1027.

[14] Stabilität von Differentialgleichungssystemen bei zufälliger Beeinflussung ihrer Parameter [russ.]. Izdat. „Nauka", Moskau 1969.

[15] Über das Mittelungsprinzip für stochastische Ito-Differentialgleichungen. Kybernetika Čislo, Ročnik 4 (1968), 260–279.

HASSELMANN, K.

[1] Über zufallserregte Schwingungssysteme. Z. Angew. Math. Mech. 42 (1962), 965.

HAZEN, È. M.

[1] Die Bestimmung der Wahrscheinlichkeitsdichte für zufällige Prozesse in Systemen mit Nichtlinearitäten vom stückweise linearen Typ [russ.]. Izv. Akad. Nauk SSSR, OTN, Ser. Ènerge . i Avtomat. (1961), Nr. 3, 58.
[2] Bestimmung der Wahrscheinlichkeitsverteilung und Momente erster Ordnung von einem zufälligen Prozeß am Ausgang eines wesentlich nichtlinearen Systems [russ.]. Teor. Verojatnost. i Primenen. **6** (1961), 130.
[3] Estimating the probability density for random processes in systems with nonlinear reformers of the piecing-linear type [russ.]. Teor. Verojatnost. i Primenen. **6** (1961), 234–242.

HIŽNJAK, V. N.

[1] On the stability of systems of stochastic difference-differential equations [russ.]. Latvijas mat. Ežegodnik, Riga **4** (1968), 343–348.

HOFFMAN, W. C.

[1] Wave propagation in a general random continuous medium. Proc. Symp. Appl. Math., Amer. Math. Soc. **16** (1964), 117–144.
[2] Electromagnetic wave propagation in a random medium. Radio Sci. **68D** (1964), 455–459.

HUNTLEY, E.

[1] The response analysis of linear systems with stationary random inputs, via the system autocorrelation function. Internat. J. Control **10** (1969), 1–12.
[2] The serial matrix technique applied to the analysis of linear systems with stationary random inputs. Internat. J. Control **10** (1969), 13–27.

INFANTE, E. F.

[1] On the stability of some linear nonautonomous random systems. Trans. ASME Ser. E, J. Appl. Mech. **35** (1968), 7–12.

IRŽINA, M.

[1] Ordinary differential or difference equations with random coefficients and random right-hand side [russ.]. Czechoslovak Math. J. **12** (87) (1962), 457–474.
[2] Harmonisable solutions of ordinary differential equations with random coefficients and random right-hand side [russ.]. Czechoslovak Math. J. **13** (88) (1963), 360–371.

ISAAC, M. G., F. T. DEBUONO

[1] Deterministic and stochastic response of linear time variable systems. IEEE Trans. Electronic Computers (1963), 532–540.

ITÔ, K.

[1] Stochastic integral. Proc. Imp. Acad. Tokyo **20** (1944), 519–524.
[2] On a formula concerning stochastic differentials. Nagoya Math. J. **3** (1951), 55.
[3] On stochastic differential equations. Mem. Amer. Math. Soc. **4** (1951).

JAGLOM, A. M.

[1] Einführung in die Theory stationärer Zufallsfunktionen. Akademie-Verlag, Berlin 1959.

JONES, R. V., C. W. MCCOMBIE

[1] Brownian fluctuations in galvanometer and galvanometer amplifiers. Phil. Trans. **A 244** (1951–52), 205–230.

KAC, I. JA.

[1] On the stability of stochastic systems in the large [russ.]. Prikl. Mat. Meh. **28** (1964), 366–372.
[2] Über die Stabilität nach der ersten Näherung von Systemen mit zufälligen Parametern [russ.]. Matem. Zapiski Ur GU **3**, 1 (1965), 43–52.
[3] Umkehrung des Theorems über die asymptotische Stabilität stochastischer Systeme [russ.]. Ural. Gos. Univ. Mat. Zap. (1965), 43–51.
[4] Über die Stabilität nach der ersten Näherung von Systemen mit zufälliger Retardierung [russ.]. Prikl. Mat. Meh. **31** (1967), 447–452.

KAC, I. JA., N. N. KRASOVSKIĬ

[1] Über die Stabilität von Systemen mit zufälligen Parametern [russ.]. Prikl. Mat. Meh. **24** (1960), 809–823.

KALMAN, R. E.

[1] Analysis and synthesis of linear systems operating on randomly sampled data. Ph. D. Thesis, Columbia Univ., New York 1957.
[2] Control of randomly varying linear dynamical systems. Proc. Symp. Appl. Math., Amer. Math. Soc. **13** (1962), 287–298.

KALMAN, R. E., J. E. BERTRAM

[1] Control system analysis and design via the "second method" of Ljapunov. Trans. ASME, J. of Basic Eng. Ser. D 82 (1960), 371–393.

KAMPÉ DE FÉRIET, J.

[1] Random integrals of differential equations. Lectures on Modern Mathematics (T. L. Saaty, ed.) Vol. III, pp. 277–321. Wiley, New York 1965.

KAPLAN, K. R., J. SKLANSKY

[1] Analysis of Markov chain models of adaptive processes. Report No. AMRL-TR-65-3, RCA Laboratories, Princeton, New Jersey 1965.

KAZAKOV, I. E.

[1] Approximate probability analysis of the operation of essentially nonlinear automatic systems [russ.]. Avtomat. i Telemeh. **17** (1956), Nr. 5.
[2] Eine Verallgemeinerung der Methode der statistischen Linearisierung auf mehrdimensionale Nichtlinearitäten [russ.]. Avtomat. i Telemeh. **26** (1965), 1210–1215.
[3] Bestimmung des Verteilungsgesetzes nichtlinearer veränderlicher stochastischer Systeme [russ.]. Avtomat. i Telemeh. **26** (1965), Nr. 11.
[4] Algorithmen zur Bestimmung der Wahrscheinlichkeitsdichte der Phasenkoordinaten nichtlinearer stochastischer Systeme [russ.]. Avtomat. i Telemeh. **30** (1969), Nr. 5.

KAZAKOV, I. E., B. G. DOSTUPOV

[1] Statistische Dynamik nichtlinearer automatischer Systeme [russ.]. Fizmatgiz, Moskau 1962.

KELLER, J. B.

[1] Wave propagation in random media. Proc. Symp. Appl. Math., Amer. Math. Soc. **13** (1962), 227–246.
[2] Stochastic equations and wave propagation in random media. Proc. Symp. Appl. Math., Amer. Math. Soc. **16** (1964), 145–170.

KIRIČENKO, N. F., A. A. MARTYNJUK

[1] Wahrscheinlichkeitsabschätzung von Lösungen eines linearen Differentialgleichungssystems mit zufälligen Koeffizienten [russ.]. Differencial'nye Uravnenija **4** (1968), 664–667.

[2] Hinreichende Kriterien für die Stabilität von Lösungen nichtlinearer stochastischer Differentialgleichungen im endlichen Zeitintervall [russ.]. Matem. fizika 6 (1969), 93–98, Naukova dumka, Kiev 1969.

Koivo, A. J., R. I. Stoller

[1] On least squares estimation in nonlinear dynamical systems with time delay. 1968 Joint Automatic Control Conf. (Univ. of Michigan, Ann Arbor, Mich. 1968), 116–122, Inst. Electr. Electron. Engineers, New York 1968.

Kolomiec, V. G.

[1] Parametrische Wirkung einer nichtlinearen Kraft auf ein nichtlineares Schwingungssystem [russ.]. Ukrain. Mat. Ž. 14 (1962), 211–214.
[2] Über parametrische zufällige Einwirkung auf lineare und nichtlineare Schwingungssysteme [russ.]. Ukrain. Mat. Ž. 15 (1963), 199–204.
[3] Über die Wirkung zufälliger Kräfte auf nichtlineare Schwingungssysteme (Sb. „Näherungsmethoden zur Lösung von Differentialgleichungen") [russ.]. Izv. Akad. Nauk SSSR, Kiew 1963.
[4] Nichtlineare Schwingungssysteme bei verschiedenen zufälligen Einwirkungen (Trudy Sem. Math. Physik und Nichtlineare Schwingungen, Bd. 1) [russ.]. Izv. Akad. Nauk SSSR, Kiew 1963.
[5] Parametrische zufällige Schwingungen in linearen und nichtlinearen Systemen [russ.]. Sbornik Dokl. Tashkentsk, politechn. in-ta 6 (1964), 49–59.
[6] Zufällige Schwingungen von quasilinearen Systemen. Abh. Deutsch. Akad. Wiss. Berlin Kl. Math. Phys. Tech. (1965), 61–66.
[7] Zufällige Schwingungen nichtautonomer quasilinearer stochastischer Systeme [russ.]. Ukrain. Mat. Ž. 20 (1968), 388–395.

Kolomiec, V. G., D. G. Korenevskiĭ

[1] Über die Erregung von Schwingungen in nichtlinearen Systemen mit zufälliger Retardierung [russ.]. Ukrain. Mat. Ž. 18 (1966), 51–57.
[2] Einige Probleme der Theorie der nichtlinearen Schwingungen von quasilinearen Systemen mit zufälliger Retardierung [russ.]. Matem. fizika 3 (1967), 91–113, Naukova dumka, Kiev 1967.

Kolomiec, V. G., L. M. Porhun

[1] Zufällige Schwingungen elastischer nichtlinearer Systeme mit verteilten Parametern [russ.]. Matem. fizika 5 (1968), 103–108, Naukova dumka, Kiev 1968.

Koronkevič, O. I.

[1] Lineare dynamische Systeme unter zufällig einwirkenden Kräften [ukrain.]. Naukovi zapiski L'vivsk. derj. univ. 44 (1957), Nr. 8, 175–183.
[2] Resonanz in linearen dynamischen Systemen bei zufällig einwirkenden Kräften [ukrain.]. Naukovi zapiski L'vivsk. derj. univ. 44 (1957), Nr. 8, 184–194.
[3] Ergodensätze für nichtstationäre Ausgangsfunktionen [ukrain.]. DAN URSR (1957), Nr. 3, 231–233.
[4] Ergodeneigenschaften der Ausgangsfunktionen am Ausgang linearer dynamischer Systeme [ukrain.]. DAN URSR (1958), Nr. 8, 810–813.
[5] Lösungen linearer Differentialgleichungssysteme mit zufälligen freien Gliedern [russ.]. Izv. vys. učeb. zaved. (1961), Nr. 2, 63–74.

Kotel'nikov, V. A.

[1] Theory of Potential Noise Stability [russ.]. Gosenergoizdat 1957.

Kožešnik, J.

[1] Random vibration. Proc. Fifth Conf. on Dynamics of Machines, Liblice near Prague 1968.

Koževnikov, Ju. V.

[1] On optimization in the mean of linear systems with random parameters [russ.]. Optimal Systems of Automatic Control [russ.]. (1967), 145—152, Izdat. „Nauka", Moskau.

Kozin, F.

[1] On almost sure stability of linear systems with random coefficients. J. Math. and Phys. 42 (1963), 59—66.
[2] On relations between moment properties and almost sure Ljapunov stability for linear stochastic systems. J. Math. Anal. Appl. 10 (1965), 342—353.
[3] On almost sure asymptotic sample properties of diffusion processes defined by stochastic differential equations. J. Math. Kyoto Univ. 4—3 (1965), 515—528.
[4] Stability of stochastic systems. Proc. Internat. Congr. IFAC, Paper 3A, London 1966.
[5] A survey of stability of stochastic systems. Automatica, Internat. J. Automat. Control Automation 5 (1969), 95—112.

Kozin, F., J. L. Bogdanoff

[1] A comment on "The behavior of linear systems with random parametric excitation". J. Math. and Phys. 42 (1963), 336—337.

Kraichnan, R. H.

[1] Dynamics of nonlinear stochastic systems. J. Mathematical Phys. 2 (1961), 124—148.

Krasovskiĭ, A. A.

[1] Entropy stability of dynamic systems [russ.]. Avtomat. i Telemeh. 26 (1965), 545—547.
[2] Hinreichende Bedingungen für die statistische Stabilität einer Bewegung [russ.]. Izv. Akad. Nauk SSSR, Tehn. Kibernet. 2 (1966), 107—113.
[3] Statistische Theorie der Übergangsprozesse in Steuerungssystemen [russ.]. „Nauka", Moskau 1968.

Krasovskiĭ, N. N.

[1] Einige Probleme aus der Theorie der Stabilität einer Bewegung [russ.]. Fizmatgiz, Moskau 1959.
[2] On optimal control in the presence of random disturbances [russ.]. Prikl. Mat. Meh. 24 (1960), Nr. 1.
[3] A problem in tracking [russ.]. Prikl. Mat. Meh. 26 (1962), 218—232.
[4] Über die mittlere quadratische optimale Stabilisation bei zufälligen abklingenden Störungen [russ.]. Prikl. Mat. Meh. 25 (1961), 806—817.
[5] The problem of the quality of the stability of processes in systems with random parameters [russ.]. Proc. 4th All-Unions Math. Congr. (Leningrad 1961) 2 (1964), 451—456, Izdat. „Nauka", Leningrad.
[6] Über eine Eigenschaft linearer stabiler Systeme, die vollständig durch zufällige Einwirkung gesteuert werden [russ.]. Differencial'nye Uravnenija 1 (1965), 145—152.

Krasovskiĭ, N. N., E. A. Lidskiĭ

[1] Analytic design of control systems with random properties [russ.]. Avtomat. i Telemeh. 22 (1961), 911.

Kropač, O., J. Drexler

[1] An analogy study of random parametric vibration of a nonlinear dynamic second order system. Proc. Fourth Conf. on Nonlinear Oscillations, Prague Sept. 1967, 349—359

Kubo, R.

[1] Stochastic Liouville equation. J. Mathematical Phys. 4 (1963), 174—183.

KULMAN, N. K.

[1] A note on the differential equations of conditional probability density functions. J. Math. Anal. Appl. 14 (1966), 301–308.

KUSHNER, H. J.

[1] On the stability of stochastic dynamical systems. Proc. Nat. Acad. Sci. USA 53 (1965), 8–12.
[2] Stochastic stability and the design of feedback controls. Proc. Polytech. Inst. of Brooklyn Symp. on System Theory, 1965.
[3] On the stochastic maximum principle with average constraints. J. Math. Anal. Appl. 12 (1965), 13–20.
[4] Some problems and some recent results in stochastic control. Proc. 1965 IEEE Internat. Convention Part 6 (1965), 108–116.
[5] On the construction of stochastic Ljapunov functions. IEEE Trans. Automatic Control AC-10 (1965), 477–478.
[6] On the status of optimal control and stability for stochastic systems. Proc. 1966 IEEE Internat. Convention (1966), 143–151.
[7] Finite time stochastic stability and the analysis of tracking systems. IEEE Trans. Automatic Control AC-11, 2 (1966), 219–227.
[8] Dynamical equation for optimal nonlinear filtering. J. Differential Equations 2 (1966), 179–190.
[9] Sufficient conditions for the optimality of a stochastic control. SIAM J. Control 3 (1966), 499–508.
[10] On the theory of stochastic stability. Advances in Control Systems 4. Academic Press, New York 1966.
[11] Converse theorems for stochastic Ljapunov functions. SIAM J. Control 5 (1967), 228–233.
[12] Optimal discounted stochastic control for diffusion processes. SIAM J. Control 5 (1967), 520–531.
[13] Stochastic Stability and Control. Academic Press, New York/London 1967.

KUSHNER, H. J., A. J. KLEINMAN

[1] Numerical methods for the solutions of the degenerate nonlinear elliptic equations arising in optimal stochastic control theory. IEEE Trans. Automatic Control AC-13 (1968), 344–353.

KUSHNER, H. J., L. TOBIAS

[1] On the stability of randomly sampled systems. IEEE Trans. Automatic Control AC-14 (1969), 319–324.

KUZNECOV, P. I., R. L. STRATONOVIČ

[1] Nonlinear Trasnformations of Stochastic Processes. Pergamon Press, Oxford 1965.

KUZNECOV, P. I., R. L. STRATONOVIČ, W. I. TIHONOV

[1] Durchgang zufälliger Funktionen durch nichtlineare Systeme [russ.]. Avtomat. i Telemeh. 14 (1953), 375–391.
[2] Über die Wirkung elektrischer Fluktuationen auf Röhrengeneratoren [russ.]. Dokl. Akad. Nauk SSSR 97 (1954), 639–642.
[3] Die Wirkung elektrischer Fluktuationen auf Röhrengeneratoren [russ.]. Z. Èksper. Teoret. Fiz. 28 (1955), 509–523.

LANDA, P. S.

[1] Über die Stabilität eines Systems mit automatischer Regelung unter zufälligen Einwirkungen [russ.]. Avtomat. i Telemeh. 21 (1960), 36–41.

LANDA, P. S., R. L. STRATONOVIČ

[1] Über die Theorie von Funktionsübergängen verschiedener Systeme von einem stationären Zustand in den anderen [russ.]. Vestnik Moskov. Univ. Ser. III Fiz. Astronom. (1962), 33–45.

LANGE, H. F.

[1] Korrelationselektronik. Verlag Technik, Berlin 1962.

LANING, J. H., JR., R. H. BATTIN

[1] Random Processes in Automatic Control. McGraw-Hill, New York 1956.
[2] An application of analog computers to the statistical analysis of time-variable networks. IEEE Trans. Circuit Theory CT-2 (1955), 44–49.

LEBEDEV, V. I.

[1] Random Processes in Electrical and Mechanical Systems. Moskau 1958, Washington 1961.

LEE, Y. W.

[1] Statistical Theory of Communication. Wiley, New York 1960.

LEIBOWITZ, M. A.

[1] Statistical behavior of linear systems with randomly varying parameters. J. Mathematical Phys. 4 (1963), 852–858.
[2] Systems containing random parameters with small correlation times. J. Franklin Inst. 287 (1969), 223–239.

LEVINSON, N., J. LEVIN

[1] Singular perturbations of nonlinear systems of differential equations and an associated boundary layer equations. J. Math. Mech. 3 (1954), 247–270.

LIDSKIĬ, È. A.

[1] Über die Stabilisation stochastischer Systeme [russ]. Prikl. Mat. Meh. 25 (1961), 824–835.
[2] Über die Stabilität der Lösungen langsam veränderlicher stochastischer Systeme [russ.]. Sibirsk. Mat. Ž. 4 (1963), 1128–1136.
[3] Über die Stabilität der Lösungen eines stochastischen Systems [russ.]. Trudy mejvuz. konfer. po prikl. teor. ustoičivestu, Kazan', 1964, 99–102.
[4] Über die Stabilität der Bewegung eines Systems mit zufälliger Retardierung [russ.]. Differencial'nye Uravnenija 1 (1965), 96–101.

LIN, Y. K.

[1] Application of nonstationary shot noise in the study of systems response to a class of nonstationary excitations. Trans. ASME Ser. E, J. Appl. Mech. 30 (1963), 555–558.

LJUBARSKIĬ, G. JA., JU. L. RABOTNIKOV

[1] Zur Theorie der Differentialgleichungen mit zufälligen Koeffizienten [russ.]. Teor. Verojatnost. i Primenen. 8 (1963), 309–318.

LJUSTERNIK, L. A., W. I. SOBOLEV

[1] Elemente der Funktionalanalysis. Akademie-Verlag, Berlin 1955.

LOÈVE, M.

[1] Probability Theory. van Nostrand, New York 1955.
[2] Fonctions aléatoires du second ordre. Note in P. Lévy, Processes stochastiques et mouvement Brownien. Gauthier-Villars, Paris 1965.

LOWENSTERN, E. R.

[1] The stabilizing effect of imposed oscillations of high frequency on a dynamical system. Phil. Mag. 13 (1932), 458.

LYON, R. H.

[1] Equivalent linearization of the Hard-Spring oscillator. J. Acoust. Soc. Amer. 32 (1960), 1161–1162.

[2] On the vibration statistics of a randomly excited Hard-Spring oscillator. I and II J. Acoust. Soc. Amer. 32 (1960), 716–719, 33 (1961), 1395–1403.

MAHALANOBIS, A. K., S. PURKAYASHTA

[1] On the stability of stochastic Lurije type systems. Internat. J. Control 8 (1968), 365 to 373.

MALACHOV, A. N.

[1] Statistische Stabilität einer Bewegung [russ.]. Izvest vuzov. Radiofizika 6, 1 (1963), 42–53.

MAL'ČIKOV, S. V.

[1] Eine Näherungsmethode zur Bestimmung des Verteilungsgesetzes der Phasenkoordinaten nichtlinearer automatischer Systeme [russ.]. Avtomat. i Telemeh. 31, 5 (1970), 43–51.

MALKIN, J. G.

[1] Theorie der Stabilität einer Bewegung. Akademie-Verlag, Berlin 1959.

MARAVELL CASESNOVES, D.

[1] Ingenieria de las Oscilaciones. Dossat, Madrid 1959.

MARK, W. D.

[1] The inherent variation in fatigue damage resulting from random vibration. Ph. D. Thesis, Dept. of Mechanical Engineering, Mass. Inst. Technol., Aug. 1961.

MATHEWS, P. M., S. K. SRINIVASAN

[1] Ordinary differential equations involving random functions. Proc. Indian Acad. Sci. Sec. A 43 (1956), 4–20.

[2] Stochastic processes associated with integrals of a class of random functions. Proc. Nat. Acad. Sci. India Sec. A 22 (1956), 369–376.

MATVÈEV, R. F.

[1] Über das asymptotische Verhalten der Lösungen von linearen Differentialgleichungssystemen mit kleinen zufälligen Koeffizienten [russ.]. Teor. Verojatnost. i Primenen. 10 (1965), 567–570.

MCKEAN, H. P., JR.

[1] A winding problem for a resonator driven by a white noise. J. Math. Kyoto Univ. 2 (1963), 227–235.

[2] Propagation of chaos for a class of nonlinear parabolic equations. Stochastic differential equations. Lecture Series in Differential Equations, Session 7, Catholic Univ., March 1967.

MCLANE, P. J., P. W. U. GRAEFE

[1] Optimal regulation of a class of linear stochastic systems relative to quadratic criteria. Internat. J. Control 5 (1967), 135–143.

MEHR, C. B., P. K. C. WANG

[1] Discussion of Caughey and Gray. Trans. ASME Ser. E, J. Appl. Mech. **33** (1966), 234–236.

MIDDLETON, D.

[1] An Introduction to Statistical Communication Theory. McGraw-Hill, New York 1960.

MILATZ, J. M. W., J. J. VAN ZOLINGEN

[1] The Brownian motion of electrometers. Physica **19** (1953), 181–194.

MILES, J. W.

[1] On structural fatigue under random loading. J. Aero. Sci. **21** (1954), 753–762.

MILLER, R. G.

[1] Continuous time stochastic storage processes with random linear inputs and outputs. J. Math. Mech. **12** (1963), 275–290.

MIL'MAN, V. D., A. D. MYŠKIS

[1] Zufällige Stöße in linearen dynamischen Systemen [russ.]. Nonlinear Vibration Problems **4** (1963), 165–170.

MIL'SHTEIN, G. N., JU. M. REPIN

[1] Stability in the mean square of a system of stochastic differential equations [russ.]. Prikl. Mat. Meh. **31** (1967), 508–510.

MINTZER, D.

[1] Wave propagation in a randomly inhomogeneous medium. J. Acoust. Soc. Amer. **26** (1954), Nr. 2.

MITROPOL'SKIĬ, JU. A., V. G. KOLOMIEC

[1] Anwendung des Mittelungsprinzips auf die Untersuchung von zufälligen Einflüssen auf Schwingungssysteme [russ.]. Matem. fizika **3** (1967), 146–168, Naukova dumka, Kiev 1967.

MOLOTKOV, G. P.

[1] Analyse linearer Systeme mit der Methode der Rauschfunktionen [russ.]. Izv. Akad. Nauk SSSR, OTN Ser. Ènerget. i Avtomat. (1962), 59–65.

MOROZAN, T.

[1] Remarques sur un travail de H. Bunke. C. R. Acad. Sci. Paris Ser. A–B **261** (1965), 2049–2052.
[2] The method of V. M. Popov for control systems with random parameters. J. Math. Anal. Appl. **16** (1966), 201–215.
[3] La stabilité des solutions des systèmes d'équations différentielles aux paramètres aléatoires. Rev. Roumaine Math. Pures Appl. **11** (1966), 211–238.
[4] Stability of some linear stochastic systems. J. Differential Equations **3** (1967), 153 to 169.
[5] Stability of linear systems with random parameters. J. Differential Equations **3** (1967), 170–178.
[6] Über die Stabilität von Regelungssystemen mit zufälligen Parametern [russ.]. Rev. Roumaine Math. Pures Appl. **12** (1967), 545–553.
[7] Stability of stochastic discrete systems. J. Math. Anal. Appl. **22**, 3 (1968).
[8] Stabilität im Fall kleiner stochastischer Störungen [russ.]. Rev. Roumaine Math. Pures Appl. **13** (1968), 71–74.

[9] Stability of differential systems with random parameters. J. Math. Anal. Appl. 24 (1968), 669–676.
[10] Stabilitatea sistemelor cu parametri aleatori. Edit. Acad. Rep. Soc. Roman., Bucureşti 1969.

MORROW, C. T.

[1] Averaging time and data reduction time for random vibration spectra. J. Acoust. Soc. Amer. 30 (1958), 456–461.
[2] Random vibrations. J. Acoust. Soc. Amer. 32 (1960), 742.

MORROW, C. T., B. A. TROESCH, H. R. SPENCE

[1] Random response of two coupled resonators without loading. J. Acoust. Soc. Amer. 33 (1961), 46–55.

MORTENSEN, R. E.

[1] Bayesian identification of nonlinear systems. J. Franklin Inst. 288 (1969), 213–221.

MORTON, J. B., S. CORRSIN

[1] Experimental confirmation of the applicability of the Fokker-Planck-equation to a nonlinear oscillator. J. Mathematical Phys. 10 (1969), 361–368.

MOYAL, J. E.

[1] Stochastic processes and statistical physics. J. Roy. Statist. Soc. Ser. B 11 (1949). 150–210.

MOZŽUHIN, N. M.

[1] Über eine Methode der statistischen Analyse der Dynamik linearer Systeme der automatischen Steuerung mit Hilfe von Analogrechnern [russ.]. Izv. Akad. Nauk SSSR, OTN Ser. Ènerget. i Avtomat. (1961), 163–167.

NAKAMIZO, T.

[1] Analytical study of linear stochastic systems II. Mem. Defence Acad. 8 (1968/69), 857–885.

NAKAMIZO, T., M. OSSHIRO

[1] Analytical study of linear stochastic systems I. Mem. Defence Acad. 8 (1968), 147–181

NEVEL'SON, M. B.

[1] Einige Bemerkungen über die Stabilität linearer stochastischer Systeme [russ.]. Prikl. Mat. Meh. 30 (1966), 1124–1127.
[2] Das Verhalten von einem linearen System unter kleiner zufälliger Parametererregung [russ.]. Prikl. Mat. Meh. 31 (1967), 527–530.

NEVEL'SON, M. B., R. Z. HAS'MINSKIĬ

[1] Über die Stabilität stochastischer Systeme [russ.]. Problemy Peredači Informacii 2 (1966), 76–91.
[2] Über die Stabilität eines linearen Systems bei zufälliger Störung der Parameter [russ.]. Prikl. Mat. Meh. 30 (1966), 404–409.
[3] Stabilität und Stabilisierung stochastischer Differentialgleichungen [russ.]. Sbornik „Letnaja Schkola po teorii verojatn. i matem. statistike“, Kiev, A. N. USSR 1969.

NIHOUL, C. J.

[1] La transformée stochastique à l'etude des systèmes non linéares. Bull. Sci. Assoc. Ing. Elect. sont is Inst. Electrotechn. Monte Fiore 76 (1963), 803.

NIKIFORUK, P. N.

[1] Response of a particular nonlinear control system to random signals. Trans. AIEE Applications and Industry, Part II, 75 (1956), 419–422.

PALMER, J. T.

[1] Sufficient conditions for almost sure Ljapunov stability for a class of linear systems. Ph. D. Thesis, School of Aero, Astro., Eng. Sci., Purdue Univ. 1966.

PAYNE, H. J.

[1] An approximation method for nearly linear, first-order stochastic differential equations. Internat. J. Control 7 (1968), 451–463.

PERVOZVANSKIĬ, A. A.

[1] Näherungsmethoden zur Untersuchung selbstschwingender Systeme bei vorhandenen zufälligen Störungen [russ.]. Izv. Akad. Nauk SSSR, Otdel. Techn. Nauk, Nr. 3 (1958).

[2] Zufällige Prozesse in nichtlinearen automatischen Systemen [russ.]. Fizmatgiz, Moskau 1962.

[3] Random Processes in Nonlinear Control Systems. Academic Press, New York 1965.

PETERSON, L. D., C. G. MIPLE

[1] Stability of solutions of nonlinear diffusion problems. J. Math. Anal. Appl. 14 (1966), 221–241.

PHILLIPS, A. W.

[1] The estimation of parameters in systems of stochastic differential equations. Biometrika 46 (1959), 67–76.

PIPES, L. A.

[1] Applied Mathematics for Engineers and Physicists. McGraw-Hill, New York 1946.

PJATNIZKIĬ, G. J.

[1] Wirkung stationärer zufälliger Prozesse auf Systeme der automatischen Steuerung, die nichtlineare Elemente enthalten [russ.]. Avtomat. i Telemeh. 21 (1960), Nr. 4.

POPKOV, JU. S.

[1] Statistische Modelle von nichtlinearen Systemen [russ.]. Avtomat. i Telemeh. 28 (1967), 89–108.

POPOV, E. P.

[1] Über die Schätzung von Eigenschaften nichtlinearer Systeme bei zufälligen Störungen [russ.]. Avtomat. i Telemeh. 20 (1959), Nr. 10.

[2] Einfluß von Schwingungserregungen auf Stabilität und dynamische Eigenschaften nichtlinearer automatischer Systeme [russ.]. Izv. Akad. Nauk SSSR, Ser. Tehn. Nauk, Ènerget. i Avtomat. (1959), Nr. 4.

PORHUN, L. M.

[1] Investigation of non-stationary vibrations of a system with slowly changing parameters in the presence of random influence [russ.]. Ukrain. Mat. Ž. 20 (1968), 272–279.

POWELL, A.

[1] On the fatigue failure of structures due to vibrations excited by random pressure field. J. Acoust. Soc. Amer. 30 (1958), 1130–1135.

PROHOROV, JU. V.
[1] Konvergenz zufälliger Prozesse und Grenzwertsätze in der Wahrscheinlichkeitstheorie. Teor. Verojatnost. i Primenen. [russ.] 1 (1956), 177–238.

PROHOROV YU. V., YU. A. ROZANOV
[1] Probability Theory, Springer-Verlag, Berlin 1969.

PUCHATKU, T., K. RUMATOWSKI
[1] On the analysis of dynamic systems stimulated by stochastic signals. Nonlinear Vibrations Problems 10 (1969).

PUGAČEV, V. S.
[1] Anwendung der Theorie der Markovschen Prozesse zur Analyse der Genauigkeit automatischer Systeme [russ.]. Izv. Akad. Nauk SSSR, OTN, Ser. Ènerget. i Avtomat. (1961), Nr. 3, 46.
[2] Theorie der zufälligen Funktionen [russ.]. Fizmatgiz, Moskau 1962.

PUPKOV, K. A., G. G. SEBRJAKOV
[1] Orthogonalmethoden zur Untersuchung nichtlinearer Systeme bei zufälligen Einwirkungen [russ.]. Tehniceskaja Kibernetika (1967), Nr. 2.

RABOTNIKOV, JU. L.
[1] Über die Beschränktheit der Lösung von Differentialgleichungen mit zufälligen Koeffizienten [russ.]. Zap. mech.-matem. f.-ta LGU i Char'kovskogo matem. o-va 30 (1964), 75–84.
[2] Über die Unmöglichkeit, Systeme durch zufällige Störung ihrer Parameter zu stabilisieren [russ.]. Prikl. Mat. Meh. 28 (1964), 935–940.
[3] Zur Theorie linearer stochastischer Differentialgleichungen mit Lösungen nicht Markovschen Typs [russ.]. Differencial'nye Uravnenija 4 (1968), 244–251.
[4] Zur Theorie nichtlinearer stochastischer Systeme [russ.]. Mat. Zametki 5 (1969), 607–614.

RADZISZEWSKI, B., S. ZIEMBA
[1] Vibration of Mechanical to Degree of Freedom System with Stochastic Excitation. Dynamika Maszyn, Moskau 1967.

RAO, C. R.
[1] Linear Statistical Inference and its Applications. Wiley, New York 1965.

REPIN, V. G.
[1] Analyse einer Klasse von Systemen mit zufällig veränderlichen Parametern [russ.]. Avtomat. i Telemeh. 31 (1970), Nr. 6, 21–28.

RICE, S. O.
[1] Mathematical analysis of random noise. Bell System Tech. J. 23 (1944), 282–332; 24 (1945), 46–156.

ROBSON, J. D.
[1] An Introduction to Random Vibration. Elsevier, Amsterdam 1964.
[2] Deduction from profile-excited random vibration response. Paper represented at the 12th Internat. Congr. Appl. Mech., Stanford 1968.

ROĬTENBERG, JA. N.
[1] On the motion of a nonlinear gyroscopic system under the influence of random forces. Symp. on Nonlinear Vibrations, Kiev 1961, 14 S.

Romanovskiĭ, J. M.

[1] Parametrische zufällige Wirkungen in einigen Problemen der Aeroelastizität [russ.]. Izv. Akad. Nauk SSSR, Ser. Meh. i Mat. 4 (1960), 133–135.

Rosenbloom, A.

[1] Analysis of a randomly time-varying linear systems. Ph. D. Thesis, Univ. of California, Los Angeles 1954.
[2] Analysis of linear systems with randomly time-varying parameters. Proc. Symp. Information Networks 3 (1954), 145–154 (Poly Inst. of Brooklyn).
[3] Analysis of linear systems with randomly varying inputs and parameters. IRE Convention Record Part 4 (1955), 106–113.

Rozanov, Ju. A.

[1] Stationäre zufällige Prozesse [russ.]. Fizmatgiz, Moskau 1963.

Samuels, J. C.

[1] On the mean square stability of random linear systems. IEEE Trans. Circuit Theory CT-6 (1959), 248–258.
[2] On the stability of random systems and the stabilization of deterministic systems with random noise. J. Acoust. Soc. Amer. 32 (1960), 594–601.
[3] Theory of stochastic linear systems with Gaussian parameter variations. J. Acoust. Soc. Amer. 33 (1961), 1782–1786.
[4] The dynamics of impulsively and randomly varying systems. Trans. ASME Ser. E, J. Appl. Mech. 30 (1963), 25–30.

Samuels, J. C., A. C. Eringen

[1] On stochastic linear systems. J. Math. and Phys. 38 (1959), 83–103.

Sancho, N. G. F.

[1] Moment equation of a stochastic system with generalized Poisson parameters. Internat. J. Control 8 (1968), 417–421.
[2] Technique for finding the moment equations of a nonlinear stochastic system. J. Mathematical Phys. 11 (1970), Nr. 3.
[3] Nonlinear stochastic differential equations containing random parameters with small and large correlation time. J. Mathematical Phys. 11 (1970), 1283–1287.

Sansone, G., R. Conti

[1] Non-linear Differential Equations. Pergamon Press, Oxford 1964.

Šatašvili, A. D.

[1] Bedingungen für die absolute Stetigkeit von Maßen, die den Lösungen von Differentialgleichungssystemen unter der Einwirkung Gaußscher Prozesse entsprechen [russ.]. Matem. fizika 4 (1968), 198–199, Naukova dumka, Kiev 1968.
[2] Vorhersage und Filtration von Funktionalen von Lösungen nichtlinearer Differentialgleichungen mit zufälligen Funktionen [russ.]. Dokl. Akad. Nauk SSSR 194 (1970), 35–37.

Satō, T.

[1] A sufficient condition for absolute stability of a type of nonlinear stochastic control system. Bull. Tokyo Inst. Tech. (1966), 75, 13–18.

Sawaragi, J. et al.

[1] Statistical studies on the response of nonlinear time varyant control systems subjected to a suddenly applied stationary Gaussian random input. Mem. Fac. Engrg. Kyoto Univ. Japan 24 (1962), 465.

SAWARAGI, J., T. KATAYAMA

[1] On the estimation of state variables for noisy discrete-time nonlinear dynamical systems. Techn. Rep. Engrg. Res. Inst. Kyoto Univ. Nr. 132 (1967), 15.

SCHLITT, M.

[1] Systemtheorie regelloser Vorgänge. Springer, Berlin 1960.

ŠEFL, O.

[1] On stability of a randomized linear system. Sci. Sinica 7 (1958), 1027–1034.

ŠERBAKOVA, B. A.

[1] Stability of the zero-solution of a differential equation in a Banach space [russ.]. Bul. Akad. Štiince RSS Moldoveṅ (1966), 111–115.

SIGALOV, G. G.

[1] Zur Analyse nichtlinearer Systeme mit der Methode der Momentengleichungen [russ.]. Avtomat. i Telemeh. 31, 6 (1970), 37–47.

SIRAZETDINOV, T. K.

[1] Über die Stabilität zufälliger Prozesse mit gestörten Parametern [russ.]. Prikl. Mat. Meh. 28 (1964), 977–986.

SOEDA, T., K. UMEDA

[1] Stability of randomly time-varying control systems by the second method of Ljapunov. Bull. Fac. Engng. Tokushima Univ., Japan 3 (1966), 43.

[2] On the stability of control systems with randomly time-varying characteristics. Internat. J. Control 11 (1970), 361–373.

SOLODOV, A. W.

[1] Statistische Untersuchung nichtstationärer Prozesse in linearen Systemen durch Anwendung von Analogrechnern [russ.]. Avtomat. i Telemeh. 19 (1958), Nr. 4.

SOLODOVNIKOV, V. V.

[1] Einführung in die statistische Dynamik linearer Regelungssysteme. VEB Verlag Technik, Berlin; R. Oldenbourg, München 1963.

[2] Introduction of Statistical Dynamics of Automatic Systems. Dover, New York 1960.

SPAČEK, A.

[1] Zufällige Gleichungen. Czechoslovak Math J. 5 (80) (1955), 462–466.

SPENCE, H. R., H. N. LUHRS

[1] Peak criterion in random variations sine vibration testing. J. Acoust. Soc. Amer. 33 (1961), 652–654.

SRINIVASAN, S. K.

[1] On a class of stochastic differential equations. Z. Angew. Math. Mech. 43 (1963), 259 to 265.

STANISZEWSKI, R.

[1] On the stochastic model for investigations of aircraft and rocket engines. Bull. Acad. Polon. Sci., Sér. Sci. Tech. Méc. Théor. XIV (1966), Nr. 6.

STRAND, J. L.

[1] Random ordinary differential equations. J. Differential Equations 7 (1970), 538–553.

Stratonovič, R. L.

[1] Ausgewählte Fragen der Theorie der Fluktuationen in der Radiotechnik [russ.]. Izdat. „Sowjet Radio", Moskau 1961.
[2] Eine Form der Beschreibung stochastischer Integrale und Gleichungen [russ.]. Vestnik Moskov. Univ., Ser. I Math. Meh. (1964), Nr. 1, 3–11.
[3] Bedingte Markovsche Prozesse und ihre Anwendung auf die Theorie der optimalen Steuerung [russ.]. Izdat. Moskov. Univ., Moskau 1966.
[4] A new representation for stochastic integrals and equations. SIAM J. Control 4 (1966), 362.

Stratonovič, R. L., Ju. M. Romanovskiĭ

[1] Parametrische Einwirkung zufälliger Kräfte auf lineare und nichtlineare Schwingungssysteme [russ.]. DVŠ Fiz.-Mat. Nauky (1958), 3, 221–224.
[2] Einwirkung harmonischer und zufälliger Kräfte auf Schwingungssysteme [russ.]. DVŠ Fiz.-Mat. Nauky (1958), 4, 161–169.

Striebel, C.

[1] Sufficient statistics in the optimum control of stochastic systems. J. Math. Anal. Appl. 12 (1965), 576–592.

Stumpf, H. J.

[1] Response of mechanical systems to random excitation. Ph. D. Thesis, California Inst. of Technol., June 1961.

Sturrock, P. A.

[1] Stochastic acceleration. Phys. Rev. 141 (1966), 186–191.

Sundstrom, M.

[1] Some statistical problems in the theory of Servomechanisms. Ark. Mat. 2 (1952), 139 to 246.

Svešnikov, A. A.

[1] Eine Untersuchung des Verhaltens linearer dynamischer Systeme unter dem Einfluß nichtlinearer Funktionen von zufälligen Prozessen [russ.]. Prikl. Mat. Meh. 25 (1961), 445–452.
[2] Über das Verhalten dynamischer Systeme zweiter Ordnung ohne Dämpfung unter dem Einfluß zufälliger Prozesse [russ.]. Izv. Akad. Nauk SSSR, OTN Ser. Ènerget. i Avtomat. (1962), 96–98.
[3] Untersuchungsmethoden der Theorie der Zufallsfunktionen mit praktischen Anwendungen. Teubner, Leipzig 1965.

Sworder, D. D.

[1] Feedback control of a class of linear stochastic systems. 1968 Joint Automatic Control Conf. (Univ. of Michigan, Ann Arbor, Mich. 1968), 34–44, Inst. Electr. Electron. Engineers, New York 1968.

Thomson, W. S., M. V. Barton

[1] The response of mechanical systems to random excitation. Trans. ASME Ser. E, J. Appl. Mech. 24 (1957).

Tihonov, V. I.

[1] Wirkung von Fluktuationen auf einfache parametrische Systeme [russ.]. Avtomat. i Telemeh. 19, 8 (1958), 717–724.

TSOKOS, C. P.

[1] On a stochastic integral equation of the Volterra type. Math. Systems Theory 3 (1969), 222–231.

ULANOV, G. M.

[1] Statistische und informationstheoretische Fragen der Steuerung unter Störung [russ.]. „Energija", Moskau 1970.

VALIKOV, K. V.

[1] Stability criteria for motions in a Hilbert space [russ.]. Uspehi Mat. Nauk 19 (1964), 179–184.

VASILIŠIN, S. A., V. G. KOLOMIEC

[1] Die Untersuchung von zufälligen Monofrequenzschwingungen in nichtautonomen Systemen mit verteilten Parametern [russ.]. Matem. fizika 4 (1968), 12–20, Naukova dumka, Kiev 1968.

VENTCEL', A. D., M. I. FREĬDLIN

[1] Kleine zufällige Störungen eines dynamischen Systems in einer stabilen Gleichgewichtslage [russ.]. Dokl. Akad. Nauk SSSR 187 (1969), 506–509.

VILLARS, F., V. F. WEISSKOPF

[1] The scattering of electromagnetic waves by turbulent atmospheric fluctuations. Phys. Rev. 94 (1954), 232.

VO-KHAC KHOAN

[1] Solution aléatoires et stationnaires d'équations différentielles opérationnelles du second ordre. C. R. Acad. Sci. Paris Sér. A–B 265 (1967), A 567–A570.

VOROVIČ, I. I.

[1] Über die Stabilität einer Bewegung bei konstant wirkenden zufälligen Störungen [russ.]. Izv. Akad. Nauk SSSR, Ser. Mat. 20 (1956), 17–32.

VRKOČ, I.

[1] On some stability problems. Proc. Conf. Equation Diff., Prague 1962.
[2] Über eine bestimmte Klasse der zufälligen Prozesse mit absorbierten Barrieren. Časopis Pěst. Mat. 89 (1964), 402–425.
[3] On homogeneous linear differential equations with random perturbations. Czechoslovak. Math. J. 16 (91) (1966), 199–230.
[4] Extension of the averaging method to stochastic equations. Czechoslovak Math. J. 16 (91) (1966), 518–544.
[5] The weak exponential stability and periodic solutions of Ito stochastic equations with small stochastic terms. Czechoslovak Math. J. 18 (93) (1968), 722–752.

VUL'PE, I. M.

[1] Einige Sätze über Lösungen von Differentialgleichungen mit zufälligen Parametern [russ.]. Mat. Issled. 3 (1968), vyp 3 (9), 27–40.
[2] Kanonische Entwicklung der zufälligen Lösungen gewisser Integro-Differentialgleichungen [russ.]. Matem. Isobdovanija, Kischinev 3 (1968), 41–51.

WANG, M. C., G. E. UHLENBECK

[1] On the theory of Brownian motion II. Rev. Modern Phys. 17 (1945), 323–342. Siehe auch: Noise and Stochastic Processes N. Wax (Ed.), Dover 1954.

WANG, P. K. C.

[1] On the almost sure stability of linear stochastic distributed parameter dynamical systems. Trans. ASME Ser. E, J. Appl. Mech. **32** (1965), 182–186.
[2] On the almost sure stability of linear timelag systems with stochastic parameters. Internat. J. Control **2**, 5 (1965), 433–440.

WEDIG, W.

[1] Stabilitätsbedingungen für Schwingungssysteme mit zufälliger Parametererregung. Diss., Univ. Karlsruhe 1969.

WEIDENHAMMER, F.

[1] Das Schwingungsfundament unter Zufallserregung. Ing.-Archiv **31** (1962), 433–443.
[2] Stabilitätsbedingungen für Schwingungen mit zufälligen Parametererregungen. Ing.-Archiv **33** (1964), 404–415.
[3] Auswanderungserscheinungen in drehschwingungsfähigen mechanischen und elektrischen Meßwerten. Z. Schwingungs- und Schwachstromtech. **19** (1965), 69–80.
[4] Bedingungen für fast sichere Stabilität von Schwingungssystemen mit Zufallsparametererregungen. Z. Angew. Math. Mech. **46** (1966), 551–553.
[5] Zufallsschwingungen. Sonderheft GAMM-Tagung, Z. Angew. Math. Mech. **47** (1967), T 25–T 28.
[6] Auswanderungserscheinungen unter Zufallserregungen. Z. Angew. Math. Mech. **48** (1968), 362–364.
[7] Biegeschwingungen des Stabes unter axial pulsierender Zufallslast. VDI-Berichte Nr. 135 (1969), 101–107.

WHEELON, A. D.

[1] Near-field corrections to line of sight propagation. IEEE Trans. Antennas and Propagation AP-4, 3 (1952), July.

WHITTLE, P.

[1] On the use of the normal approximation in the treatment of stochastic processes. J. Roy. Statist. Soc. D **19** (1957), 268.

WIENER, N.

[1] The Extrapolation, Interpolation and Smoothing of Stationary Time Series. Wiley, New York 1948.

WONG, E., M. ZAKAI

[1] On the convergence of ordinary integrals to stochastic integrals. Ann. Math. Statist. **36** (1965), 1560–1567.
[2] On the relation between ordinary and stochastic differential equations. Internat. J. Engrg. Sci. **3** (1965), 213–229.
[3] On the relation between ordinary and stochastic differential equations and applications to stochastic problems in control theory. Proc. Third Intern. Congr., IFAC, London 1966.

WONHAM, W. M.

[1] Stochastic analysis of a class of nonlinear control systems with random step inputs. Trans. ASME Ser. D, J. Appl. Mech. **85** (1963), 222.
[2] Stochastic problems in optimal control. Proc. 1963 IEEE Internat. Convention Record, Part 2 (1965), 114–124.
[3] Stochastic problems in control. Proc. IBM Scientific Computing Symposium on Control Theory and Applications, Oct. 1964, Thomas J. Watson Reserach Center, Yorktown Heights, New York, 1966, pp. 239–248.

[4] Optimum stationary control of a linear system with state-dependent noise. Tech. Rep. 66-2, Center for Dynamical Systems, Brown Univ., Prov., Rhode Island 1966.
[5] Ljapunov criteria for weak stochastic stability stochastic equation. J. Differential Equations 2 (1966), 195–207.
[6] A Ljapunov method for the estimation of statistical averages. J. Differential Equations 2 (1966), 365–377.
[7] Lecture notes on stochastic control. Part 1. Ed. by Brown Univ., Providence, USA 1967.
[8] Optimal stationary control of a linear system with state-dependent noise. SIAM J. Control 5 (1967), 486–500.
[9] Optimal stochastic control. Stochastic Problems in Control (Joint Automatic Control Conf., Univ. Michigan, Ann Arbor, Mich. 1968), pp. 107–120. The American Society of Mechanical Engineers, New York 1968.
[10] On the separation theorem of stochastic control. SIAM J. Control 6 (1968), 312–326.
[11] Optimum stochastic control. IFAC J. Automatica 5 (1969), Nr. 1.
[12] Random differential equations in control theory. Probabilistic Methods in Applied Mathematics. Ed. by A. T. Bharucha-Reid, Vol. II, pp. 132–212, Academic Press, New York 1970.

Yoshimura, T., T. Soeda

[1] On the evaluation of statistical characteristics at the output signal of nonlinear control systems excited by a random input with a normal distribution. Internat. J. Control 11 (1970), 341–350.

Zabawa, M.

[1] Über die Möglichkeiten der Dämpfung von Schwingungen im Falle zufälliger Erregung [poln.]. Nonlinear Vibration Problems 8 (1967), 119–125.
[2] Die Bestimmung von optimalen Parametern für einen dynamischen Dämpfer bei kinematischen Störungen mit zufälliger Amplitude und Frequenz [poln.]. Nonlinear Vibration Problems 8 (1967), 149–156.
[3] Stochastische Prozesse in dynamischen Systemen [poln.].] Nonlinear Vibration Problems 9 (1968), 69–75.

Zadek, L.

[1] On a class of stochastic operators. J. Math. and Phys. 31 (1953), Nr. 1.

Zakai, M.

[1] On the ultimate boundedness of moments associated with solutions of stochastic differential equations. Technion Haifa, Faculty of Elec. Eng., Publ. No. 58 (1966).

Železnov, E. I.

[1] Anwendung der Theorie additiver Funktionen auf stochastische Differentialgleichungen [russ.]. Differencial'nye Uravnenija 2 (1966), 1535–1540.

Zitek, F.

[1] Èquations différentielles stochastiques. Czechoslovak Math. J. 8 (83) (1958), 465–472.
[2] Sur l'intégrabilité d'une équation différentielle stochastique. Czechoslovak Math. J. 8 (83) (1958), 473–482.
[3] Sur une type spécial d'équations différentielles stochastiques. Czechoslovak Math. J. 9 (84) (1959), 452–457.

VERZEICHNIS DER GRUNDLEGENDEN FORMELBEZEICHNUNGEN

Im folgenden geben wir für eine Reihe grundlegender Formelbezeichnungen die Seitenzahlen des Buches an, auf denen die entsprechenden Formelzeichen erstmalig eingeführt werden.

SACHVERZEICHNIS

Bei Fragen zur Produktsicherheit wenden Sie sich bitte an:
If you have any questions regarding product safety,
please contact:

Walter de Gruyter GmbH
Genthiner Straße 13
10785 Berlin
productsafety@degruyterbrill.com